全国住房和城乡建设职业教育教学指导委员会
工程管理类专业指导委员会规划推荐教材

建设工程项目管理

黄春蕾　主　编
季翠华　副主编
胡兴福　黄思权　主　审

中国建筑工业出版社

图书在版编目（CIP）数据

建设工程项目管理/黄春蕾主编. —北京：中国建筑工业出版社，2019.12
全国住房和城乡建设职业教育教学指导委员会工程管理类专业指导委员会规划推荐教材
ISBN 978-7-112-24652-6

Ⅰ.①建… Ⅱ.①黄… Ⅲ.①基本建设项目-项目管理-高等职业教育-教材 Ⅳ.①F284

中国版本图书馆 CIP 数据核字（2020）第 010911 号

　　本教材根据全国住房和域乡建设职业教育教学指导委员会工程管理类专业指导委员会编写的《高等职业教育建设工程管理专业教学基本要求》及《建设工程项目管理规范》GB/T 50326—2017 编写。教材编写团队包括高等职业院校教师及建筑企业专家（重庆中科建设集团有限公司）。本教材在讲授理论知识的同时，附有完整建设工程项目管理案列，方便学生更好地掌握所学知识。

　　本教材主要内容包括：建设工程项目管理概论、建设工程招标投标与合同管理、建设工程流水施工、网络计划技术、单位工程施工组织设计、建设工程项目质量管理、建设工程项目施工成本管理、建设工程职业健康安全与环境管理、建设工程项目信息化管理、附录（远洋重庆西永项目建设施工组织设计）。

　　为更好地支持本课程的教学，我们向使用本教材的教师提供教学课件，有需要的教师请发送邮件至 cabpkejian@126.com 免费索取。

* * *

责任编辑：吴越恺
责任校对：党　蕾

全国住房和城乡建设职业教育教学指导委员会
工程管理类专业指导委员会规划推荐教材
建设工程项目管理
黄春蕾　主　编
季翠华　副主编
胡兴福　黄思权　主　审

*

中国建筑工业出版社出版、发行（北京海淀三里河路 9 号）
各地新华书店、建筑书店经销
北京红光制版公司制版
北京建筑工业印刷厂印刷

*

开本：787×1092 毫米　1/16　印张：18　字数：437 千字
2020 年 2 月第一版　　2020 年 2 月第一次印刷
定价：**46.00** 元（赠课件）
ISBN 978-7-112-24652-6
（34987）

教材编审委员会

序　言

　　全国住房和城乡建设职业教育教学指导委员会工程管理类专业指导委员会（以下简称工程管理专指委），是受教育部委托，由住房城乡建设部组建和管理的专家组织。其主要工作职责是在教育部、住房城乡建设部、全国住房和城乡建设职业教育教学指导委员会的领导下，负责工程管理类专业的研究、指导、咨询和服务工作。按照培养高素质技术技能人才的要求，研究和开发高职高专工程管理类专业教学标准，持续开发"工学结合"及理论与实践紧密结合的特色教材。

　　高职高专工程管理类各专业教材自 2001 年开发以来，经过"示范性高职院校建设"、"骨干院校建设"等标志性的专业建设历程和普通高等教育"十一五"国家级规划教材、"十二五"国家级规划教材、教育部普通高等教育精品教材的建设经历，已经形成了有特色的教材体系。

　　根据住房和城乡建设部人事司《全国住房和城乡职业教育教学指导委员会关于召开高等职业教育土木建筑大类专业"十三五"规划教材选题评审会议的通知》（建人专函[2016] 3 号）的要求，2016 年 7 月，工程管理专指委组织专家组对规划教材进行了细致地研讨和遴选。2017 年 7 月，工程管理专指委组织召开住房城乡建设部土建类学科专业"十三五"规划教材主编工作会议，专指委主任、委员、各位主编教师和中国建筑工业出版社编辑参会，共同研讨并优化了教材编写大纲、配套数字化教学资源建设等方面内容。这次会议为"十三五"规划教材建设打下了坚实的基础。

　　近年来，随着国家推广建筑产业信息化、推广装配式建筑等政策出台，工程管理类专业的人才培养、知识结构等都需要更新和补充。工程管理专指委制定完成的教学基本要求，为本系列教材的编写提供了指导和依据，使工程管理类专业教材在培养高素质人才的过程中更加具有针对性和实用性。

　　本系列教材内容根据行业最新法律法规和相关规范标准编写，在保证内容先进性的同时，也配套了部分数字化教学资源，方便教师教学和学生学习。本轮教材的编写，继承了工程管理专指委一贯坚持的"给学生最新的理论知识、指导学生按最新的方法完成实践任务"的指导思想，让该系列教材为我国的高职工程管理类专业的人才培养贡献我们的智慧和力量。

全国住房和城乡建设职业教育教学指导委员会

工程管理类专业指导委员会

2017 年 8 月

前　言

　　本教材是根据全国住房和城乡建设职业教育教学指导委员会工程管理类专业指导委员会制定的课程标准，与重庆中科建设（集团）有限公司合作共同编写而成。

　　本教材在内容安排和编写上注重突出以下特点：①注重实用性和可操作性，使知识体系更具系统性和完整性。本课程的综合性较强，结合当前高职教育的新理念和项目管理的新知识，吸收重庆中科建设（集团）有限公司等企业在项目管理中的经验对原有的课程体系进行了梳理和整合。②通过案例让学生更好地掌握所学知识。本教材最后附有真实建设工程项目管理案例，资料完整，内容清晰。适合案例教学法、任务导向教学法等方法。

　　本教材由重庆建筑工程职业学院黄春蕾任主编，季翠华任副主编。第1～3章由黄春蕾编写；第4、7、8章由季翠华编写；第5章由重庆能源职业学院许欢欢编写，第6、9章由重庆工程学院朱曲平编写。全书由黄春蕾统稿、修改并定稿。本书在编写中，参考了部分专家的有关书籍和相关资料，已在参考文献中注明，在此表示感谢！

　　由于编者能力有限，教材中错漏之处在所难免。恳请广大同仁和读者批评指正。

编者

目　　录

1　建设工程项目管理概论

【案例引入】

　　某项目由 42 栋板式公寓楼及配套建筑等组成，占地 27 公顷，共有单体建筑 48 栋，总建筑面积 53 万平方米。工程于 2015 年 6 月开工，2018 年 4 月竣工。该工程项目如何进行组织管理？

1.1　建筑工程项目管理

1.1.1　建筑工程项目管理的概念

（1）项目

　　在一定的约束条件下（资源条件、时间条件），具有明确目标的有组织的一次性活动或任务。项目具有以下特点：

　　1）一次性

　　又称项目的单件性，每个项目都具有与其他项目不同的特点，即没有完全相同的项目。

　　2）目标的明确性

　　项目必须按合同约定在规定的时间和预算造价内完成符合质量标准的工作任务。没有明确目标就称不上项目。

　　3）整体性

　　项目是一个整体，在协调组织活动和配置生产要素时，必须考虑其整体需要，以提高项目的整体优化。

　　（2）建筑工程项目

　　建筑工程项目是在一定的约束条件下（限定资源、限定时间、限定质量），具有完整的组织机构和特定的明确目标的一次性工程建设工作或任务。建筑工程项目是工程项目中最常见和最典型的项目类型，是项目管理的重点。它具有庞大性、固定性、多样性、持久性等特点。

　　（3）建筑工程项目管理

　　运用系统的理论和方法，对建筑工程项目进行的计划、组织、指挥、协调和控制等专业化活动，称为建筑工程项目管理。内涵是自项目开始至项目完成，通过项目策划和项目控制，使项目的费用目标、进度目标和质量目标得以实现。

1.1.2　建筑工程项目管理的类型

　　在建筑工程项目实施过程中每个参与单位会依据合同进行项目管理，因此形成了不同的建筑工程项目管理类型，按管理的责任可以划分为：业主方的项目管理（它是建筑工程项目管理的核心，是建筑工程项目生产的总组织者）、设计方的项目管理、施工方的项目管理（包括施工总承包方、施工总承包管理方和分包方的项目管理）、供货方的项目管理、建筑项目总承包方的项目管理。

1.1.3　参与项目建设各主体单位的目标和任务

（1）业主方项目管理目标和任务

业主方项目管理服务于业主的利益，其项目管理的目标包括项目的投资目标、进度目标和质量目标。其中投资目标指的是项目的总投资目标。进度目标指的是项目动用的时间目标，即项目交付使用的时间目标，如工厂建成可以投入生产、道路建成可以通车、办公楼可以启用、酒店可以开业的时间目标等。项目的质量目标不仅涉及施工质量，还包括设计质量、材料质量、设备质量和影响项目运行或运营的环境质量等。质量目标包括满足相应的技术规范和技术标准的规定，以及满足业主方相应的质量要求。

项目的投资目标、进度目标和质量目标之间既有矛盾的一面、也有统一的一面，它们之间的关系是对立的统一关系。要加快进度往往需要增加投资，要提高质量往往也需要增加投资，过度地缩短工期会影响质量目标的实现，这都表现了目标之间矛盾的一面；但通过有效的管理，在不增加投资的前提下，也可缩短工期和提高工程质量，这反映了目标之间关系统一的一面。

业主方的项目管理工作涉及项目实施阶段的全过程，即在设计前的准备阶段、设计阶段、施工阶段、动用前的准备阶段和保修期分别进行以下工作：

1）安全管理；

2）投资控制；

3）进度控制；

4）质量控制；

5）合同管理；

6）信息管理；

7）组织和协调。

其中安全管理是项目管理中的最重要的任务，因为安全管理关系到人身的健康与安全，而投资控制、进度控制、质量控制和合同管理等则主要涉及物质利益。

（2）施工方项目管理的目标和任务

施工方作为项目建设的一个参与方，其项目管理主要服务于项目的整体利益和施工方本身的利益。其项目管理的目标包括施工的成本管理、施工的进度目标和施工的质量目标。

施工方的项目管理工作主要在施工阶段进行，但它也涉及设计准备阶段、设计阶段、动用前准备阶段和保修阶段。在工程实践中，设计阶段和施工阶段往往是交叉的，因此施工方的项目管理工作也涉及设计阶段。

施工方项目管理的主要任务包括：

1）施工安全管理；

2）施工成本控制；

3）施工进度控制；

4）施工质量控制；

5）施工合同管理；

6）施工信息管理；

7）与施工有关的组织与协调。

施工方是承担施工任务的单位的总称，它可能是施工总承包方、施工总承包管理方、分包施工方、建设项目总承包的施工任务执行方或仅提供施工劳务的参与方。

（3）设计方项目管理的目标和任务

设计方作为项目建设的一个参与方，其项目管理主要服务于项目的整体利益和设计方本身的利益。其项目管理的目标包括设计的成本目标、设计的进度目标和设计的质量目标，以及项目的投资目标。项目的投资目标能否实现与设计工作密切相关。

设计方的项目管理工作主要在设计阶段进行，但它也涉及设计前的准备工作、施工阶段、动用前准备阶段和保修期。

设计方项目管理的任务包括：

1）与设计工作有关的安全管理；

2）设计成本控制和与设计工作有关的工程造价控制；

3）设计进度控制；

4）设计质量控制；

5）设计合同控制；

6）设计信息管理；

7）与设计工作有关的组织和协调。

（4）供货方项目管理的目标和任务

供货方作为项目建设的一个参与方，其项目管理主要服务于项目的整体利益和供货方本身的利益。其项目管理的目标包括供货方的成本目标、供货的进度目标和供货的质量目标。

供货方的项目管理工作主要在施工阶段进行，但它也涉及设计准备阶段、设计阶段、动用前准备阶段和保修期。

供货方项目管理的主要任务包括：

1）供货的安全管理；

2）供货方的成本控制；

3）供货的进度控制；

4）供货的质量控制；

5）供货合同管理；

6）供货信息管理；

7）与供货有关的组织与协调。

（5）建设项目工程总承包方项目管理的目标和任务

建设项目工程总承包方作为项目建设的一个参与方，其项目管理主要服务于项目的利益和建设项目总承包方本身的利益。其项目管理的目标包括总投资目标和总承包方的成本目标、项目的进度目标和项目的质量目标。

建设项目工程总承包方项目管理工作涉及项目实施阶段的全过程，即设计前的准备阶段、涉及阶段、施工阶段、动用前准备阶段和保修期。

建设项目总承包方项目管理的主要任务包括：

1) 安全管理；

2) 投资控制和总承包方的成本控制；

3) 进度控制；

4) 质量控制；

5) 合同管理；

6) 信息管理；

7) 与建设项目总承包方有关的组织和协调。

1.2 建设项目的建设程序

1.2.1 建设项目的建设程序

建设程序是指建设项目从设想、选择、评估、决策、设计、施工到竣工验收、投入生产整个建设过程中，各项工作必须遵循的先后次序。

目前我国基本建设程序的内容和步骤主要有：前期工作阶段，主要包括项目建议书、可行性研究、设计工作；建设实施阶段，主要包括施工准备、建设实施；竣工验收阶段和后评价阶段。

1.2.2 建筑工程的施工程序

施工程序是指项目承包人从承接工程业务到工程竣工验收一系列工作必须遵循的先后顺序，是建设项目建设程序中的一个阶段。

（1）投标与签订合同阶段

建设单位对建设项目进行设计和建设准备，在具备了招标条件以后，便发出招标公告或邀请函。施工单位见到招标公告或邀请函后，做出投标决策至中标签约，实质上进行施工项目的工作，本阶段的最终管理目标是签订工程承包合同，主要进行以下工作：

1) 建筑施工企业从经营战略的高度做出是否投标的决策。

2) 决定投标以后，从多方面（企业自身、相关单位、市场、现场等）收集信息。

3) 编制能使企业赢利，又有竞争力的标书。

4) 如中标，则与招标方谈判，依法签订工程承包合同，使合同符合国家法律、法规和国家计划，符合平等互利原则。

（2）施工准备阶段

施工合同签订后，应组建项目经理部。以项目经理为核心，与企业管理层、建设（监理）单位配合，进行施工准备，使工程具备开工和连续施工的基本条件。该阶段主要进行以下工作：

1) 组建项目经理部，根据需要建立机构，配备管理人员。

2) 编制项目管理实施规划，指导施工项目管理活动。

3) 进行施工现场准备，使现场具备施工条件。

4) 提出开工报告，等待批准开工。

（3）施工阶段

施工过程是施工程序中的主要阶段，应从施工的全局出发，按照施工组织设计，精心组织施工，加强各单位、各部门的配合与协作，协调解决各方面的问题，使施工顺利开展。该阶段主要进行的工作如下：

  1）在施工中努力做好动态控制工作，保证目标任务的实现。

  2）管理好施工现场，实行文明施工。

  3）严格履行施工合同，协调好内外关系，管理好合同变更及索赔。

  4）做好记录、协调、检查、分析工作。

  （4）验收、交工与决算阶段

这一阶段称为"结束阶段"，与建设项目的竣工验收阶段同步进行。其目标对内是对成果进行总结、评价；对外是结清债权债务，结束交易关系。本阶段主要进行以下工作：

  1）工程结尾。

  2）进行试运转。

  3）接受正式验收。

  4）整理、移交竣工文件，进行工程款结算，总结工作，编制竣工总结报告。

  5）办理工程交付手续。

1.3 工程项目的风险管理

  风险管理是指在管理过程中通过风险识别、风险量化和风险控制，合适地采用多种管理方法、技术措施和工具，对施工中所涉及的风险实施有效的控制和管理，采取主动行动，尽量最大化风险事件的有利后果，最小化风险事件所带来的不利后果，以最少成本，保证工程施工安全、可靠地实现项目的总体目标。风险管理的主要内容包括：风险识别、风险评估、风险响应和风险控制。

1.3.1 风险识别

  风险识别的任务是识别项目管理过程中存在哪些风险和危险源，主要包括物的障碍、人的失误和环境因素：

  （1）物的障碍是指机械设备、装置、元件等由于性能低下而不能实现预定功能的现象。

  （2）人的失误是指人的行为结果偏离了被要求的标准，而没有完成规定功能的现象。

  （3）环境因素是指施工作业环境中的温度、湿度、噪声、振动、照明或通风等方面的问题，会促使人的失误或物的故障发生。

  高处坠落、物体打击、触电、机械伤害、坍塌是工程施工项目安全生产事故的主要风险源。

1.3.2 风险评价

  风险评价的关键是围绕可能性和后果两方面来确定风险。估计其潜在伤害的严重程度和发生的可能性，然后对风险进行分级。评价方法主要有定性分析法和定量分析法（LEC）。当条件变化时，应对风险重新进行评审。

  （1）定性分析法：主要根据估算伤害的可能性和严重程度进行风险分级的方法。

  （2）定量分析法：定量计算每一种危险源所带来的风险。

1.3.3 风险响应

风险响应是针对项目风险而采取的相应对策。

常用的风险对策包括风险规避、减轻、自留、转移及其组合等策略。对难以控制的风险向保险公司投保是风险转移的一种措施。

（1）权衡利弊后，回避风险大的项目，选择风险小或适中的项目。

（2）采取先进的技术措施和完善的组织措施，以减小风险产生的可能性和可能产生的影响。

（3）购买保险或要求对方担保，以转移风险。

（4）提出合理的风险保证金，这是从财务的角度为风险作准备，在报价中增加一笔不可预见的风险费，以抵消或减少风险发生时的损失。

（5）采取合作方式共同承担风险。

（6）可采取其他的方式以降低风险。如采用多领域、多地域、多项目的投资以分散风险。

1.3.4 风险控制

风险控制贯穿于项目管理的全过程，是项目管理中不可缺的重要环节，也影响项目实施的最终结果。

（1）加强风险的预控和预警工作。在工程的实施过程中，要不断地收集和分析各种信息和动态，捕捉风险的前奏信号，以便更好地准备和采取有效的风险对策，以抵御可能发生的风险。

（2）在风险发生时，及时采取措施以控制风险的影响，这是降低损失、防范风险的有效办法。

（3）在风险状态下，依然必须保证工程的顺利实施，如迅速恢复生产，按原计划保证完成预定的目标，防止工程中断和成本超支，只有如此才能有机会对已发生和还可能发生的风险进行良好的控制，并争取获得风险的赔偿，如向保险单位、风险责任方提出索赔，以尽可能地减少风险的损失。

1.4 建筑工程项目管理的组织机构

1.4.1 项目组织机构设置的原则

项目的组织机构依据项目的组织制度支撑项目建设工作的正常运转，是项目管理的骨架。没有组织机构，项目的一切活动都将无法进行。在组织结构中，有两种最基本的关系：纵的关系，即隶属或领导关系；横的关系，即平行各部门之间的协作关系。组织结构直接决定了组织中正式的指挥系统和沟通网络，它不但影响信息交流及其利用效率，而且也影响组织心理及其行为结果。因此，建立合理的组织结构，对于有效地实现目标，至关重要。

项目组织机构在设置时应遵循以下原则：

（1）高效精干的原则

项目管理组织机构在保证履行必要职能的前提下，要尽量简化机构、减少层次、从严控制二、三线人员，做到人员精干、一专多能、一人多职。

（2）分工协作原则

分工与协作是社会化大生产的客观要求。组织设计中坚持分工与协作的原则，就是要做到"分工要合理，协作要明确"。

（3）命令统一原则

命令统一原则的实质，就是在管理工作中实行统一领导，建立起严格的责任制，消除多头领导和无人负责的现象，保证全部活动的有效领导和正常进行。

（4）管理幅度与管理层次原则

管理幅度也称为管理跨度，是指一个领导者直接而有效地领导与指挥下属的人数。管理层次是指一个组织总的结构层次。通常管理跨度窄造成组织层次多，反之管理跨度宽造成组织层次少。一个领导者的管理幅度究竟以多大为宜，至今还是一个无法充分解决的问题。

（5）适用性和灵活性原则

适用性是指项目组织结构要适合于项目的范围、项目组织的大小、环境条件和业主的项目战略等。其组织形式是灵活多样的，不同的项目有不同的组织形式，甚至一个项目的不同阶段就有不同的授权和不同的组织形式，并应考虑到与原组织的适应性。

（6）责、权、利相对应原则

有了分工，就意味着明确了职务，承担了责任，就要有与职务和责任相等的权力，并享有相应的利益。这就是职务与责、权、利相对应的原则。

1.4.2 项目管理机构的组织形式

组织形式是表现组织各个部分排列顺序、空间位置、聚集状态、联系方式以及各个要素之间相互关系的一种模式，对任何一个项目来说，要对其进行项目管理必然要涉及该项目的组织结构问题。由于各工程建设项目的特点不同，项目的组织形式也不尽相同。

项目管理的组织形式包括直线式组织形式、职能式组织形式、直线职能式组织形式、矩阵式组织形式、事业部式组织形式。

（1）直线式组织形式（图1-1）

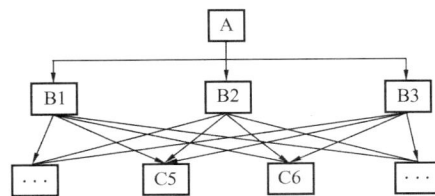

1）特征

机构中各职位都按直线排列，项目经理直接进行单线垂直领导。

2）适用范围

适用于中小型项目。

3）优点

人员相对稳定，接受任务快，信息传递快捷，人事关系容易协调。

4）缺点

专业分工差，横向联系困难。

（2）职能式组织形式

它是按职能来组织部门分工，是在不打乱企业现行建制的条件下，把项目委托给企业内某一专业部门或施工队，由单一部门的领导负责组织项目实施的项目组织形式（图1-2）。

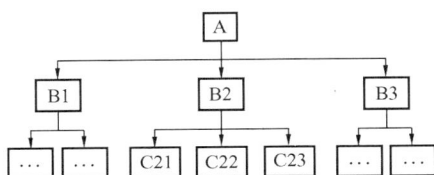

图1-1　直线式组织形式　　　　图1-2　职能式组织形式

1）特征

是按职能原则建立的项目机构，不打乱企业现行建制。

2）适用范围

适用于小型的专业性强、不需要涉及众多部门的施工项目。

3）优点

机构启动快；职能明确，职能专一，关系简单，便于协调；项目经理无须专门训练便能进入状态。

4）缺点

人员固定，不利于精简机构，不能适应大型复杂项目或者涉及各个部门的项目，因而局限性较大。

（3）矩阵式组织形式

矩阵组织结构又称规划—目标结构，是把按职能划分的部门和按产品（或项目、服务等）划分的部门结合起来组成一个矩阵，使同一名员工既同原职能部门保持组织与业务上的联系，又参加产品或项目小组的工作的一种结构。项目管理组织呈矩阵状（图1-3）。

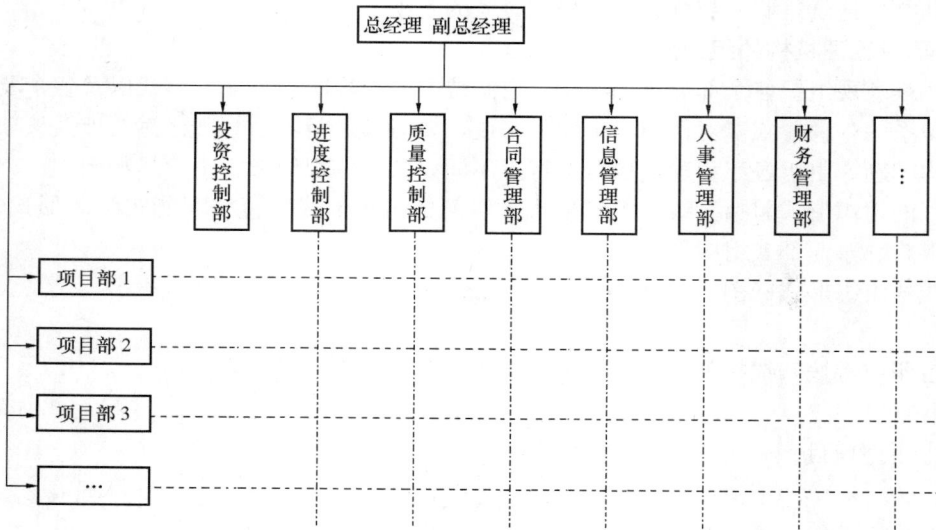

图1-3 矩阵式组织形式

1）特征

① 将项目机构与职能部门按矩阵式组成，矩阵式的每个结合点接受双重领导，部门控制力大于项目控制力。

② 项目经理工作有各职能部门支持，有利于信息沟通、人事调配、协调作战。

2）适用范围

① 适用于同时承担多个项目管理的企业。

② 适用于大型、复杂的施工项目。

3）优点

① 解决了企业组织和项目组织的矛盾。

② 能以尽可能少的人力实现多个项目管理的高效率。

4）缺点

① 双重领导造成的矛盾；身兼多职造成管理上顾此失彼。

② 矩阵式组织对企业管理水平、项目管理水平、领导的素质、组织机构的办事效率、信息沟通渠道的畅通，均有较高的要求，因此要精干组织、分层授权、疏通渠道、理顺关系。由于矩阵式组织较为复杂，结合部多，容易造成信息沟通量膨胀和沟通渠道复杂化，致使信息梗阻和失真。这就要求协调组织内容的关系时必须有强有力的组织措施和协调办法以排除难题。为此，层次、职责、权限要明确划分，有意见分歧难以统一时，企业领导要出面及时协调。

1.5　工程项目经理部

1.5.1　项目经理部

项目经理部是由项目经理在企业的支持下组建并领导项目管理的组织机构。它是施工项目现场管理的一次性并具有弹性的施工生产组织机构，负责施工项目从开工到竣工的全过程施工生产经营的管理工作。既是企业某一施工项目的管理层，又对劳务作业层负有管理与服务的职能。项目经理部由项目经理、项目副经理以及其他技术和管理人员组成。

1.5.2　项目经理的工作性质、职责和权力

（1）施工企业项目经理的工作性质

1）大、中型工程项目施工的项目经理必须由取得建造师注册证书的人员担任；但取得建造师注册证书的人员是否担任工程项目施工的项目经理，由企业自主决定。

2）（国内）建筑施工企业项目经理，是指受企业法定代表人委托，对工程项目施工过程全面负责的项目管理者，是建筑施工企业法定代表人在工程项目上的代表人。项目经理岗位是保证工程项目建设质量、安全、工期的重要岗位。

（2）项目经理的职责

1）贯彻执行国家和工程所在地政府的有关法律、法规和政策，执行企业的各项管理制度；

2）严格财务制度，加强财经管理，正确处理国家、企业与个人的利益关系；

3）执行项目承包合同中由项目经理负责履行的各项条款；

4）对工程项目施工进行有效控制，执行有关技术规范和标准，积极推广应用新技术，确保工程质量和工期，实现安全、文明生产，努力提高经济效益。

（3）项目经理在承担工程项目施工管理过程中，应当按照工程承包合同，在法定代表人授权范围内，行使管理权力：

1）组织所承担的工程项目施工管理的项目管理班子。

2）参与施工项目投标，以企业法定代表人的代表身份处理与所承担的工程项目有关的外部关系，并可接受企业法定代表人的委托签署有关合同。

3）指挥工程项目建设的生产经营活动，调配和管理所承担的工程项目的人力、资金、物资、机械设备等。

4）选择所承担的工程项目的施工作业队伍。

5）对所承担的工程项目的施工进行合理的经济分配。

6）企业法定代表人授予的其他管理权力。

本 章 小 结

通过本章学习，掌握建筑工程项目管理的概念、建筑工程项目管理的类型以及参与项目建设各主体单位的目标和任务；熟悉建筑工程的施工程序；熟悉风险管理的相关知识；掌握工程项目组织的主要形式及其特点；了解项目经理部及项目管理制度的有关内容。

本 章 习 题

1. 简述项目的概念及特点。
2. 简述建筑工程项目管理的概念及特点。
3. 建筑工程的施工程序包含哪些？
4. 结合一个具体的工程建设项目，分析其处在项目实施的哪个阶段及其目标和任务。
5. 各项目组织形式的特点及其适用范围情况是什么？
6. 项目组织机构在设置时应遵循哪些原则？
7. 项目经理的职责和权力包括哪些？

2 建设工程招标投标与合同管理

【案例引入】

某钢筋混凝土框架结构40层大型商业中心大厦工程项目，质量要求达到国家优良标准，地质条件良好，施工图纸齐备，现场已完成"三通一平"工作，满足开工条件。业主已落实自筹的建设资金。该工程宜采用哪种招标方式和合同形式？

2.1 建设工程招标与投标

2.1.1 建设工程招标投标制度

招标投标是市场经济中的一种竞争方式，也是规范选择交易主体、订立交易合同的法律程序，通常适用于大宗交易。其特点是，由唯一的买方（或卖方）设定标的，招邀若干个买方（或卖方），通过秘密报价进行竞争，从诸多报价中选择满意的，与之达成交易协议，随后按协议实现标的。

建设工程实行招标投标制度，是使工程项目建设任务的委托纳入市场机制，通过公平合理的审查择优选定项目的决策咨询、勘察设计、工程施工、建设监理、工程材料和设备的供应单位等，达到保证工程质量、缩短建设周期、控制工程造价、提高投资收益的目的，由发包人与承包人之间通过招标投标签订承包合同的经营制度。它包括两个基本过程：以招标方为主的招标和以投标方为主的投标。

（1）建设工程招标

建设工程项目招标，是指具备招标资格的招标人（或发包人）通过招标公告或发出邀请函等方式，事前公布工程、货物或服务等发包业务的相关条件和要求，召集自愿参加的竞争者投标，并根据事前规定的评选办法，经过评标、定标，最终与中标单位签订承包合同的过程。

（2）建设工程投标

建设工程项目投标，是指投标人（或承包人）依据有关规定和招标人拟定的招标文件要求，在规定的期限内向招标人提交投标书参与竞标，并争取中标，以获得建设工程承包权的经济法律活动。

（3）建设工程招投标的意义

国内外招投标实践证明，建设工程实行招标投标，对于提高工程建设质量，规范建设市场行为，有效地充分利用社会有限资源，提高建筑承包商的综合素质和竞争力，缩短工程工期，提高经济效益，促进改革开放和社会经济发展，都起到了积极的作用。建筑工程招标投标的意义主要包括：

1）有利于发包人目标的实现

在建设工程进行的整个过程中，发包人是建设过程的指导者，承包人是工程任务的执行者。发包人在招标中明确规定了项目的质量标准、工期要求等，同时，与建设工程相协调的各种担保制度和合同约定，保证了投标人在中标之后的履约行为的可靠性，保证了发包人的利益和建设目标的顺利实现。

2）有利于降低建设工程成本

投标竞争使建设工程项目的招标人能够最大限度地拓宽询价范围，因此可以优先选择相对合理的报价。这种选择可以是工程建设成本控制在合理的范围内，同时可以使业主对工程的可控性大大增加。

3）体现了公平竞争的原则

招标投标是公开、公平、公正进行的。这种公平不仅体现在招标人与投标人的地位上，更体现在投标人之间的地位上，其投标身份及中标与否是不能以"内定"的方式来确定的，投标人只能以其专业技术、经济实力、管理水平等综合素质确定其中标可能，体现了市场公正及公平竞争的原则。

4）有利于优化社会资源的配置

建设工程招标投标的本质是竞争，投标竞争一般是围绕建设工程的价格、质量、工期等关键因素进行。我国《招标投标法》中明确规定"投标人不得以低于成本的报价竞标"，因此投标人的竞争主要表现为技术的进步和管理水平的提高。从而促使投标人采用新技术、新结构、新工艺等，注重改善经营管理，不断提高技术装备水平和劳动生产率，想方设法使企业完成某类建设工程项目特定目标所需的个别劳动耗费低于社会必要劳动耗费，努力降低投标报价，以便企业能在激烈的投标竞争中获胜，因而能有效地促进建设工程项目承包的相关企业创造出更多的优质、高效、低耗的产品，促进建筑业及相关产业的发展，这对于整个社会经济而言，必将有利于全社会劳动总量的节约及合理安排，使社会的各种资源通过合理的市场竞争得到优化配置。

5）有利于加强国际经济技术合作，促进经济发展

招标投标作为世界经济技术合作和国际贸易普遍采用的重要方式，广泛地应用于建设工程项目的可行性研究、勘察设计、物资设备采购、建筑施工、设备安装等各个方面。

通过投标进行国际建设工程承包，不但可以输出工程技术和设备，获得丰厚的利润和大量的外汇，而且可以通过各种形式的劳务输出解决一部分剩余劳动力的就业问题，减轻国内劳动力就业的压力。

通过对境内工程实行国际招标，在目前国际承包市场仍属买方市场的情况下，不仅能普遍地降低成本、缩短工期、提高质量，而且能学习国外先进的工艺技术及科学的管理方法；同时，还有利于引进外资。这对于促进国内相关产业的发展乃至整个国民经济的发展都是大有益处的。

2.1.2 建设工程招标投标涉及的知识体系

建设工程招标投标的过程涉及法律法规、工程技术、综合管理、金融经济等多方面的知识。

（1）法律法规

为保证招投标工作的公开、公平、公正且充分竞争地进行，我国颁发了《招标投标法》，并以此衍生出了《建筑工程设计招标投标管理办法》《工程建设项目施工招标投标办法》《房屋建筑和市政基础设施工程施工招标投标管理办法》《工程建设项目招标

范围和规模标准规定》《招标公告发布暂行办法》《国家重大建设项目招标投标监督暂行办法》等多部法律、法规。招标投标活动必须在这些法律、法规的调整下进行。因此，不管是作为招标方还是投标方，都应该掌握相关的法律、法规，依法进行招标投标活动。

（2）工程技术

建设工程招投标活动围绕拟建建设项目进行，任何一个建设项目的实施都与工程技术密切相关，因此，在招投标过程中也会涉及工程技术方面的知识。例如，施工中所用的施工方法、工艺流程、标准规范等都要在合同中予以约定。可见，掌握工程技术知识，无论对于招标人还是对于投标人都是非常必要的。

（3）综合管理

建设工程招标投标过程就是一个项目管理过程。不论是招标人的招标、评标，还是投标人的投标，都需要各方相应的管理者具备科学的管理知识，通过有效的管理和精心组织来保证招投标过程的顺利实施。

（4）金融经济

在招标投标的过程中也处处涉及经济知识，最典型的表现是在投标报价上。这就要求招标人和投标人要掌握金融经济知识，尤其是工程估价方面的知识，避免由于经济知识的不足给自身带来损失。

2.1.3 建设工程招标投标的种类与方式

（1）建设工程招标投标的种类

工程项目的招标投标种类繁多，按照不同的标准可以进行不同的分类（表2-1）。

建设工程招标投标的分类　　　　　　　　　　　　　　表 2-1

分类依据	建设工程招标投标类型
按工程建设程序分类	建设项目可行性研究招标投标
	工程勘察设计招标投标
	建设工程监理招标投标
	建设工程施工招标投标
	材料、设备采购招标投标
按行业分类	勘察设计招标投标
	设备安装招标投标
	土建施工招标投标
	建设装饰招标投标
	货物采购招标投标
	工程咨询和建设监理招标投标
按建设项目组成分类	建设项目招标投标（如一个住宅小区或工厂）
	单项工程招标投标（如项目中某栋房屋的全部工程）
	分部工程招标投标

分类依据	建设工程招标投标类型
按工程发包范围分类	工程总承包招标投标
	工程分包招标投标
按有无涉外关系分类	国内工程承包招标投标
	境外国际工程承包招标投标
	国际工程承包招标投标

（2）建设工程招标方式

我国《招标投标法》确定两种招标方式，即公开招标和邀请招标，对于依法强制招标项目，议标招标方式已不再被法律认同。

1）公开招标

公开招标亦称无限竞争性招标，是指招标人在报刊、网络或其他媒体上刊登招标公告，提出招标项目和要求，符合条件的一切法人或者组织都可以参加，并享有同等竞争的机会，招标人从中择优选择中标人的招标方式。

公开招标的优点是投标的承包商多，竞争激烈，招标人有较大的选择余地，可在众多的投标人中选择报价合理、工期较短、技术可靠、资信良好的中标人。但是公开招标的资格审查和评标的工作量比较大，耗时长、费用高，且有可能因资格预审把关不严导致鱼目混珠的现象发生。

如果采用公开招标方式，招标人就不得以不合理的条件限制或排斥潜在的投标人。例如，不得限制本地区以外或本系统以外的法人或组织参加投标等。

2）邀请招标

邀请招标，也称有限竞争性招标或选择性招标，即由招标人以投标邀请书的方式邀请三个以上（含三个）特定的、具备承担投标能力的、资信良好的法人或其他组织参加投标的方式。邀请招标的优点在于：经过选择的投标单位在施工经验、技术力量、经济和信誉上都比较可靠，因而一般都能保证进度和质量。此外，参加投标的潜在投标人数量少，因而招标时间相对缩短，招标费用也较少。其缺点是由于参加投标的单位较少，竞争性较差，可能会失去在报价上和技术上有竞争力的投标者。

为了保护公共利益，避免邀请招标方式被滥用，各个国家和世界银行等金融组织都有相关规定：按规定应该招标的建设工程项目，一般应采用公开招标，如果要采用邀请招标，需经过批准。

根据《工程建设项目施工招标投标办法》第11条的规定，国务院发展计划部门确定的国家重点建设项目和各省、自治区、直辖市人民政府确定的地方重点建设项目，以及全部使用国有资金投资或国有资金占控股或者主导地位的工程建设项目，应当公开招标；有下列情形之一的，经批准可以进行邀请招标：

① 技术复杂、有特殊要求，只有少量潜在投标人可供选择；

② 受自然地域环境限制的；

③ 涉及国家安全、国家秘密或者抢险救灾，适宜招标但不宜公开招标的；

④ 采用公开招标方式的费用占项目合同金额的比例过大；

⑤ 法律、法规规定不宜公开招标的。

2.1.4 建设工程招投标程序（图2-1）

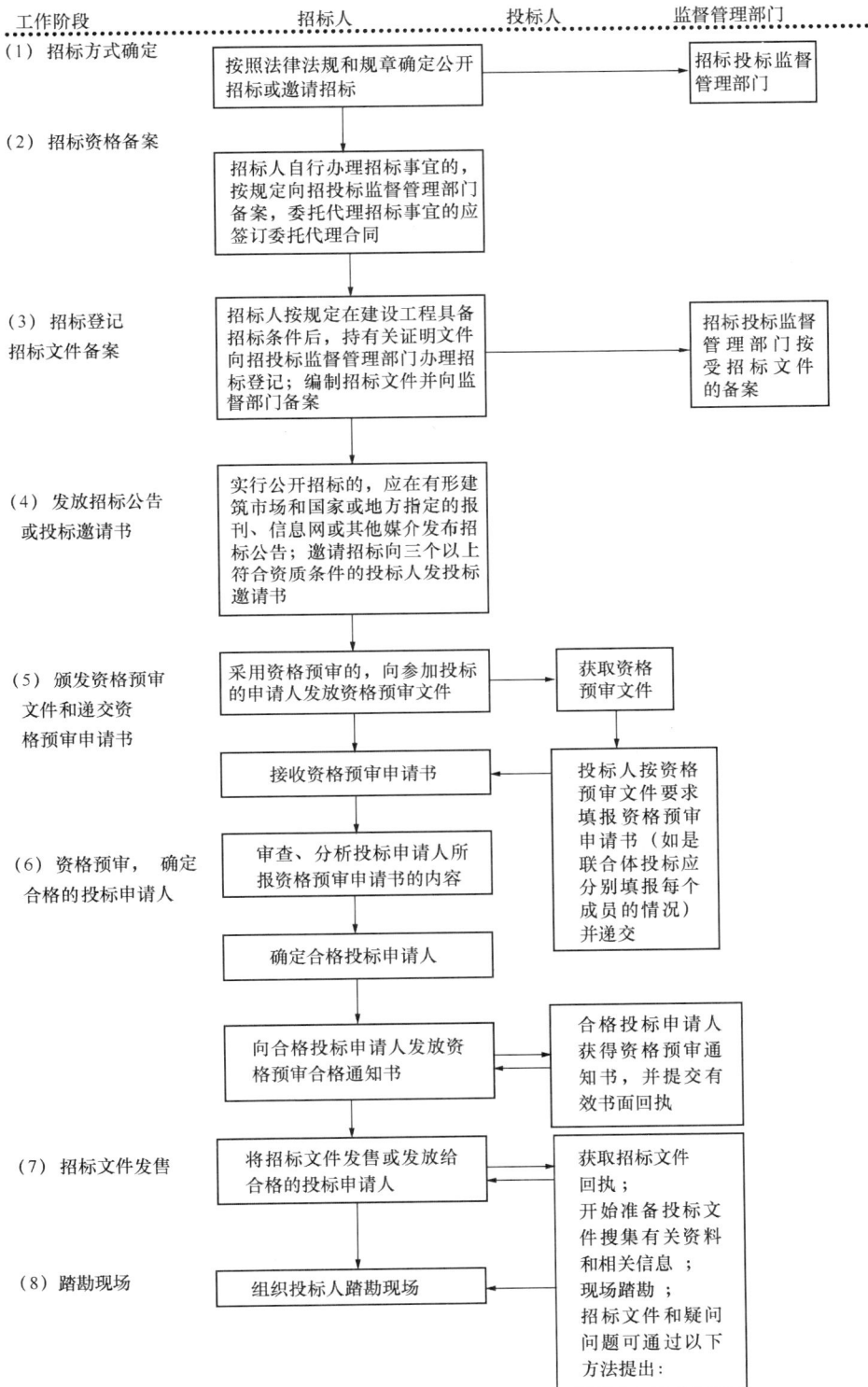

工作阶段	招标人	投标人	监督管理部门
（1）招标方式确定	按照法律法规和规章确定公开招标或邀请招标		招标投标监督管理部门
（2）招标资格备案	招标人自行办理招标事宜的，按规定向招投标监督管理部门备案，委托代理招标事宜的应签订委托代理合同		
（3）招标登记 招标文件备案	招标人按规定在建设工程具备招标条件后，持有关证明文件向招投标监督管理部门办理招标登记；编制招标文件并向监督部门备案		招标投标监督管理部门按受招标文件的备案
（4）发放招标公告 或投标邀请书	实行公开招标的，应在有形建筑市场和国家或地方指定的报刊、信息网或其他媒介发布招标公告；邀请招标向三个以上符合资质条件的投标人发投标邀请书		
（5）颁发资格预审文件和递交资格预审申请书	采用资格预审的，向参加投标的申请人发放资格预审文件	获取资格预审文件	
	接收资格预审申请书	投标人按资格预审文件要求填报资格预审申请书（如是联合体投标应分别填报每个成员的情况）并递交	
（6）资格预审，确定合格的投标申请人	审查、分析投标申请人所报资格预审申请书的内容		
	确定合格投标申请人		
	向合格投标申请人发放资格预审合格通知书	合格投标申请人获得资格预审通知书，并提交有效书面回执	
（7）招标文件发售	将招标文件发售或发放给合格的投标申请人	获取招标文件回执；开始准备投标文件搜集有关资料和相关信息；现场踏勘；招标文件和疑问问题可通过以下方法提出：	
（8）踏勘现场	组织投标人踏勘现场		

图 2-1 招标投标程序流程图（一）

(9) 投标预备会 （答疑会）

1）以书面形式

```
┌─────────────────────┐        ┌─────────────────────┐
│  接受问题，准备解答  │───────→│ （1）以书面形式      │
└─────────────────────┘        │                     │
┌─────────────────────┐        │ 获取问题解答；      │
│ 以书面形式向所有投标人│←──────│ 回执；              │
│ 解答疑问             │        │ （2）答疑会前在      │
└─────────────────────┘        │ 规定时间前以书       │
                               │ 面形式提交质疑       │
2）答疑会 ┌─────────────────────┐ 问题；              │
        │  接受问题，准备解答  │←──┤                     │
        └─────────────────────┘    └─────────────────────┘
```

```
┌─────────────────────┐    ┌──────────────┐              ┌──────────────┐
│ 答疑会解答，会后解答以│───→│ 获取答疑纪要；│─────────────→│ 招标投标监     │
│ 书面形式发放给投标人  │    │              │              │ 督管理部      │
└─────────────────────┘    │ 回执；       │              │ 门按受答      │
                          │ 获取澄清、修改│              │ 疑纪要备      │
┌─────────────────────┐    │ 件；         │              │ 案           │
│ 招标文件的澄清、修改  │───→│ 回执；       │              └──────────────┘
└─────────────────────┘    │ 编制投标文件；│              ┌──────────────┐
                          │ 办理投标担保；│─ ─ ─ ─ ─ ─ ─→│ 招标投标监     │
                          └──────────────┘              │ 督管理部      │
┌─────────────────────┐    ┌──────────────┐              │ 门接受招      │
│ 招标人按收投标文件，记│───→│ 递交投标文件和│              │ 标文件澄      │
│ 录接收日期、时间     │    │ 投标担保；   │              │ 清、修改      │
└─────────────────────┘    │ 回执；       │              │ 备案         │
                          └──────────────┘              └──────────────┘
```

(10) 投标文件的
编制与递交

```
┌─────────────────────┐    ┌──────────────┐
│ 退回逾期送达的投标文件│───→│ 逾期投标文件退│
└─────────────────────┘    │ 回；         │
                          │ 回执；       │
                          └──────────────┘
┌─────────────────────┐
│ 开标前妥善保存投标文件│
└─────────────────────┘
```

(11) 开标

```
┌─────────────────────┐    ┌──────────────┐
│ 招标人组织、主持开标、│←──│ 投标人代表参加│
│ 唱标                │    │ 开标         │
└─────────────────────┘    └──────────────┘
```

(12) 组建评标委员会

```
┌─────────────────────┐
│ 招标人依法律法规和规章│
│ 的规定，组建评标委员会│
└─────────────────────┘
```

(13) 评标

```
┌─────────────────────┐
│ 评标委员会评标       │
│  ·符合性鉴定        │
│  ·技术标评审        │
│  ·商务标评审        │
│  ·资格审查（后审）  │
└─────────────────────┘
┌─────────────────────┐
│ 评标委员会就投标文件的│
│ 内容进行澄清或答辩   │
└─────────────────────┘
┌─────────────────────┐
│ 完成评标            │
│ 确定中标候选人      │
│ 编写评估报告        │
└─────────────────────┘
```

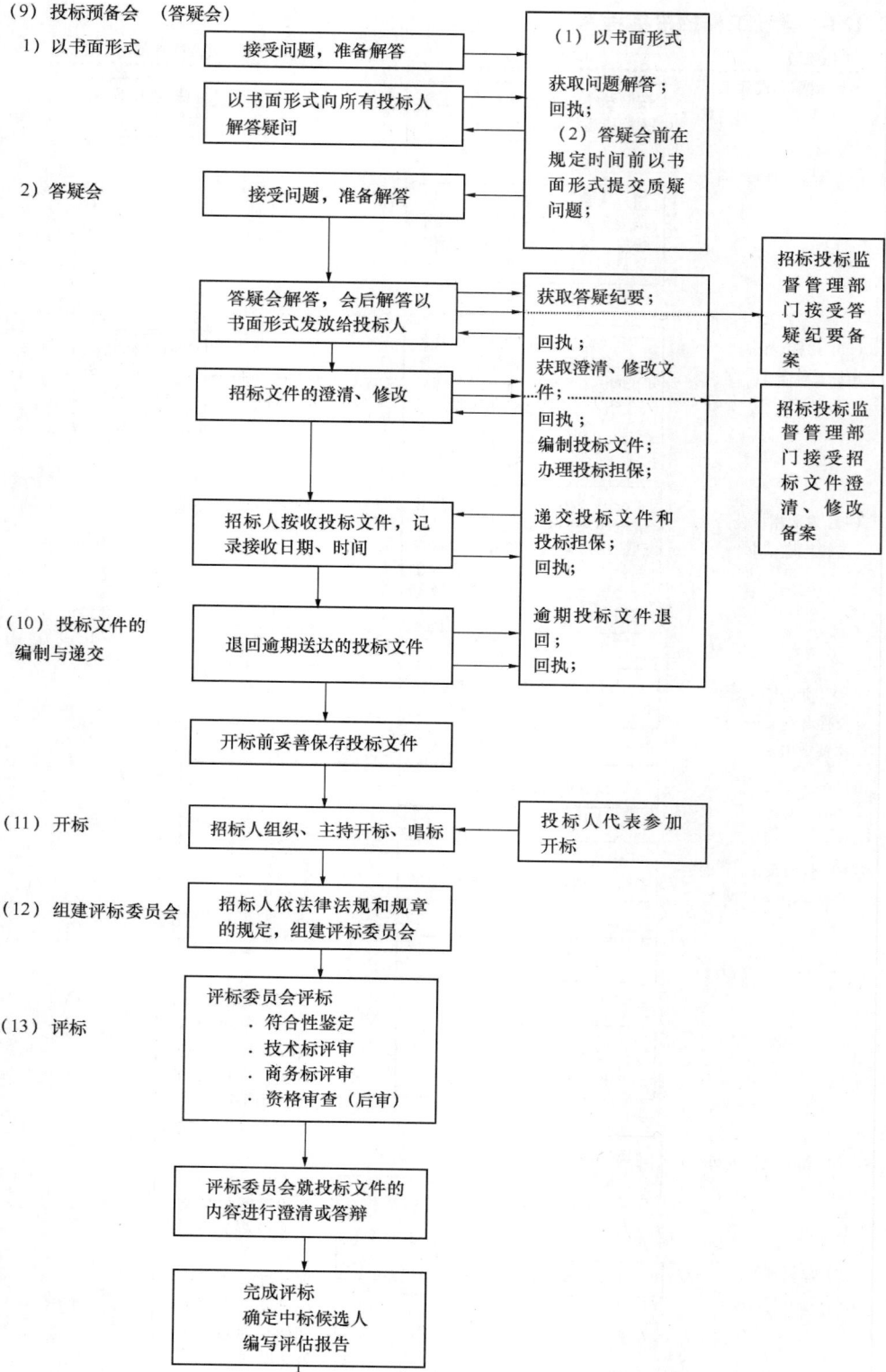

图 2-1 招标投标程序流程图 （二）

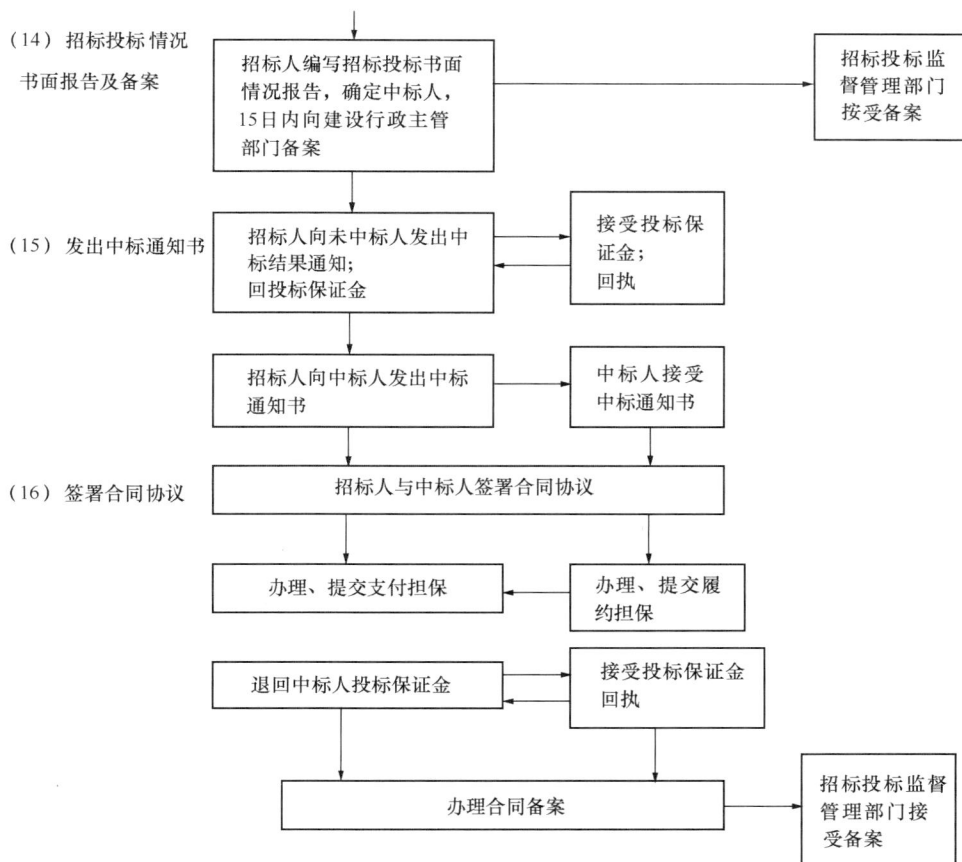

图 2-1 招标投标程序流程图（三）

2.2 建设工程合同概述

2.2.1 建设工程合同的概念与种类

（1）合同的概念

合同又称契约，是指具有平等民事主体资格的当事人（包括自然人和法人），为了达到一定目的，经过自愿、平等协商，一致设立、变更或终止民事权利义务关系而达成的协议。从合同的定义来看，合同具有下列法律上的特征：

1）合同是一种法律行为。合同的订立必须是合同双方当事人意思的表示，只有双方的意思表示一致时，合同方能成立。任何一方不履行或不完全履行合同，都要承担经济上或者法律上的责任。

2）双方当事人在合同中具有平等的地位。双方当事人应当以平等的民事主体地位来协商制定合同，任何一方不得把自己的意志强加于另一方，任何单位机构不得非法干预，这是当事人自由表达意志的前提，也是合同双方权利、义务相互对等的基础。

3）合同关系是一种法律关系。这种法律关系不是一般的道德关系，合同制度是一项重要的民事法律制度，它具有强制的性质，不履行合同要受到国家法律的制裁。

综上所述，合同是双方当事人依照法律的规定而达成的协议。合同一旦成立，即具有法律约束力。

（2）建设工程项目合同的概念

建设工程项目合同是为完成建设工程项目，明确承包人进行工程建设相关建设任务、发包人配合工程建设相关建设任务及支付价款等权利、义务的协议或合同。

建设工程合同包括工程勘察、设计、监理、施工等合同。

建设工程合同的双方当事人分别称为发包人和承包人。在合同中，承包人最主要的义务是按照约定的标准进行工程建设的服务工作，及进行工程的勘察、设计、监督管理、施工等工作；发包人最主要的义务是向承包人提出服务标准，并在对方完成服务后支付相应的价款。

（3）建设工程项目合同的种类

根据不同的分类标准，建设工程合同有不同的表现形式（表2-2）。

建设工程合同的分类　　　　　　　　　　　　　　　　表 2-2

分类依据	分　类
按工程建设阶段分	工程勘察合同
	工程设计合同
	工程施工合同
按承发包方式分	勘察设计或施工总承包合同
	单位工程承包合同
	工程项目总承包合同
	工程项目总承包管理合同
	BOT 合同（特许权协议）
按承包工程计价方式分	总价合同
	单位合同
	成本加酬金合同

（4）建设工程项目合同管理

建设工程项目合同管理，是指对建设工程项目建设相关的各类合同，从合同条件的拟定、协商、订立、履行和合同纠纷处理情况的检查和分析等环节的科学管理工作，以期通过合同管理实现建设工程项目的目标，维护合同当事人双方的合法权益。建设工程项目合同管理是随着建设工程项目管理的实施而实施的，是一个全过程的动态管理。

2.2.2　建设工程项目合同管理工作过程

建设工程项目合同管理的目标是通过合同的策划与评审、签订、合同实施控制等工作，全面完成合同责任，保证建设工程项目目标和企业目标的实现。合同管理过程主要包括：

（1）合同策划与合同评审

在工程项目的招标投标阶段的初期，业主的主要工作是合同策划，承包商的主要合同管理工作是合同评审。

1）合同策划

在项目批准立项后，业主的合同管理工作主要是合同策划，其目的就是通过合同运作项目，保证项目目标的实现，主要内容有：工程项目的合同体系策划、合同种类的选择、招标方式的选择、合同条件的选择、合同风险策划、重要的合同条款的确定等。

2）合同评审

对承包商来说合同评审的目的主要是确定合同是否符合国家法律、法规的规定，双方对合同规定的内容理解是否一致，确认自己在技术、质量、价格等方面的履约能力是否满足顾客的要求，并对合同的合法性以及完备性等相关内容进行确认。

（2）合同的谈判与签约

建设工程合同的订立往往要经历一个较长的过程。在承发包双方就建设工程合同的具体内容和有关条款经过谈判并最终敲定后即可签订合同。

合同一旦签订就意味着双方权利和义务关系在法律上得到认定。在合同签订时可根据需要对合同条款进行二次审查，尤其对于"专用条款"中的内容要特别引起注意。

（3）合同实施计划

合同签订后，承包商就必须对合同履行做出具体安排，制定合同实施计划。其突出内容有：合同实施总体策略、合同实施总体安排、工程分包策划、合同实施保证体系。

（4）合同实施控制

在项目实施过程中通过合同控制确保承包商的工作满足合同要求，包括对各种合同的执行进行监督、跟踪、诊断、控制、工程的变更管理和索赔管理等。

（5）合同后评价

项目结束后对采购和合同管理工作进行总结和评价，以提高后期新项目的采购和合同管理水平。

2.3　合同的谈判与签订

合同的订立是缔约当事人间相互接触、协商的过程，是合同成立的基础和前提。合同的成立应具备要约和承诺阶段，要约承诺是合同成立的基本规则。与其他合同的订立程序相同，建设工程合同订立的程序也包含了要约和承诺两个方面。

2.3.1　建设工程合同订立的程序

招标人通过媒体发布招标公告，或向符合条件的投标人发出招标邀请，为要约邀请；投标人根据招标文件内容在约定的期限内向招标人提交投标文件，为要约；招标人通过评标确定中标人，发出中标通知书，为承诺。招标人和中标人按照中标通知书、招标文件和中标人的投标文件等订立书面合同时，合同成立并生效。

2.3.2　建设工程合同谈判

由于建设工程规模大、金额高、履行时间长、涉及面广，合同条款如果不够完备严密，会给今后合同履行及结算工作带来很大困难。显然，合同谈判对承发包双方都很重要，因此，为维护各方的合法权益，发包人通常在发出中标通知后会与承包人进行正式的合同谈判，最终敲定合同条款后再签订合同。以建设工程施工承包合同谈判为例，其合同谈判主要内容一般包括：

（1）关于工程内容和范围的确认

经双方确认的工程内容和范围方面的修改或调整，应以文字方式确定下来，并以"合同补遗"或"会议纪要"方式作为合同附件，并明确它是构成合同的一部分。

（2）关于技术要求、技术规范和施工技术方案

双方尚可对技术要求、技术规范和施工技术方案等进行进一步讨论和确认，必要的情况下甚至可以变更技术要求和施工方案。

（3）关于合同价格条款

一般在招标文件中就会明确规定合同将采用什么计价方式，在合同谈判阶段往往没有讨论的余地。但在可能的情况下，中标人在谈判过程中仍然可以提出降低风险的改进方案。

（4）关于价格调整条款

对于工期较长的建设工程，容易遭受货币贬值或通货膨胀等因素的影响，可能给承包人造成较大损失。价格调整条款可以比较公正地解决这一承包人无法控制的风险损失。

（5）关于合同款支付方式的条款

建设工程施工合同的付款分四个阶段进行，即预付款、工程进度款、最终付款和退还保留金。关于支付时间、支付方式、支付条件和支付审批程序等有很多种可能的选择，并且可能对承包人的成本、进度等产生比较大的影响，因此，合同支付方式的有关条款是谈判的重要内容。

（6）关于工期和维修期

承包人与招标人应谈判协商确定工期，明确开工日期、竣工日期等。

同时，双方应通过谈判明确，由于工程变更、恶劣气候影响，以及"作为一个有经验的承包人无法预料的工程施工条件的变化"等原因对工期产生不利影响时的解决办法，通常在上述情况下应该给予承包人要求合理延长工期的权利。

承包人应力争以维修保函来代替业主扣留的保留金。与保留金相比，维修保函对承包人有利，主要是因为可提前取回被扣留的现金，而且保函是有时效的，期满将自动作废。同时，它对业主并无风险，真正发生维修费用，业主可凭保函向银行索回款项。维修期满后，承包人应及时从业主处撤回保函。

（7）合同条件中其他特殊条款的完善

主要包括：合同图纸；违约罚金、工期提前奖金；工程量验收以及衔接工序和隐蔽工程施工的验收程序；施工占地；向承包人移交施工现场和基础资料；工程交付；预付款保函的自动减额条款等。

2.3.3 合同签订

承发包双方就建设工程合同的具体内容和有关条款经过一个较长过程地审核、谈判并最终敲定后即可签订合同，至此，双方就该建设工程项目在法律上的权利和义务关系得到认定。

2.4 建设工程合同的计价方式

建设工程施工合同根据合同计价方式的不同，一般情况下分为三大类型，即总价合

同、单价合同和成本加酬金合同（表 2-3）。总价合同又包括固定总价合同和可调值总价合同；单价合同包括估算工程量单价合同和纯单价合同；而成本加酬金合同包括成本加固定百分比酬金合同、成本加固定金额酬金合同、成本加奖罚合同、最高限额成本加固定最大酬金合同等。

建设工程合同的计价方式　　　　　　　　　　　　　　　　表 2-3

建设工程合同计价方式	分类
总价合同	固定总价合同
	可调值总价合同
单价合同	估算工程量单价合同
	纯单价合同
成本加酬金合同	成本加固定百分比酬金合同
	成本加固定金额酬金合同
	成本加奖罚合同
	最高限额成本加固定最大酬金合同

2.4.1 总价合同

所谓总价合同，是指支付承包方的款项在合同中是一个"规定的金额"，即总价。总价合同的主要特征表现为：

1）工程款额根据确定的由承包方实施的全部任务，按承包方在投标报价中提出的总价确定；

2）实施的工程性质和工程量应在事先明确商定。

总价合同又可分为固定总价合同和可调值总价合同两种形式。

（1）固定总价合同

固定总价合同的价格计算是以图纸及规范为基础，承发包双方就施工项目协商一个固定的总价，由承包方一笔包死，不能变化。

采用这种合同，合同总价只有在设计和工程范围有所变更的情况下才能随之做相应的变更，除此之外，合同总价是不能变动的。因此，作为合同价格计算依据的图纸及规范应对工程作出详尽的描述，一般在施工图设计阶段，施工详图已完成的情况下采用。

采用固定总价合同，承包方要承担实物工程量、工程单价、地质条件、气候和其他一切客观因素造成亏损的风险。在合同执行过程中，承发包双方均不能因为工程量、设备、材料价格、工资等变动和地质条件恶劣、气候恶劣等理由，提出对合同总价调值的要求，因此承包方要在投标时对一切费用的上升因素做出估计并包含在投标报价之中。

因此，这种形式的合同适用于工期较短（一般不超过一年），对最终产品的要求又非常明确的工程项目，这就要求项目的内涵清楚，项目设计图纸完整齐全，项目工作范围及工程量计算依据确切。

（2）可调值总价合同

可调值总价合同的总价一般也是以图纸及规范为计算基础，但它是按"时价"进行计算的，这是一种相对固定的价格。在合同执行过程中，由于通货膨胀使所用的工料成本增加，因而对合同总价进行相应的调值，即合同总价依然不变，只是增加调值条款。

因此，可调值总价合同均明确列出有关调值的特定条款，往往是在合同特别说明书中列明。调值工作必须按照这些特定的调值条款进行。这种合同与固定总价合同不同在于，它对合同实施中出现的风险做了分摊，发包方承担了通货膨胀这一不可预测费用因素的风险；而承包方只承担了实施中实物工程量成本和工期等因素的风险。

可调值总价合同适用于工程内容和技术经济指标规定很明确的项目，由于合同中列明调值条款，所以在工期一年以上的项目较适于采用这种合同形式。

2.4.2　单价合同

在施工图不完整或当准备发包的工程项目内容、技术经济指标一时还不能明确、具体地予以规定时，往往要采用单价合同形式。这样，在不能比较精确地计算工程量的情况下，可以避免凭运气而使发包方或承包方任何一方承担过大的风险。

工程单价合同可细分为估算工程量单价合同和纯单价合同两种不同形式。

（1）估算工程量单价合同

估算工程量单价合同是以工程量清单和工程单价表为基础和依据来计算合同价格的。通常是由发包方委托招标代理单位或造价工程师提出总工程量估算表，即"暂估工程量清单"，列出分部分项工程量，由承包方以此为基础填报单价。最后工程的总价应按照实际完成工程量计算，由合同中分部分项工程单价乘以实际工程量，得出工程结算的总价。采用估算工程量单价合同可以使承包方对其投标的工程范围有一个明确的概念。

估算工程量单价合同一般适用于工程性质比较清楚，但任务及其要求标准不能完全确定的情况。采用这种合同时，工程量是统一计算出来的，承包方只要填上适当的单价就可以了，承担风险比较小。

因此，估算工程量单价合同在实际中运用较多，目前国内推行的工程量清单招标所形成的合同就是估算工程量单价合同。实施这种合同的标的工程施工时要求施工过程中及时计量并建立月份明细账目，以便确定实际工程量。

（2）纯单价合同

纯单价合同是发包方只向承包方给出发包工程的有关分部分项工程以及工程范围，不需对工程量做任何规定。承包方在投标时只需要对这种给定范围的分部分项工程作出报价即可，而工程量则按实际完成的数量结算。

这种合同形式主要适用于没有施工图、工程量不明，却急需开工的紧迫工程。

（3）成本加酬金合同

这种合同形式主要适用于工程内容及其技术经济指标尚未全面确定，投标报价的依据尚不充分的情况下，发包方因工期要求紧迫，必须发包的工程；或者发包方与承包方之间具有高度的信任，承包方在某些方面具有独特的技术、特长和经验的工程。

以这种形式签订的建设施工合同，有两个明显缺点：①发包方对工程总价不能实施有效控制；②降低成本提高获利空间对承包方吸引力不够。因此，这种合同形式在建设工程中很少采用。

综上可见，从政府、中介机构到发包方和承包方，都应重视建设工程施工合同计价形式的选择，弄清各种计价方式的优缺点、适用范围，从而减少因建设工程合同的不完善而引起的经济纠纷。

2.5　建设工程合同实施与风险管理

2.5.1　合同分析

建设工程项目实施过程中的合同分析，指从合同执行的角度去分析、补充和解释合同的具体内容和要求，将合同目标和合同规定落实到合同实施的具体问题和具体时间上，用以指导具体工作，使合同能符合日常工程管理的需要，是工程按合同要求实施，为合同执行和控制确定依据。

合同分析主要起到以下几方面的作用：

（1）分析合同中的漏洞，解释有争议的内容；

（2）分析合同风险，制定风险对策；

（3）对合同任务分解、落实。

2.5.2　合同交底

合同分析后，应向各层次管理者做"合同交底"，即由合同管理人员在对合同的主要内容进行分析、解释和说明的基础上，通过组织项目管理人员和各个工程小组学习合同条文和合同总体分析结果。

合同交底的目的和任务如下：

（1）对合同的主要内容达成一致理解；

（2）将各种合同事件的责任分解落实到各工程小组或分包人；

（3）将工程项目和任务分解，明确其质量和技术要求以及实施的注意要点等；

（4）明确各项工作或各个工程的工期要求；

（5）明确成本目标和消耗标准；

（6）明确相关事件之间的逻辑关系；

（7）明确各个工程小组（分包人）之间的责任界限；

（8）明确完不成任务的影响和法律后果；

（9）明确合同有关各方（如业主、监理工程师）的责任和义务。

2.5.3　合同跟踪

合同签订以后，合同中各项任务的执行要落实到具体责任人。对于建设工程项目施工合同而言，合同中各项任务的执行则是要落实到项目经理部或具体的项目参与人员身上，承包单位作为履行合同义务的主体，必须对合同执行者（项目经理部或项目参与人）的履行情况进行跟踪、监督和控制，并加强工程变更管理，从而减少或简化合同纠纷的处理，确保合同的顺利履行。

（1）合同跟踪的含义

在工程实施过程中，由于实际情况千变万化，导致合同实施与预定目标（计划和设计）偏离。如果不采取措施，这种偏差常常由小到大，逐渐积累。合同跟踪可以不断地找出偏离，不断地调整合同实施，使之与总目标一致。这是合同控制的主要手段。

施工合同跟踪有两个方面的含义：①承包单位的合同管理职能部门对合同执行者（项目经理部或项目参与者）的履行情况进行的跟踪、监督和检查；②合同执行者（项目经理部或项目参与人）本身对合同计划的执行情况进行的跟踪、检查与对比。在合同实施过程中二者缺一不可。

（2）合同跟踪的依据

1）合同以及合同分析的结果，如各种计划、方案、合同变更文件等；他们是比较的基础，是合同实施的目标和依据。

2）各种实际工程文件，如原始记录、报表、验收报告等。

3）工程管理人员对现场情况的直观了解，如现场巡视、交谈、会议、质量检查等。

（3）合同跟踪的对象

合同跟踪的对象，通常有如下几个层次：

1）对具体的合同实施工作进行跟踪。对照合同实施工作表的具体内容，分析该工作的实际完成情况。具体如下：

① 工作质量是否符合合同要求，如工作的精度、材料质量是否符合合同要求，工作过程中有无其他问题等。

② 工程进度，是否在预定期限内施工，工期有无延长，延长的原因是什么等。

③ 工程范围及数量是否符合要求，是否按合同要求完成全部施工任务，有无合同规定以外的施工任务等。

④ 成本与计划相比有无增加或减少。

经过上面的跟踪分析可以得到偏离的原因和责任，同时从这里可以发现索赔机会。

2）对工程小组或分包人的工程和工作进行跟踪。

工程施工任务可以分解交由不同的工程小组或发包给专业分包完成，而一个工程小组或分包商也可能承担许多专业相同、工艺相近的分项工程或许多合同实施工作，因此，必须对这些工程小组或分包人及其所负责的工程进行跟踪检查。在实际工程中，常常因为某一工程小组或分包商的工作质量不高或进度拖延而影响整个工程施工，合同管理人员应提供帮助和指导，如协调各方关系和工作配合；对工程缺陷提出意见、建议或警告；责成他们在一定时间内提高质量、加快工程进度等。

对专业分包人的工作和负责的工程，总承包商负有协调和管理的责任，并承担由此造成的损失，所有专业分包人的工作和负责的工程必须纳入总承包工程的计划和控制中，预防因分包人工程管理失误而影响全局。

3）对业主和其委托的工程师的工作进行跟踪。如：

① 业主是否及时、完整地提供了工程施工的实施条件，如场地、图纸、资料等；

② 业主和工程师是否及时给予了指令、答复和确认等；

③ 业主是否根据工程师的确认及时并足额地支付了应付的工程款项。

4）对工程总体的实施状况进行跟踪，把握工程整体实施情况。

2.5.4 合同偏差分析及处理

通过合同跟踪，可能会发现合同实施中存在着偏差，即工程实施实际情况偏离了工程计划和工程目标，应该及时分析原因，采取措施，纠正偏差，避免损失。

（1）合同实施偏差原因分析

通过对合同执行实际情况与实施计划的对比分析，不仅可以发现合同实施的偏差，而且可以探索引起差异的原因。原因分析可以采用鱼刺图、因果关系分析图（表）、成本量差、价差、效率差分析等方法定性或定量地进行。

例如，引起计划和实际成本偏离的原因可能有：

① 整个工程加速或延缓；

② 工程施工次序被打乱；

③ 工程费用支出增加，如材料费、人工费上升造成的工程款支付延误；

④ 增加新的附加工程，以及工程量增加；

⑤ 工作效率低下，资源消耗增加等。

进一步分析，还可以发现更具体的原因，如引起工作效率低下的原因可能有：

① 内部干扰：施工组织不周全，夜间加班或人员调整频繁；机械效率低，操作人员缺乏培训，不熟悉新技术，违反操作规程；经济责任未落实，工人劳动积极性不高等。

② 外部干扰：图纸出错；设计修改频繁；气候条件差；场地狭窄，现场混乱，水、电、道路等施工条件受到影响。

在分析引起计划和实际成本偏差的原因的基础上，进一步可以分析出各个原因的影响量大小。

（2）合同实施偏差责任分析

即分析产生合同偏差的原因是由谁引起的，应该由谁承担责任（这常常是索赔的理由）。一般只要原因分析详细，有理有据，则责任分析自然清楚。责任分析必须以合同为依据，按合同规定落实双方的责任。

（3）合同实施趋势分析

针对合同实施偏差情况，可以采取不同的措施，应分析在不同措施下合同执行的结果与趋势，包括：

1）最终的工程状况，包括总工期的延误、总成本的超支、质量标准、所能达到的生产能力（或功能要求）等；

2）承包商将承担什么样的后果，如被罚款、被清算，甚至被起诉，对承包商资信、企业形象、经营战略的影响等；

3）最终工程经济效益（利润）水平。

（4）合同实施偏差处理

根据合同实施偏差分析的结果，承包商应该采取相应的调整措施，调整措施可以分为：

1）组织措施，如增加人员投入，调整人员安排，调整工作流程和工作计划等；

2）技术措施，如变更技术方案，采用新的、高效率的施工方案等；

3）经济措施，如增加投入，采取经济激励措施等；

4）合同措施，如进行合同变更，签订附加协议，采取索赔手段等。

2.5.5 合同风险管理

建设工程涉及面广、规模大、周期长、不可避免地受诸如社会、自然等不可抗力与不可预见事件的影响，故而承、发包人签订明确双方权利、义务的建筑工程合同就尤为重要。而工程合同既是项目管理的法律文件，也是项目全面风险管理的主要依据。风险管理是工程项目管理的一部分，是在风险成本降低与风险收益之间进行权衡并决定采取何种措施的过程。项目管理者必须具有强烈的风险意识，要从合同全过程来识别风险，分析合同管理中存在的风险因素，并且对风险的来源和风险产生的影响准确区分，确定风险并对风险预测与评价，最后实施控制化解风险。

建设工程实施阶段的风险主要来源于设计技术风险、施工技术风险、自然及环境风险、政治社会风险、经济风险、合同风险、人员风险、材料设备风险、组织协调风险等，这些风险需要依靠有经验的工程项目管理人员来预测与处理，一般需要从以下几方面着手：

（1）严密的语言表达

语言是合同的载体，合同是工程价款变更、调整工程造价的依据。项目管理人员要对施工合同进行完整、全面、详细的研究分析，切实了解自己和对方在合同中约定的权利和义务，预测合同风险，严谨的合同条款可以杜绝或减少争议，从而减小风险。

（2）合理的风险分配

根据风险管理的基本理论，建设工程有关各方均有风险，而风险分担的原则是，任何一种风险都应由最适宜承担该风险或最有能力进行损失控制的一方承担，符合这一原则的风险转移是合理的，可以取得双赢或多赢的效果。合理的风险分配主要应考虑以下两个方面的因素：

① 从工程整体效果的角度出发，最大限度地发挥各方面的积极性。因为项目参与者如果不承担任何风险，往往意味着没有任何责任，当然也就没有控制风险的积极性，就不可能搞好工作。因此，只有让各方承担相应的风险责任，通过风险的分配以加强责任心和积极性，达到更好地计划与控制效果。

② 公平合理，责、权、利平衡。风险的责任和权利应是平衡的，有承担风险的责任，也要给承担者以控制和处理的权利，风险与机会尽可能对等，对于风险承担者应同时享受风险控制获得的收益和机会收益，也只有这样才能使参与者勇于去承担风险。承担者应该拥有预测、计划、控制的条件和可能性，有迅速采取控制风险措施的时间、信息等条件，只有这样，参与者才能理性地承担风险。

（3）选择合适的合同计价形式

根据工程项目的不同内容选择不同的合同计价类型。建设工程具有单一性、个别性，适当地选择计价方式，可降低工程的合同风险。例如，对于工程规模较大、地质条件不稳定、工程量可能有较大变化的项目，宜采用固定单价合同；对于地质条件较好、工期短、工程量基本不变、施工工艺成熟的项目，风险量较小，可采用固定总价合同；对于招标阶段建材市场价格处于波动状态的项目或施工工期较长的项目，宜在合同主要条款中约定材料调价条款，对于施工设计不是很完善的项目，宜在合同主要条款中约定新增项（子）目的计价条款。

（4）把强化项目实施过程中现场组织管理作为合同的组成部分

首先，合同谈判人员要对现场管理人员进行针对性的合同交底；其次，应组建精干得力的项目管理班子，群策群力，建立健全行之有效的控制手段，对工程实施全过程管理，对工程质量、进度、成本严格控制，避免因工期延误、质量问题、人员、材料、设备浪费带来的风险；最为重要的是，由于建筑工程周期长、影响因素多，故要加强履约过程的动态管理，定期检查合同执行情况，避免发生与合同条款相违背的情况，并根据工程实际风险发生的可能性，采取技术上、经济上和管理上的措施，制定相应对策，尽可能避免其发生，降低风险损失。

（5）注重索赔资料的收集、整理及索赔策略

在施工合同履行过程中，由于一些不可预测风险的发生，承发包方不能履行合同或不能完全履行合同，索赔是否成立很大程度上取决于索赔证据资料的收集。索赔证据有：会议纪要、施工日志、工程照片、设计变更、指令或通知、气象资料、造价指数等，注意和重视索赔资料的收集，是使工程合同风险合理规避的有效措施。

（6）适当的专业分包，降低风险

对于大型建设项目，根据工程的具体情况适当分包，可以选择信誉好的专业队伍，坚持"宁缺毋滥"的原则。

总之，风险是不可避免的，它伴随着工程建设的全过程，只有在合同签订和合同履约管理中，始终坚持"平等互利原则"依法签订完善合同，强化合同履约管理，善于在合同中防范风险、合理规避风险，将项目风险降到最低，才能获得最大的收益。

2.6 建设工程合同变更与索赔管理

2.6.1 建设工程项目合同变更管理

除专用合同条款另有约定外，合同履行过程中发生以下情形的，应按照《建设工程施工合同（示范文本）》GF—2017—0201 第 10.1 款约定进行变更：

（1）增加或减少合同中任何工作，或追加额外的工作；

（2）取消合同中任何工作，但转由他人实施的工作除外；

（3）改变合同中任何工作的质量标准或其他特性；

（4）改变工程的基线、标高、位置和尺寸；

（5）改变工程的时间安排或实施顺序。

根据工程实施的实际情况，以下单位都可以根据需要提出工程变更：①承包商；②业主方；③设计方。

2.6.2 建设工程索赔的概念和分类

建设工程索赔是建设工程管理和建设经济活动中承发包双方之间经常发生的管理业务，正确处理索赔对有效地确定、控制工程造价，保证工程顺利进行有着重要意义；另外索赔也是承发包双方维护各自利益的重要手段，国外建筑企业管理人员大都能熟练掌握、运用索赔的方法与技巧。

（1）建设工程索赔的基本概念

索赔是指在合同履行过程中，对于并非自己的过错，而是应由双方承担责任的情况造成实际损失向对方提出经济补偿和（或）时间补偿的要求。由于施工现场条件、气候条件的变化，施工进度、物价的变化，以及合同条款、规范、标准文件和施工图纸的变更、差异、延误等因素的影响，使得工程承包中不可避免地出现索赔，它是工程施工过程中的正常现象。

（2）建设工程索赔的原因和分类

1）建设工程索赔的起因

① 发包人违约，包括发包人和工程师没有履行合同责任，没有正确地行使合同赋予的权力，工程管理失误，不按合同支付工程款等。

② 合同错误，如合同条文不全、错误、矛盾、有二义性，设计图纸、技术规范错误等。

③ 因工程变更（含设计变更、发包人提出的工程变更、监理工程师提出的工程变更，以及承包人提出并经监理工程师批准的变更）造成的时间、费用损失。

④ 工程环境变化，包括法律、市场物价、货币兑换率、自然条件的变化等。

⑤ 不可抗力因素，如恶劣的气候条件、地震、洪水、战争状态、禁运等。

2）建设工程索赔的分类（表 2-4）

建设工程合同索赔的分类　　　　　　　　　　　　　　　　表 2-4

分类依据	建设工程索赔类型	说　明
按索赔当事人分类	承包人与发包人之间索赔	
	承包人与分包人之间索赔	
	承包人与供贷人之间索赔	
	承包人与保险人之间索赔	
按索赔事件的影响分类	工期拖延索赔	由于发包人未能按合同规定提供施工条件，如未及时交付设计图纸、技术资料、场地、道路等；或非承包人原因发包人指令停止工程实施；或其他不可抗力因素作用等原因，造成工程中断，或工程进度放慢，使工期拖延，承包人对此提出索赔
	不可预见的外部障碍或条件索赔	如果在施工期间，承包人在现场遇到一个有经验的承包人通常不能预见到的外界障碍或条件，例如地质与预计的（发包人提供的资料）不同，出现未预见到的岩石、淤泥或地下水等
	工程变更索赔	由于发包人或工程师指令修改设计、增加或减少工程量、增加或删除部分工程、修改实施计划、变更施工次序，造成工期延长和费用损失，承包人对此提出索赔
	工程终止索赔	由于某种原因，如不可抗力因素影响、发包人违约，使工程被迫在竣工前停止实施，并不再继续进行，使承包人蒙受经济损失，因此提出索赔
	其他索赔	如货币贬值、汇率变化，物价和工资上涨、政策法令变化、发包人推迟支付工程款等原因引起的索赔
按索赔要求分类	工期索赔	即要求发包人延长工期，推迟竣工日期
	费用索赔	即要求发包人补偿费用损失，调整合同价格
按索赔所依据的理由分类	合同内索赔	即索赔以合同条文作为依据，发生了合同规定给承包人以补偿的干扰事件，承包人根据合同规定提出索赔要求。这是最常见的索赔
	合同外索赔	指工程过程中发生的干扰事件的性质已经超过合同范围。在合同中找不出具体的依据，一般必须根据适用于合同关系的法律解决索赔问题
	道义索赔	指由于承包人失误（如报价失误、环境调查失误等），或发生承包人应负责的风险而造成承包人重大的损失

分类依据	建设工程索赔类型	说　明
按索赔的处理方式分类	单项索赔	单项索赔是针对某一干扰事件提出的。索赔的处理是在合同实施过程中，干扰事件发生时，或发生后立即进行。它由合同管理人员处理，并在合同规定的索赔有效期内向发包人提交索赔意向书和索赔报告
	总索赔，又叫一揽子索赔或综合索赔	这是在国际工程中经常采用的索赔处理和解决方法。一般在工程竣工前，承包人将工程过程中未解决的单项索赔集中起来，提出一份总索赔报告。合同双方在工程交付前或交付后进行最终谈判，以一揽子方案解决索赔问题

2.6.3　建设工程索赔成立的条件和依据

（1）索赔成立的条件

① 与合同对照，事件已造成了承包人工程项目成本的额外支出，或直接工期损失；

② 造成费用增加或工期损失的原因，按合同约定不属于承包人的行为责任或风险责任；

③ 承包人按合同规定的程序提交索赔意向通知和索赔报告。

（2）建设工程索赔的依据

1）合同文件

合同文件是索赔的最主要依据，包括：

① 本合同协议书；

② 中标通知书；

③ 投标书及其附件；

④ 本合同专用条款；

⑤ 本合同通用条款；

⑥ 标准、规范及有关技术文件；

⑦ 图纸；

⑧ 工程量清单；

⑨ 工程报价单或预算书。

注意：合同履行中，发包人承包人有关工程的洽商、变更等书面协议或文件视为本合同的组成部分。

2）订立合同所依据的法律法规

① 适用法律和法规。建设工程合同文件适用国家的法律和行政法规；需要明示的法律、行政法规，由双方在专用条款中约定。

② 适用标准、规范。双方在专用条款内约定适用国家标准、规范的名称。

（3）相关证据

证据是指能够证明案件事实的一切材料。在企业维护自身权利的过程中，根本的目的就是要明确对方的责任和自身的权利，减轻自己的责任和减少、甚至消除对方的权利。但这一切都必须依法进行。

可以作为证据使用的材料书证、物证、证人证言、视听材料、被告人供述和有关当事人陈述、鉴定结论、勘验或检验笔录等七种。

在工程索赔中的证据：

1）招标文件、合同文本及附件，其他的各种签约（备忘录，修正案等），发包人认可的工程实施计划，各种工程图纸（包括图纸修改指令），技术规范等；

2）来往信件，如发包人的变更指令，各种认可信、通知、对承包人问题的答复信等；

3）各种会谈纪要；

4）施工进度计划和实际施工进度记录；

5）施工现场的工程文件；

6）工程照片；

7）气候报告；

8）工程中的各种检查验收报告和各种技术鉴定报告；

9）工地的交接记录（应注明交接日期，场地平整情况，水、电、路情况等），图纸和各种资料交接记录；

10）建筑材料和设备的采购、订货、运输、进场，使用方面的记录、凭证和报表等；

11）市场行情资料，包括市场价格、官方的物价指数、工资指数、中央银行的外汇比率等公布材料；

12）各种会计核算资料；

13）国家法律、法令、政策文件。

2.6.4 常见的索赔情形

建设工程项目开展过程中常见的可能发生索赔情形主要有：

（1）因合同文件引起的索赔

1）有关合同文件的组成问题引起索赔；

2）关于合同文件有效性引起的索赔；

3）因图纸或工程量表中的错误而索赔。

（2）有关工程施工的索赔

1）地质条件变化引起的索赔；

2）工程中人为障碍引起的索赔；

3）增减工程量的索赔；

4）各种额外的试验和检查费用偿付；

5）工程质量要求的变更引起的索赔；

6）关于变更命令有效期引起索赔或拒绝；

7）指定分包商违约或延误造成的索赔；

8）其他有关施工的索赔。

（3）关于价款方面的索赔

1）关于价格调整方面的索赔；

2）关于货币贬值和严重经济失调导致的索赔；

3）拖延支付工程款的索赔。

（4）关于工期的索赔

1）关于延展工期的索赔；

2）由于延误产生损失的索赔；

3）赶工费用的索赔。

（5）特殊风险和人力不可抗拒灾害的索赔

1）特殊风险的索赔

特殊风险一般是指战争、敌对行动、入侵等行为，核污染及冲击波破坏、叛乱、暴动、军事政变或篡权、内战等。

2）人力不可抗拒灾害的索赔

人力不可抗拒灾害主要是指自然灾害，由这类灾害造成的损失应向承保的保险公司索赔。在许多合同中承包人以发包人和承包人共同的名义投保工程一切险，这种索赔可同发包人一起进行。

（6）工程暂停、中止合同的索赔

1）施工过程中，工程师有权下令暂停工程或任何部分工程，只要这种暂停命令并非承包人违约或其他意外风险造成的，承包人不仅可以得到要求工期延展的权利，而且可以就其停工损失获得合理的额外费用补偿。

2）中止合同和暂停工程的意义是不同的。有些中止的合同是由于意外风险造成的损害十分严重；另一种中止合同是由"错误"引起的中止，例如发包人认为承包人不能履约而中止合同，甚至从工地驱逐该承包人。

（7）财务费用补偿的索赔

财务费用的损失要求补偿，是指因各种原因使承包人财务开支增大而导致的贷款利息等财务费用。

本 章 小 结

本章主要介绍了建设工程招标投标制度、招标投标的种类、方式与程序；建设工程合同的谈判与签约、建设工程合同的计价方式、合同的实施管理与风险管理以及合同变更和索赔。

本 章 习 题

1. 建筑工程项目招标方式有哪些？各自有何优缺点？

2. 根据我国《招标投标法》的规定，哪些建设项目必须进行招标？

3. 招标投标活动应当遵循的原则有哪些？

4. 简述建筑工程施工招标程序。

5. 合同价款支付方式有哪些？其适用条件是什么？

6. 我国建设工程合同管理有哪些特征？

7. 建筑企业合同管理制度主要有哪几种？

8. 如何建立建设工程合同管理模式？

9. 试析签订合同与履行合同可能带来的风险有哪些？

10. 风险如何控制和转移？

11. 什么是索赔？索赔具有哪些特征？

12. 建设工程合同的索赔是如何分类的？

13. 试分析可能引起索赔的原因有哪些？

14. 简述索赔程序。

3 建设工程流水施工

【案例引入】
    某职业院校新建项目由教学楼、图书馆、行政办公楼等 7 个单体建筑组成。合同总建筑面积 12 万平方米，施工内容包含土方、结构、装饰装修及安装等内容。合同开工时间是 2018 年 11 月 20 日，竣工时间 2019 年 8 月 18 日。如何科学、合理地组织施工，才能按期完成工程项目呢？

3.1 流水施工的基本概念

3.1.1 常用的施工组织方式
    工程施工中常用的组织方式有三种：依次施工、平行施工、流水施工。下面以三幢同类型房屋的基础工程为例归纳总结其各自特点。

    【例 3-1】 有三幢同类型房屋的基础工程，分挖土、垫层、砌基础、回填土 4 个施工过程，它们在每幢房屋上的持续时间分别为 4 天、2 天、6 天、2 天。它们所需劳动力分别为 10 人、10 人、15 人、10 人。试组织施工。
    （1）依次施工
    1）按施工段依次施工
    施工段依次施工组织方式为先施工第一幢楼的基础工程，待第一幢基础工程挖土、垫层、砌基础、回填土 4 个施工过程全部完成后再施工第二幢楼基础工程，待第二幢基础工程的所有施工完成后最后施工第三幢基础工程（图 3-1）。

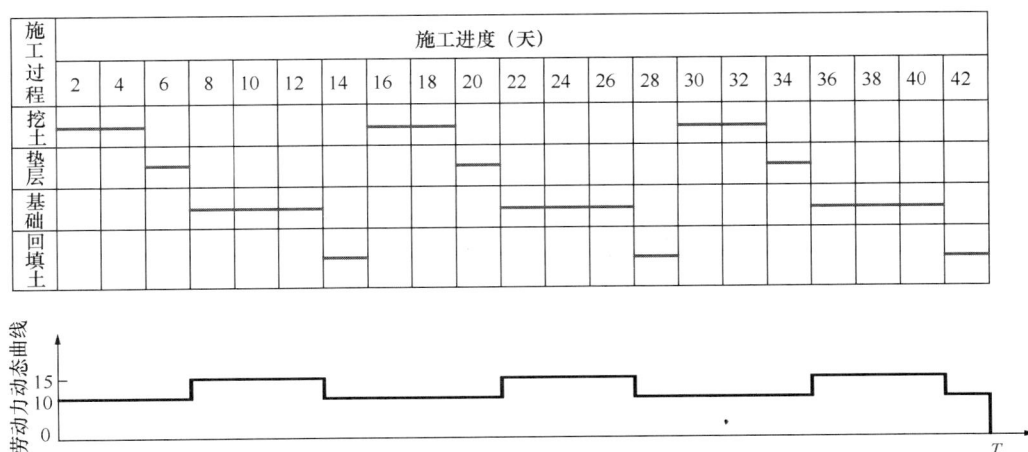

图 3-1 按幢（按施工段）依次施工

工期：$T=3\times(4+2+6+2)=42\mathrm{d}=M\sum t_i$

2）按施工过程依次施工

依次施工组织方式为按顺序依次施工每幢楼基础工程的挖土，垫层，再施工砌基础、最后施工回填土过程（图3-2）。

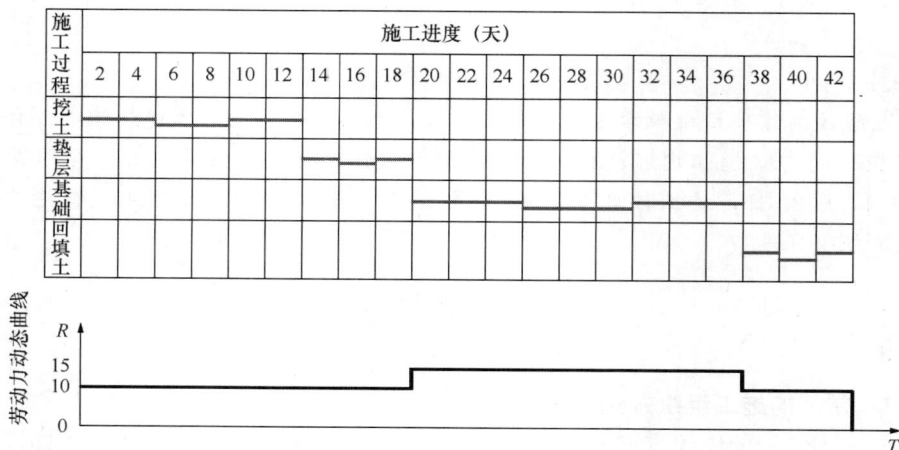

图 3-2　按施工过程依次施工

（2）平行施工

平行施工是所有施工对象在各施工段同时开工、同时完工的一种施工组织方式（图3-3）。

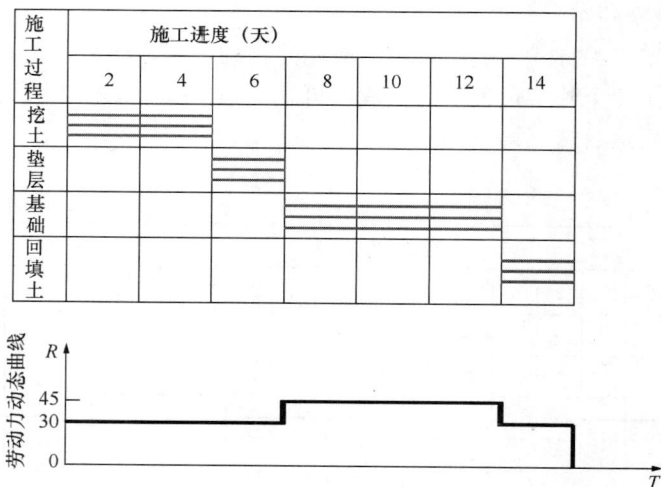

图 3-3　平行施工组织方式施工

工期：$T=4+2+6+2=14\mathrm{d}=\sum t_i$

（3）流水施工

流水施工是指所有施工过程按一定的时间间隔依次投入施工，各个施工过程陆续开工、陆续竣工，使同一施工过程的施工班组保持连续、均衡地施工，不同施工过程的专业队伍最大限度地、合理地搭接起来的一种施工组织方式（图3-4）。

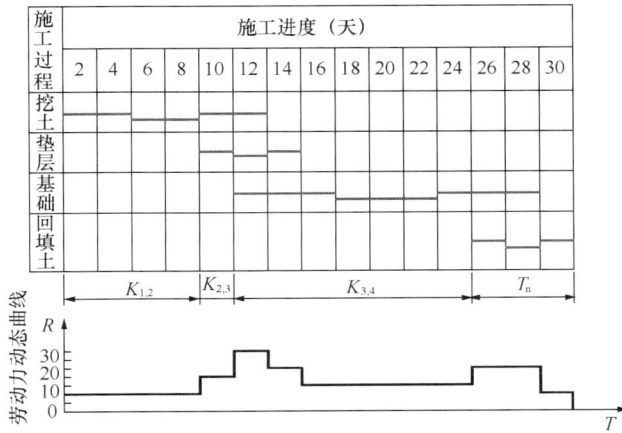

图 3-4　流水施工

工期：$T=8+2+14+6=30d$

$$T=\sum k_{i,i+1}+T_N$$

三种施工方式的特点比较见表3-1。

三种施工方式的特点比较　　　　　　　　　　表 3-1

比较内容	依次施工	平行施工	流水施工
工作面利用情况	不能充分利用工作面	充分地利用了工作面	合理、充分地利用了工作面
工期	最长	最短	适中
窝工情况	按施工段依次施工有窝工现象	若不进行协调，则有窝工	主导施工过程班组不会有窝工现象
专业班组	实行，但要消除窝工则不能实行	实行	实行
资源投入情况	日资源用量大，品种单一，且不均匀	日资源用量大，品种单一，且不均匀	日资源用量适中，且比较均匀
对劳动生产率和工程质量的影响	不利	不利	有利

从以上的对比分析中，可以看出流水施工是一种先进的、科学的施工组织方式。它为建筑工程带来了施工工期缩短；劳动生产率提高、质量保证；方便资源调配、供应；降低工程成本等技术经济效果。

3.1.2　流水施工的表达方式

流水施工的表达方式，主要有横道图、斜线图和网络图。

（1）横道图

横道图如图3-5流水施工所示。图中的横坐标表示流水施工的持续时间；纵坐标表示施工过程的名称或编号。n条带有编号的水平线段表示n个施工过程或专业工作队的施工进度安排，其编号①、②……表示不同的施工段。横道图具有绘制简单，形象直观的特点。

施工过程	施工进度（天）						
	2	4	6	8	10	12	14
挖基槽							
做垫层							
砌基础							
回填土							

图 3-5　横道图

（2）斜线图

斜线图法是将横道图中的水平进度改为斜线来表达的一种形式，其横坐标表示持续时间，纵坐标表示施工段（由下往上），斜线表示每个施工段完成各道工序的持续时间以及进展情况，斜线图可以直观地从施工段的角度反映出各施工过程的先后顺序以及时空状况。通过比较各条斜线的斜率可以反映出各施工过程的施工速度快慢。

斜线图的实际应用不及横道图普遍。斜线图实例如图 3-6 所示（图表中的 Ⅰ、Ⅱ、Ⅲ 为栋数）。

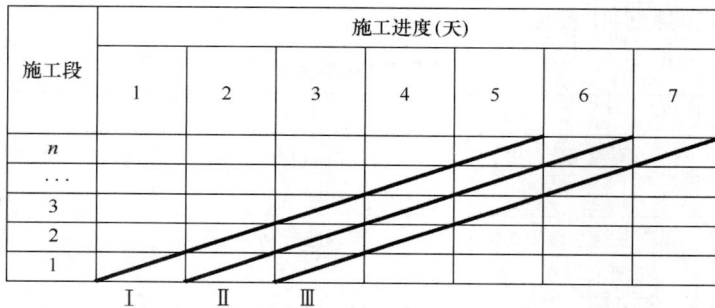

图 3-6　斜线图

（3）网络图

网络图的表达形式，详见本教材第 4 章"网络计划技术"。

3.1.3　流水施工的基本参数

在组织流水施工时，为了准确地表达各施工过程在时间上和空间上的相互依存关系，需引入一些参数，这些参数称为流水施工参数。可分为工艺参数、空间参数和时间参数 3 类（表 3-2）。

流水施工基本参数　　　　　　　　　　　　　　　　　　　　表 3-2

序号	类别	基本参数	代号	说明
1	工艺参数	施工过程数	n	参与一组流水的施工过程数目
		流水强度	V_i	某施工过程在单位时间内所完成的工程量
2	空间参数	施工段	m	将施工对象在平面上划分为若干个劳动量大致相等的施工区段，这些施工区段称为施工段

序号	类别	基本参数	代号	说明
2	空间参数	施工层	r	为满足专业工种对操作高度的要求，通常将施工项目在竖向上划分为若干个作业层，这些作业层称为施工层
		工作面	a	安排专业工人进行操作或者布置机械设备进行施工所需的活动空间
3	时间参数	流水节拍	t_i	从事某一施工过程的施工队在一个施工段上完成所对应施工任务所需的时间
		流水步距	$K_{i,i+1}$	相邻两个施工过程的施工队先后进入同一施工段开始施工的时间间隔
		间歇时间	t_j	相邻两个施工过程之间必须留有的时间间隔，分技术间歇和组织间歇
		搭接时间	t_d	当上一施工过程为下一施工过程提供了足够的工作面，下一施工过程可提前进入该段施工，即为搭接施工。该时间为搭接时间
		流水工期	T	完成一项工程任务或一个流水组施工所需的时间

（1）工艺参数

在组织流水施工时，用以表达流水施工在施工工艺上开展顺序及其特征的参数，称为工艺参数。工艺参数包括施工过程数和流水强度两种。

1）施工过程数（n）。施工过程数是将整个建造对象分解成几个施工步骤，每一步骤就是一个施工过程，以符号 n 表示。

2）流水强度（V_i）。流水强度是指某施工过程在单位时间内所完成的工程量，一般以 V_i 表示。流水强度包括机械施工过程的流水强度和人工施工过程的流水强度。

$$V_i = \sum_{i=1}^{x} R_i S_i \tag{3-1}$$

式中　V_i——某施工过程 i 的机械操作流水程度；

　　　R_i——投入施工过程 i 的某种施工机械台数；

　　　S_i——投入施工过程 i 的某种施工机械产量定额；

　　　x——投入施工过程 i 的某种施工机械种类数。

（2）空间参数

在组织流水施工时，用以表达流水施工在空间布置上所处状态的参数，称为空间参数。空间参数主要有：施工段、施工层、工作面。

1）施工段（m）和施工层（r）

施工段和施工层是指工程对象在组织流水施工中所划分的施工区段数目。一般将平面上划分的若干个劳动量大致相等的施工区段称为施工段，用符号 m 表示。将建筑物垂直方向划分的施工区段称为施工层，用符号 r 表示。

① 划分施工段的目的

划分施工段的目的就是为了组织流水施工。由于建筑工程体积庞大，可以将其划分成若干个施工段，从而为组织流水施工提供足够的空间。

② 划分施工段的原则

A. 同一专业施工队在各个施工段上的劳动量大致相等，相差幅度不宜超过 10%～15%；

B. 每个施工段要有足够的工作面，以保证工人、施工机械的生产效率，满足合理劳动组织的要求；

C. 施工段的界限尽可能与结构界限（如沉降缝、伸缩缝等）相吻合，或设在对建筑结构整体性影响小的部位，以保证建筑结构的整体性；

D. 施工段的数目要满足合理流水施工的要求。施工段数目过多，会降低施工速度，延长工期；施工段过少，不利于充分利用工作面，可能造成窝工；

E. 对于多层建筑物或需要分层施工的工程，应既分施工段，又分施工层。

2）工作面

某专业工种的工人在从事建筑产品施工生产过程中所必须具备的活动空间，这个活动空间称为工作面。工作面确定的合理与否，直接影响专业工作队的生产效率。因此，必须合理确定工作面。

（3）时间参数

在组织流水施工时，用以表达流水施工在时间排列上所处状态的参数，称为时间参数。主要包括流水节拍、流水步距、搭接时间、技术与组织间歇时间、工期。

1）流水节拍（t_i）：是指从事某一施工过程的施工队在一个施工段上完成施工任务所需的时间，用符号 t_i 表示（$i=1，2，\cdots，n$）。流水节拍的大小决定着施工速度和施工的节奏，也是区别流水施工组织方式的特征参数。确定流水节拍的方法：

① 定额计算法。

$$t_i = \frac{Q_i}{S_i R_i Z_i} = \frac{P_i}{R_i Z_i}$$

$$t_i = \frac{Q_i H_i}{R_i Z_i} = \frac{P_i}{R_i Z_i}$$

② 工期倒排法。对必须在规定日期完成的工程项目，可采用倒排进度法。

③ 经验估算法。根据以往的施工经验估算出流水节拍的最长、最短和正常三种时间，据此求出期望时间值作为某专业工作队在某施工段上的流水节拍。按下面公式计算：

$$t_i = \frac{a + 4c + b}{6}$$

2）流水步距（$K_{i,i+1}$）：是指相邻两个施工过程的施工队组先后进入同一施工段开始施工的时间间隔，用符号 $K_{i,i+1}$ 表示（i 表示前一个施工过程，$i+1$ 表示后一个施工过程）。

确定流水步距应考虑以下因素：

① 各施工过程按各自流水速度施工，始终保持工艺先后顺序；

② 各施工过程的专业队投入施工后尽可能保持连续作业；

③ 相邻两个专业队在满足连续施工的条件下，能最大限度地实现合理搭接。

3）间歇时间（t_j）：组织流水施工时，由于施工过程之间的工艺或组织上的需要，必须要留的时间间隔。包括技术间歇时间和组织间隔时间。

技术间歇时间是指由于施工工艺或质量保证的要求，在相邻两个施工过程之间必须留有的时间间隔。例如，钢筋混凝土的养护、屋面找平干燥等。

组织间歇时间是指由于技术组织原因，在相邻两个施工过程中留有的时间间隔，称为组织间歇时间。例如，基础工程的验收、浇筑混凝土之前检查钢筋和预埋件并作记录等。

4）搭接时间（t_d）：当上一施工过程为下一施工过程提供了足够的工作面，下一施工过程可提前进入该段施工，即为搭接施工。搭接施工的时间即为搭接时间。搭接施工可使工期缩短，应多合理采用。

5）流水工期（T）：是指完成一项工程任务或一个流水组施工所需的时间。由于一项建设工程往往包含有许多流水组，故流水施工工期一般均不是整个工程的总工期。

$$T = \sum K_{i,i+1} + \sum T_n \qquad (3\text{-}2)$$

式中　T——流水施工的工期；

$\sum T_n$——最后一个施工过程的持续时间；

$K_{i,i+1}$——流水步距。

3.1.4　组织流水施工的条件

（1）将施工对象的建造过程分成若干个施工过程，每个施工过程分别由专业施工队负责完成。

（2）施工对象的工程量能划分成劳动量大致相等的施工段（区）。

（3）能确定各专业施工队在各施工段内的工作持续时间（流水节拍）。

（4）各专业施工队能连续地由一个施工段转移到另一个施工段，直至完成同类工作。

（5）不同专业施工队之间完成施工过程的时间应适度搭接、保证连续（确定流水步距），这是流水施工的显著特点。

3.2　流水施工的组织方式

流水施工的方式根据流水施工节拍是否相同，可分为有节奏流水和无节奏流水两大类（图 3-7）。

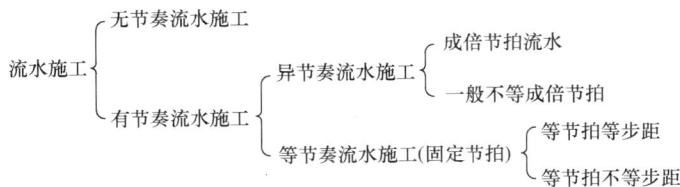

图 3-7　流水施工的分类

3.2.1　有节奏流水施工

（1）等节奏流水

等节奏流水也叫全等节拍流水，指同一施工过程在各施工段上的流水节拍都完全相等，并且不同施工过程之间的流水节拍也相等。它是一种最理想的流水施工组织方式。它分为等节拍等步距流水和等节拍不等步距流水。

1）等节拍等步距流水

等节拍等步距流水施工是指所有过程流水节拍均相等，不同施工过程之间的流水节拍也相等，且流水节拍等于流水步距的一种流水施工方式。即 $t_i = K_i$，$i+1 = t = K$。

① 流水节拍的确定：$t = t_i =$ 常数

② 流水步距的确定：

$$K_{i,i+1} = 节拍(t) = 常数 \tag{3-3}$$

③ 流水工期的计算：

$$\because T = \sum K_{i,i+l} + \sum T_n$$
$$\sum K_{i,i+l} = (n-1)t$$
$$T_n = mt$$
$$\therefore T = (n-1)t + mt \tag{3-4}$$

【例 3-2】某分部工程由四个分项工程组成，划分为挖土、垫层、基础、回填土四个施工段，流水节拍均为 4 天，过程之间无技术、组织间歇时间。试确定流水步距，计算工期并绘流水施工进度表。

【解】由已知条件知，宜组织全等节拍流水（图 3-8）。

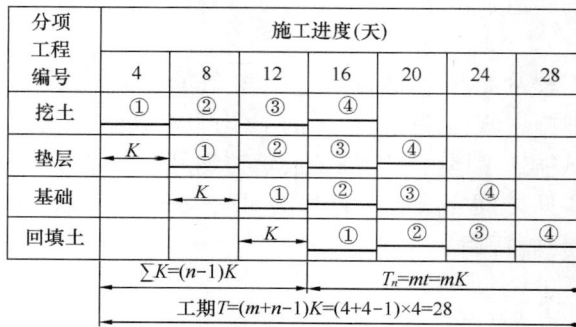

分项工程编号	施工进度（天）						
	4	8	12	16	20	24	28
挖土	①	②	③	④			
垫层	K	①	②	③	④		
基础		K	①	②	③	④	
回填土			K	①	②	③	④
	$\sum K = (n-1)K$			$T_n = mt = mK$			
	工期 $T = (m+n-1)K = (4+4-1) \times 4 = 28$						

图 3-8 进度分析图

① 确定流水步距。由全等节拍流水的特点知：$K = t = 2d$

② 计算工期。$T = (m+n-1)K = (4+4-1) \times 2 = 14d$

③ 用横道图绘制流水施工进度计划表（图 3-9）。

分项工程编号	施工进度（天）						
	4	8	12	16	20	24	28
挖土	①	②	③	④			
垫层	K	①	②	③	④		
基础		K	①	②	③	④	
回填土			K	①	②	③	④

图 3-9 等节拍等步距流水施工进度计划表

2）等节拍不等步距流水

等节拍不等步距流水施工是指同一施工过程在各阶段上的流水节拍均相等，不同施工过程之间的流水节拍也相等，但各个施工过程之间存在间歇时间和搭接时间的一种流水施工方式。

① 流水节拍的确定：$t = t_i =$ 常数

② 流水步距的确定：

$$K_{i,i+l} = t + t_j - t_d \tag{3-5}$$

③ 流水工期的计算：

$$\because T = \sum K_{i,i+l} + \sum T_n$$
$$\sum K_{i,i+l} = (n-1)t + \sum t_j - \sum t_d$$
$$T_n = mt$$
$$\therefore T = (n+m-1)t + \sum t_j - \sum t_d \tag{3-6}$$

式中　t_j——表示相邻施工过程之间的间歇时间；

　　　t_d——表示相邻施工过程之间的搭接时间。

【例 3-3】某分部工程划分为 A、B、C、D 四个施工过程，每个施工过程划分为三个施工段，其流水节拍均为 4 天，其中施工过程 A 与 B 之间有 2 天的搭接时间，施工过程 C 与 D 之间有 1 天的间歇时间。试组织等节奏流水，绘制进度计划并计算流水施工工期。

【解】由已知条件知，宜组织等节拍不等步距流水施工。

（1）确定流水步距。由等节拍不等步距流水的特点知：$K = t = 3d$

（2）计算工期。

$$T = (n+m-1)t + \sum t_j - \sum t_d = (4+3-1) \times 4 + 1 - 2 = 23d$$

（3）用横道图绘制流水施工进度计划（图 3-10）。

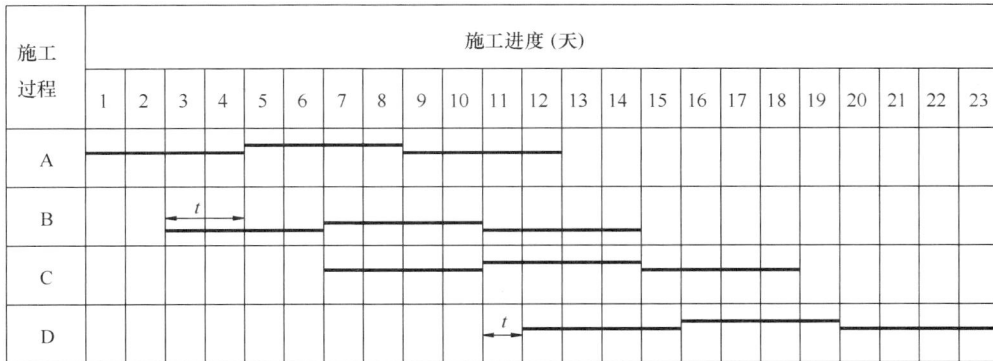

施工过程	施工进度（天）																						
	1	2	3	4	5	6	7	8	9	10	11	12	13	14	15	16	17	18	19	20	21	22	23
A																							
B																							
C																							
D																							

图 3-10　等节拍不等步距流水施工进度计划

等节拍等步距流水和等节拍不等步距流水的共性为同一施工过程在各施工段上的流水节拍都相等，且不同施工过程之间的流水节拍也相等，即 t 为常数。区别在于等节拍等步距流水相邻两个施工过程之间无间歇时间（$t_j = 0$），也无搭接时间（$t_d = 0$），即 $t_j = t_d = 0$；等节拍不等步距流水则各施工过程之间，有间歇时间或搭接时间，即 $t_j \neq 0$ 或 $t_d \neq 0$。

等节奏流水施工一般适用于工程规模较小，建筑结构比较简单，施工过程不多的房屋或构筑物。常用于组织一个分部工程的流水施工，不适用于单位工程，特别是大型的建筑群，因此，实际应用范围不是很广泛。

（2）异节奏流水

异节奏流水是指各施工过程的流水节拍都相等，不同施工过程之间的流水节拍不一定相等的一种流水施工方式。该流水方式根据各施工过程的流水节拍是否为整数倍（或公约数）关系可以分为成倍节拍流水和不等节拍流水两种。

1）成倍节拍流水

同一施工过程在各施工段上的流水节拍都相等，不同施工过程之间的流水节拍不完全相等，但各施工过程的流水节拍均为最小流水节拍的整数倍或节拍之间存在最大公约数的流水施工方式。

为了充分利用工作面，加快施工进度，流水节拍大的施工过程应相应增加队组数，每个施工过程所需施工队组数可由下式确定：

$$b_i = \frac{t_i}{t_{min}} \tag{3-7}$$

式中　b_i——某施工过程所需施工队组数；

　　　t_i——某施工过程的流水节拍；

　　　t_{min}——所有流水节拍中的最小流水节拍。

对于成倍节拍流水施工，任何两个相邻施工队组之间的流水步距均等于所有流水节拍中的最小流水节拍，即：

$$K_{i,i+1} = t_{min} \tag{3-8}$$

成倍节拍流水的工期，可按下式计算：

$$T = (n' + m - 1)t_{min} + \sum t_j - \sum t_d \tag{3-9}$$

式中　n'——施工队组总数目，$n' = \sum b_i$。

【例 3-4】某项目由 A、B、C 三个施工过程组成，流水节拍分别为 2 天、6 天、4 天，试组织成倍节拍流水施工。

【解】由已知条件知，宜组织成倍节拍流水施工。

（1）确定流水步距。$K = t_{min} =$ 最大公约数 $\{2，6，4\} = 2d$

（2）求专业工作队数：

A 过程班组数为 $b_1 = 2/2 = 1$ 个

B 过程班组数为 $b_2 = 6/2 = 3$ 个

C 过程班组数为 $b_3 = 4/2 = 2$ 个

$n' = \sum b_i = 1 + 3 + 2 = 6$

（3）求施工段数：为了使各专业工作队都能连续有节奏工作，取 $m = n' = 6$ 段。

（4）计算工期：$T = (m + n' - 1) \times K = (6 + 6 - 1) \times 2 = 22d$

（5）用横道图绘制流水施工进度（图 3-11）。

2）不等节拍流水

不等节拍流水是指同一施工过程在各施工段的流水节拍相等，不同施工过程之间的流水节拍既不相等也不成倍的流水施工方式。

成倍节拍流水属于不等节拍流水中的一种特殊的形式。当节拍具备成倍节拍特征情况下，但又无法按照成倍节拍流水方式增加班组数，则按照一般不等节拍流水组织施工。

① 根据节拍确定 $K_{i,i+1}$

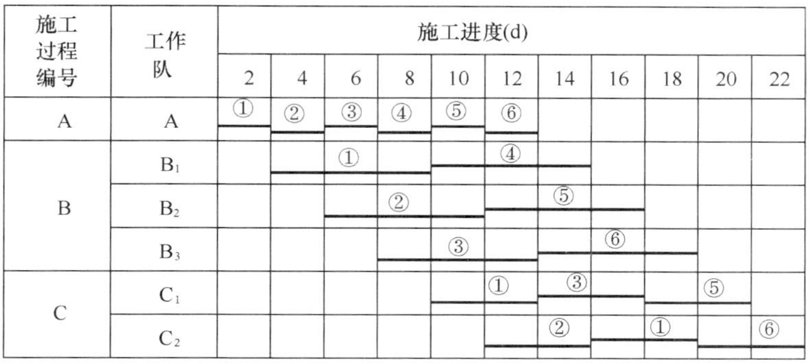

施工过程编号	工作队	施工进度(d)										
		2	4	6	8	10	12	14	16	18	20	22
A	A	①	②	③	④	⑤	⑥					
B	B₁			①				④				
	B₂				②				⑤			
	B₃					③				⑥		
C	C₁						①	③			⑤	
	C₂							②	①			⑥

图 3-11　成倍节拍流水施工进度计划

各相邻施工过程的流水步距确定方法为基本步距计算公式

$$K_{i,i+1} = \begin{cases} t_i + (t_j - t_d) & (t_i \leqslant t_{i+1} \text{ 时}) \\ mt_i - (m-1)t_{i+1} + (t_j - t_d) & (t_i > t_{i+1} \text{ 时}) \end{cases} \tag{3-10}$$

② 计算流水施工工期 T;

$$T = \sum K_{i,i+1} + T_n \tag{3-11}$$

③ 绘制进度计划。

【例 3-5】某工程划分为 A、B、C、D 四个施工过程,分三个施工段组织施工,各施工过程的流水节拍分别为 $t_A = 3$ 天,$t_B = 4$ 天,$t_C = 5$ 天、$t_D = 3$ 天;施工过程 B 完成后有 2 天的技术间歇时间,施工过程 D 与 C 搭接 1 天。试求各施工过程之间的流水步距及该工程的工期,并绘制流水施工进度表。

【解】1)确定流水步距

根据上述条件及公式,各流水步距计算如下:

$$t_A < t_B, t_j = t_d = 0; K_{A,B} = t_A + t_j - t_d = 3 + 0 - 0 = 3d$$

$$t_B < t_C, t_j = 2, t_d = 0; K_{B,C} = t_B + t_j - t_d = 4 + 2 - 0 = 6d$$

$$t_C > t_D, t_j = 0, t_d = 1;$$

$$K_{C,D} = mt_D - (m-1)t_C + t_j - t_d = 3 \times 5 - (3-1) \times 3 + 0 - 1 = 8d$$

2)计算流水工期

$$T = \sum K_{i,i+1} + T_n = (3 + 6 + 8) + 3 \times 3 = 26d$$

3)绘制流水施工进度计划(图 3-12)

(3)成倍节拍流水与不等节拍流水的差别

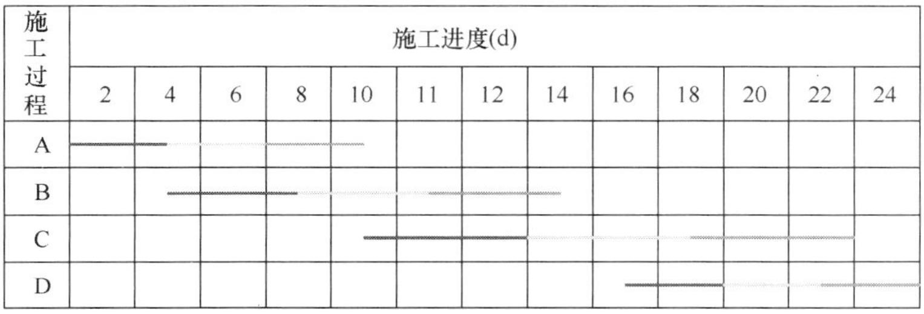

施工过程	施工进度(d)											
	2	4	6	8	10	11	12	14	16	18	20	22	24
A												
B												
C												
D												

图 3-12　不等节拍流水施工进度计划

成倍节拍流水施工方式比较适用于线形工程（管道、道路等）的施工。不等节拍流水施工方式由于条件易满足，符合实际，具有很强的适用性，广泛应用于分部和单位工程流水施工中。组织流水施工时，如果无法按照成倍节拍特征相应增加班组数，每个施工过程只有一个施工班组，也只能按照不等节拍流水组织施工。

3.2.2 无节奏流水

无节奏流水施工是指同一施工过程在各施工段上的流水节拍不完全相等的一种流水施工方式。

（1）无节奏流水步距的确定

流水步距的确定，按"累加数列错位相减取大差法"计算步距。具体方法如下：

1）根据专业工作队在各施工段上的流水节拍，求累加数列。

2）根据施工顺序，对所求相邻的两累加数列，错位相减。

3）取错位相减结果中数值最大者作为相邻专业工作队之间的流水步距。

（2）无节奏流水施工工期的计算

$$T = \Sigma K_{i,i+1} + T_n \tag{3-12}$$

【例3-6】某分部工程划分为3个施工段，4个施工过程，各过程在各施工段的持续时间见表3-3。试组织流水施工。

某工程无节奏流水节拍值　　　　　　　　　　表3-3

N　＼　M	I	II	III
A	2	3	1
B	2	1	2
C	4	3	2
D	2	5	3

【解】1）求流水节拍累加值（表3-4）

无节奏流水节拍累加值　　　　　　　　　　表3-4

N　＼　M	I	II	III
A	2	5	6
B	2	3	5
C	4	7	9
D	2	7	10

2）流水步距的确定

"逐段累加，错位相减取大差"：

$$K_{A,B} = \dfrac{\begin{array}{cccc} & 2, & 5, & 6 \\ -) & & 2, & 3, & 5 \end{array}}{\max\ [2,\ 3,\ 3,\ -5] = 3\ 天}$$

$$K_{B,C} = \dfrac{\begin{array}{cccc} & 2, & 3, & 5 \\ -) & & 4, & 7, & 9 \end{array}}{\max\ [2,\ -1,\ -2,\ -9] = 2\ 天}$$

同理 $K_{C,D}=5$ 天

3）流水工期的确定

$$T=\Sigma K+T_n=3+2+5+(2+5+3)=20\text{d}$$

4）进度计划表的绘制（图 3-13）

$$K_{A,B}=3\text{d}, K_{B,C}=6\text{d}$$
$$K_{C,D}=5\text{d}, T=20\text{d}$$

过程	施工进度（天）																			
	1	2	3	4	5	6	7	8	9	10	11	12	13	14	15	16	17	18	19	20
A																				
B																				
C																				
D																				

图 3-13　无节奏流水施工进度计划

（3）无节奏流水施工方式的适用范围

无节奏流水施工在进度安排上比较灵活、自由，适用于各种不同结构种类、不同结构性质和规模的工程施工组织。

本 章 小 结

本章介绍了建筑施工常用的施工组织方式概念及其特点，并着重就建筑流水施工组织的基本概念、施工参数和组织方法进行了详细阐述。

本 章 习 题

一、思考题

1. 组织施工有哪三种方式？各有哪些特点？

2. 流水施工有哪些基本参数？各自的含义及确定方法？

3. 组织流水施工需要哪些条件？

4. 流水施工的基本方式有哪几种？各有什么特点？

5. 什么是无节奏流水施工？如何确定其流水步距？

二、综合题

1. 某工程有 A、B、C 三个施工过程，每个施工过程均划分四个施工段。设 $t_A=3\text{d}$，$t_B=5\text{d}$，$t_C=4\text{d}$。试分别计算依次施工、平行施工及流水施工的工期，并绘制各自的施工进度计划。

2. 某项目有 A、B、C、D 四个施工过程，划分为四个施工段。每段流水节拍均为 3d，在 A 与 B 之间有 2d 的技术间歇时间，在 B 与 C 之间有 1d 的搭接时间。试计算工期并绘制施工进度计划。

3. 某分部工程包括 A、B、C、D 四个施工过程，流水节拍分别为 $t_A=2\text{d}$，$t_B=6\text{d}$，

$t_C=4d$，$t_D=2d$，分四个施工段，且 A，C 完成后各有 1d 的技术间歇时间，试组织流水施工。

4. 某分部工程包括 A、B、C、D 四个施工过程，划分为四个施工段，流水节拍分别为 $t_A=3d$，$t_B=5d$，$t_C=3d$，$t_D=4d$。试组织流水施工。

5. 已知各施工过程在各施工段的流水节拍见表 1，试组织流水施工。

某工程流水节拍值

表 1

施工段 \ 施工过程	1	2	3	4
Ⅰ	5	4	2	3
Ⅱ	3	4	5	3
Ⅲ	4	5	3	2
Ⅳ	3	5	4	3

4 网络计划技术

某工程项目为地下三层钢筋混凝土框架结构，采用盖挖逆作法施工。车站围护结构采用连续墙的支护形式。工期要求紧，施工方工程进度压力大。如果盲目赶工，难免会出现质量问题、安全问题以及增加施工成本。因此要使工程项目保质、保量、按期完成，就应进行科学的进度管理。

4.1 基 本 概 念

4.1.1 网络图

网络计划的表达形式是网络图。网络图是指由箭线和节点组成的、用来表示工作流程的有向、有序的网状图形。在网络图中，按节点和箭线所代表的含义不同，分为双代号网络图和单代号网络图。

（1）双代号网络图

双代号网络图是以箭线及其两端节点的编号表示工作的网络图。即用两个节点一根箭线代表一项工作，且仅代表一项工作。工作名称写在箭线上面，工作持续时间写在箭线下面，在箭线前后的衔接处画上节点编上号码，并以节点编号 i 和 j 代表一项工作名称，如图 4-1 所示。

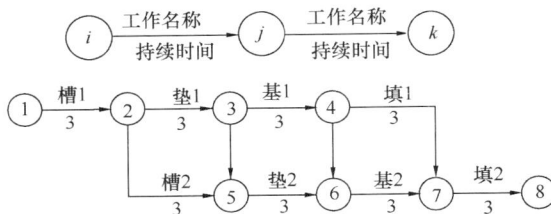

图 4-1　双代号网络图

（2）单代号网络图

用一个节点及其编号表示一项工作，并用箭线表示工作之间的逻辑关系的网络图称为单代号网络图，节点所表示的工作名称、持续时间和工作代号等标注在节点内，如图 4-2 所示。

4.1.2 网络图的基本要素

（1）双代号网络图的基本要素

1）箭线（工作）

双代号网络图中，一条箭线代表一项工作。箭线的方向表示工作的开展方向，箭尾表示工作的开始，箭头表示工作的结束。

工作通常分三种：既消耗时间又消耗资源的工作（如绑扎钢筋）；只消耗时间而不消耗资源的工作（如混凝土养护）。这两项工作都是实际存在的，称为实工作，用实箭线表示。还有既不消耗时间又不消耗资源的工作，称为虚工作，只表示前后工作之间逻辑关

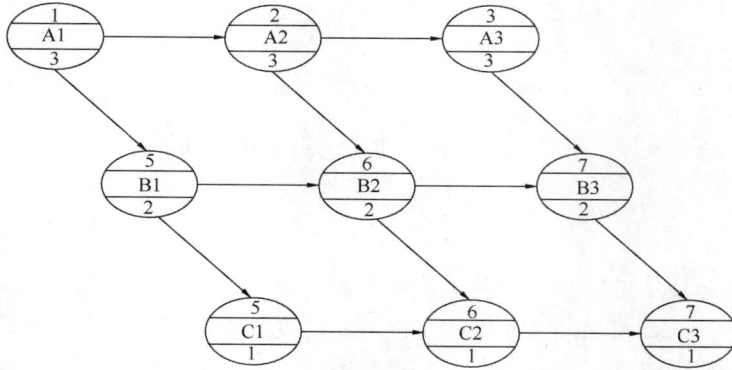

图 4-2　单代号网络图

系，用虚箭线表示（图 4-3）。

图 4-3　实工作与虚工作

2）节点

在双代号网络图中，节点用圆圈"○"表示。它表示一项工作的开始或结束，是工作的连接点。网络计划的第一个节点，称为起点节点，它是整个项目计划的开始节点；网络计划的最后一个节点，称为终点节点，表示一项计划的结束；其余节点称为中间节点。

节点编号的基本规则是：编号顺序由起点节点顺箭线方向至终点节点；要求每一项工作的开始节点号码小于结束节点号码；不重号，不漏编。

3）线路

网络图中，由起点节点沿箭线方向经过一系列箭线与节点至终点节点，所形成的路线，称为线路，如图 4-4 所示。

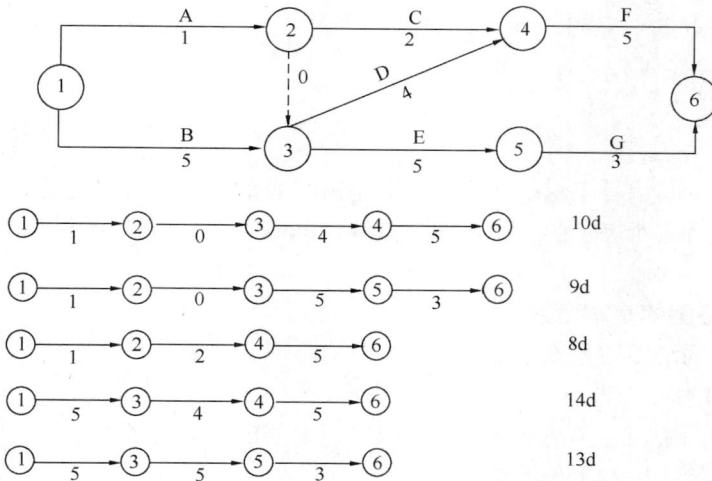

图 4-4　双代号网络图线路

在一个网络图中，一般都存在着许多条线路，每条线路都包含若干项工作，这些工作

48

的持续时间之和就是线路总的工作持续时间。在所有线路中，持续时间最长的线路，其对整个工程的完工起着决定性作用，称为关键线路，其余线路称为非关键线路。关键线路的持续时间即为该项计划的工期。关键线路宜用粗箭线、双箭线或彩色箭线标注，以突出其在网络计划中的重要位置，如图4-5所示。

位于关键线路上的工作称为关键工作，其余工作称为非关键工作。

（2）单代号网络图的基本要素

1）箭线

单代号网络图中的箭线表示相邻工作间的逻辑关系。在单代号网络图中只有实箭线，没有虚箭线。

2）节点

单代号网络图的节点表示工作，一般用圆圈或方框表示。工作的名称、持续时间及工作的代号标注于节点内，如图4-6所示。单代号节点编号的原则与双代号相同。

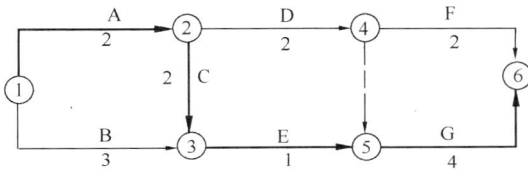

图4-5　双代号网络关键线路

图4-6　单代号网络图工作表示方法

3）线路

与双代号网络图中线路的含义相同。

4.1.3　网络图中工作间的关系

网络图中工作间有紧前工作、紧后工作和平行工作三种关系，如图4-7所示。

（1）紧前工作：紧排在本工作之前的工作称为本工作的紧前工作。

（2）紧后工作：紧排在本工作之后的工作称为本工作的紧后工作。本工作和紧后工作之间可能有虚工作。

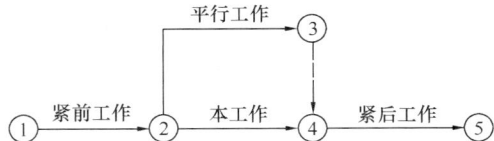

图4-7　网络图各工作逻辑关系示意图

（3）平行工作：可与本工作同时进行的工作称为本工作的平行工作。

4.2　网　络　图　的　绘　制

4.2.1　双代号网络图的绘制

（1）双代号网络图逻辑关系的表达方法

逻辑关系是指网络计划中各项工作客观存在的一种先后顺序关系，是相互依赖、相互制约的关系。逻辑关系又分为工艺逻辑关系和组织逻辑关系，其中工艺逻辑关系是由生产工艺客观上所决定的各项工作之间的先后顺序关系；组织逻辑关系是在生产组织安排中，考虑劳动力、机具、材料或工期的影响，在各项工作之间主观上安排的先后顺序关系，见表4-1。

序号	工作间的逻辑关系	网络图中的表达方法	说明
1	A 工作完成后进行 B 工作		A 工作的结束节点是 B 工作的开始节点
2	A、B、C 三项工作同时开始		三项工作具有共同的开始节点
3	A、B、C 三项工作同时结束		三项工作具共同的结束节点
4	A 工作完成后进行 B 和 C 工作		A 工作的结束节点是 B、C 工作的开始节点
5	A、B 工作完成后进行 C 工作		A、B 工作的结束节点是 C 工作的开始节点

（2）双代号网络图的绘制原则

1）一个网络图中，应只有一个起点节点和一个终点节点，如图 4-8 所示，出现多个起点节点和多个终点节点是错误的。

2）网络图中不允许出现循环回路，如图 4-9 所示，②→③→⑤→②出现循环回路是错误的。

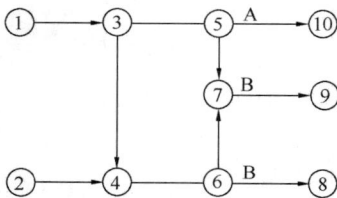

图 4-8　多个起点和终点节点的双代号网络图

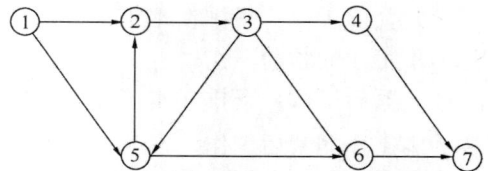

图 4-9　循环的双代号网络图

3）在网络图中不允许出现没有箭尾节点和没有箭头节点的箭线（图 4-10）。

4）在网络图中不允许出现带有双向箭头或无箭头的连线（图 4-11）。

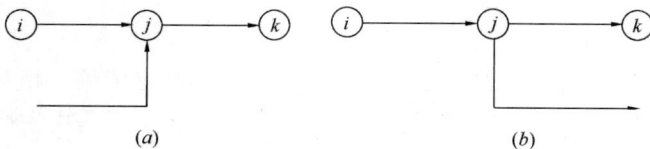

图 4-10　双代号网络图错误画法

（a）无箭尾节点的箭线；（b）无箭头节点的箭线

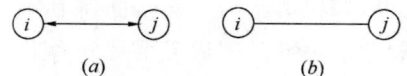

图 4-11　双代号网络图错误画法

（a）带有双向箭头的连线；

（b）无箭头的连线

5）应尽量避免箭线交叉。当交叉不可避免时，可采用过桥法、断线法等方法表示，如图 4-12 所示。

6）当网络图的起点节点有多条外向箭线或终点节点有多条内向箭线时，为使图形简洁，可用母线法绘制，如图 4-13 所示。

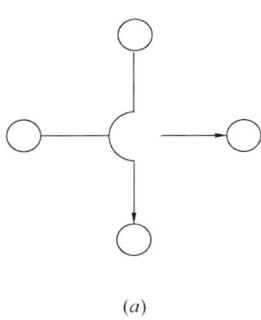

图 4-12　箭线交叉表示方法
（a）过桥法；（b）断线法

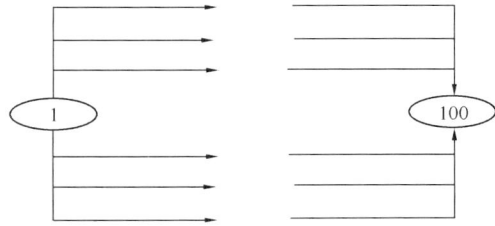

图 4-13　母线法

（3）绘制双代号网络图应注意的问题

1）网络图布局要规整，层次清楚，重点突出。尽量采用水平箭线和垂直箭线，少用斜箭线，避免交叉箭线。

2）减少网络图中不必要的虚箭线和节点，如图 4-14、图 4-15 所示。

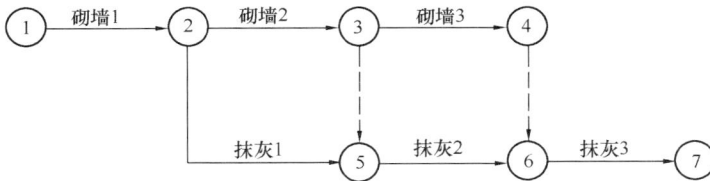

图 4-14　有多余虚工序和多余节点的网络图

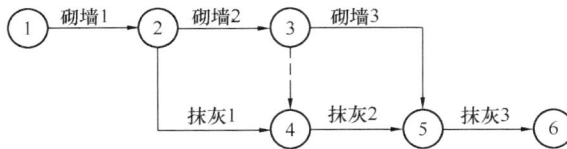

图 4-15　去掉多余虚工序和多余节点的网络图

【例 4-1】某工程工作逻辑联系表（表 4-2），绘制双代号网络图。

某工程工作逻辑联系表　　　　　　　　　　　　　　　　表 4-2

工作名称	A	B	C	D	E	F
紧前工作	—	A	A	B	B、C	D、E

【解】以表 4-2 中给出的工作逻辑联系为例，说明绘制网络图的方法：

1）由起点节点画出 A 工作。如图 4-16（a）所示。

2）表 4-2 可知，B、C 工作都只有一项紧前工作 A，所以可以从 A 工作的结束节点直接引出 B、C 两项工作，如图 4-16（b）所示。

3）由表 4-2 可知，D 工作只有一项紧前工作 B，故可以直接从 B 工作结束节点引出 D 工作；E 工作有两项紧前工作 B、C，分别从 B、C 两项工作的结束节点，引出两项虚工作，并交汇一个新节点，然后从这一新节点引出 E 工作，如图 4-16（c）所示。

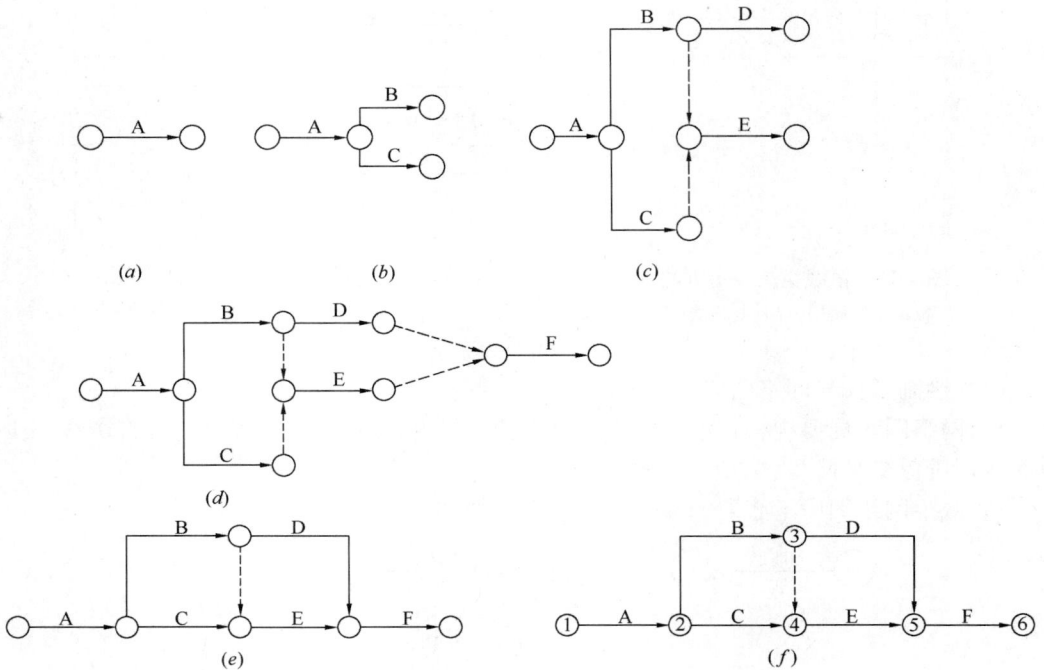

图 4-16　网络绘制过程图例

4）按与 3）中类似的方法把 F 工作标画出，如图 4-16（d）所示。参照工作明细表，图 4-16（d）所示网络图就是所标画的网络草图。

5）去掉多余虚工作，并对网络进行整理。

从图 4-16（d）去掉多余的虚工作并略加整理后，如图 4-16（e）所示。

6）节点编号

节点编号的原则：从左到右，从上到下，遵循箭尾节点小于箭头节点编号的原则，如图 4-16（f）所示。

4.2.2　单代号网络图的绘制

（1）单代号网络图的绘制规则

1）单代号网络图必须正确表述已定的逻辑关系。

2）单代号网络图中，严禁出现循环回路。

3）单代号网络图中，严禁出现双向箭头或无箭头的连线。

4）单代号网络图中，严禁出现没有箭尾节点的箭线和没有箭头节点的箭线。

5）绘制单代号网络图时，箭线不宜交叉。当交叉不可避免时，可采用过桥法和指向法绘制。

6）单代号网络图中只应有一个起点节点和一个终点节点；当网络图中有多项起点节点或多项终点节点时，应在网络图的两端分别设置一项虚工作，作为该网络图的起点节点（St）和终点节点（Fin）。

（2）单代号网络图的绘制方法

单代号网络图的绘制与双代号网络图的绘制基本相同，其绘制步骤如下：

1）列出工作明细表。根据工程计划把工程细分为工作，并把各工作在工艺上，组织上的逻辑关系用紧前工作、紧后工作代替。

2）根据工作问各种关系绘制网络图。绘图时，要从左向右，逐个处理工作明细表中所给的关系。只有当紧前工作绘制完成后，才能绘制本工作，并使本工作与紧前工作的箭线相连。当出现多个"起点节点"或"终点节点"时，增加虚拟起点节点或终点节点，并使之与多个"起点节点"或"终点节点"相连，形成符合绘图规则的完整网络图。

当网络图中出现多项没有紧前工作的工作节点和多项没有紧后工作的工作节点时，应在网络图的两端分别设置虚拟的起点节点和虚拟的终点节点，如图 4-17 所示。

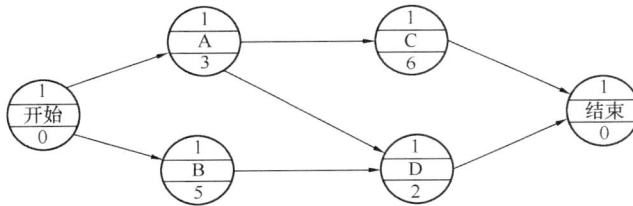

图 4-17　单代号网络图

4.3　网络计划时间参数的计算

4.3.1　双代号网络计划时间参数的计算

（1）时间参数的概念及符号

1）工作的持续时间（D_{i-j}）——项工作从开始到完成的时间；

2）工期

工期是指完成一项任务所需的时间，一般有以下三种工期：

① 计算工期：根据时间参数计算所得到的工期，用 T_c 表示；

② 要求工期：任务委托人提出的指令性工期，用 T_r 表示；

③ 计划工期：考虑要求工期和计算工期所确定的作为实施目标的工期，用 T_p 表示。

当规定了要求工期时：$T_p \leqslant T_r$；

当未规定要求工期时：$T_p = T_c$。

3）网络计划中工作的时间参数

① 工作的最早开始时间（ES_{i-j}）：各紧前工作全部完成后，本工作有可能开始的最早时刻；

② 工作的最早完成时间（EF_{i-j}）：各紧前工作全部完成后，本工作有可能完成的最

早时刻；

③ 工作的最迟开始时间（LS_{i-j}）：不影响整个任务按期完成的前提下，工作必须开始的最迟时刻；

④ 工作的最迟完成时间（LF_{i-j}）：不影响整个任务按期完成的前提下，工作必须完成的最迟时刻。

⑤ 时差：可以提前或延缓某项工作，而不影响其他工作或总进度的时间，称为该项工作的时差。没有时差的工作称为关键工作。

⑥ 自由时差（FF_{i-j}）：指本工作利用的机动时间，不影响其紧后工作最早开始的时差，称为自由时差。

⑦ 总时差（TF_{i-j}）：本工作可利用的机动时间，不影响总进度（其他工作）的时差，称为总时差。

（2）计算网络图各时间参数

计算双代号网络图的时间参数的方法有：节点计算法、工作计算法、图上计算法和标号法等，本章介绍工作计算法。

工作计算法是以网络计划中的工作为对象，直接计算各项工作的时间参数。其常采用的时间标注形式及每个参数的位置如图 4-18 所示。

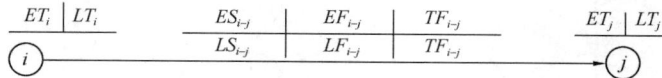

图 4-18　双代号网络图时间参数标注形式

【例 4-2】某双代号网络计划如图 4-19 所示，试用工作计算法进行时间参数的计算。

【解】1）计算工作的最早开始时间和最早完成时间，如图 4-20 所示。

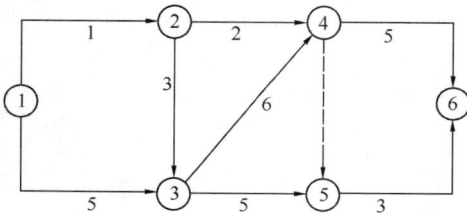

图 4-19　双代号网络图　　　　　图 4-20　双代号网络图计算过程

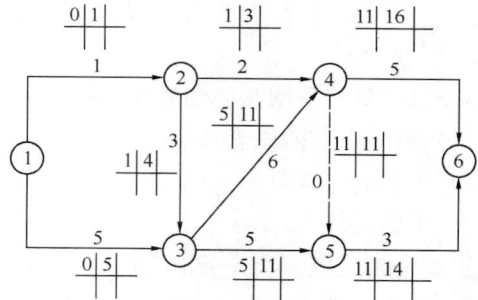

从起点节点开始，顺着箭头方向依次进行。

① 以起点节点为开始节点的工作，当未规定最早开始时间时，最早开始时间为零。

② 最早完成时间＝最早开始时间＋该工作的持续时间。

③ 其他工作的最早开始时间等于其紧前工作最早完成时间的最大值。

④ 计算工期等于以终点节点为完成节点的工作的最早完成时间的最大值。

2）确定网络计划的计划工期

当未规定要求工期时：$T_p = T_c$

3）计算最迟完成时间和最迟开始时间，如图 4-21 所示。

从网络计划的终点节点开始，逆着箭线方向依次进行

① 以终点节点为完成节点的工作，其最迟完成时间等于网络计划的计划工期。

② 工作的最迟开始时间＝最迟完成时间－该工作的持续时间。

③ 其他工作的最迟完成时间等于其紧后工作最迟开始时间的最小值。

4）计算工作的总时差

工作的总时差等于该工作最迟完成时间与最早完成时间之差，或该工作最迟开始时间与最早开始时间之差。

5）计算工作的自由时差（图 4-22）

① 无紧后工作的工作，其自由时差等于计划工期与本工作最早完成时间之差。

② 有紧后工作的工作，其自由时差等于本工作的紧后工作最早开始时间减本工作最早完成时间所得之差的最小值。

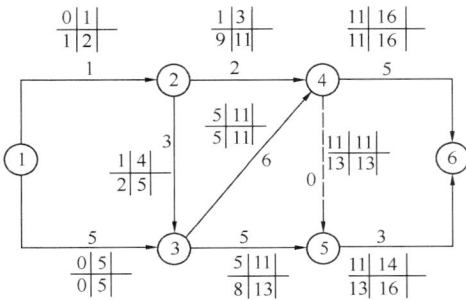

图 4-21　双代号网络图计算过程　　　　图 4-22　双代号网络图计算结果

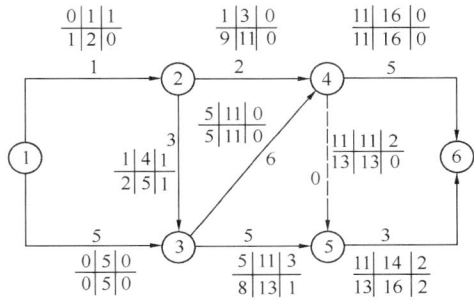

6）确定关键工作和关键线路

总时差最小的工作为关键工作，将关键工作首尾相连，得到至少一条从起点到终点的通路，通路上总持续时间最长的线路为关键线路。

4.3.2　单代号网络计划时间参数的计算

【例 4-3】已知网络计划如图 4-23 所示，试用图上计算法计算各项工作的六个时间参数，并确定工期，标出关键线路，如图 4-24 所示。

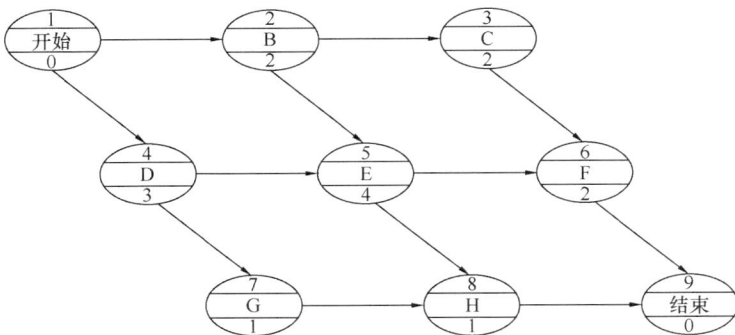

图 4-23　某工程单代号网络图

1）计算工作的最早可能开始和完成时间。
2）计算工作的最迟开始和完成时间。
3）计算工作的总时差，标出关键线路。
4）计算工作的自由时差。

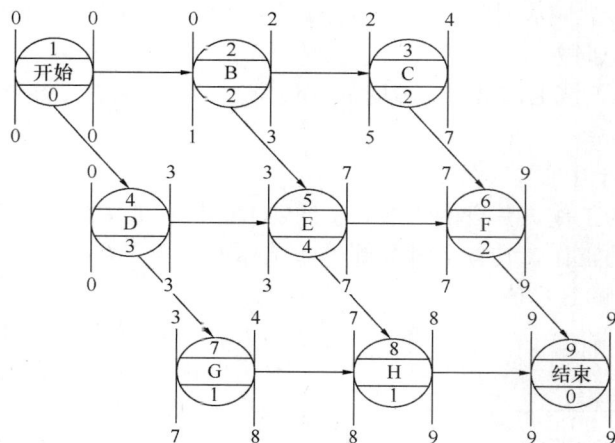

图 4-24 单代号网络图计算结果

4.4 时间坐标网络计划

时标网络计划是网络计划的一种表现形式，以时间坐标为尺度编制的网络计划，如图4-25 所示。在时标网络计划中，箭线长短和所在位置表示工作的时间进程。根据表达工序时间含义的不同可分为早时标网络计划和迟时标网络计划。

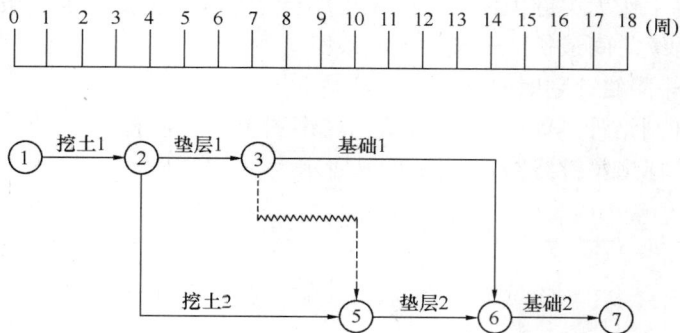

图 4-25 时标网络计划

4.4.1 时标网络计划的一般规定

（1）时标网络计划必须以水平的时间坐标为尺度表示工作时间。时标的单位应该在编制网络计划前根据需要确定，可以是时、天、周、月、季。

（2）时标网络计划以实箭线表示工作，虚箭线表示虚工作，以波形线表示工作的自由时差。

（3）时标网络计划中所有符号在时间坐标上的水平投影位置都必须与其时间参数相对应。节点中心必须对准相应的时间位置。

（4）虚工作必须以垂直方向的虚箭线表示，有时差时加波形线表示。

4.4.2　时标网络计划的绘制方法

绘制方法有两种，直接法绘制和间接法绘制，本教材介绍采用间接法绘制早时标网络计划

其步骤如下：

（1）绘制无时标网络计划草图，计算时间参数（节点参数），确定关键工作和关键线路。

（2）绘制时间坐标：以 T 计为依据。

（3）根据网络图中各节点的最早时间，从起点节点开始将各节点逐个定位在时间坐标上。

（4）从节点依次向外绘出箭线。箭线最好画成水平或由水平线和竖直线组成的折线箭线。如箭线画成斜线，则以其水平投影长度为其持续时间。如箭线长度不够与该工作的结束节点直接相连，则用波形线从箭线端部画至结束节点处。波形线的水平投影长度，即为该工作的时差。

（5）用虚箭线连接工艺和组织逻辑关系。在时标网络计划中，有时会出现虚线的投影长度不等于零的情况，其水平投影长度为该虚工作与前、后工作的公共时差，可用波形线表示。

（6）把时差为零的箭线从起点节点到终点节点连接起来，并用粗箭线或双箭线或彩色箭线表示，即形成时标网络计划的关键线路。

【例4-4】利用间接法绘制时标网络计划，要求将以下无时标网络计划（图4-26）改绘为早时标网络计划。

第一步：计算网络图节点时间参数，如图4-27所示。

第二步：绘制时间坐标网，并在时间坐标网中确定节点位置如图4-28所示。

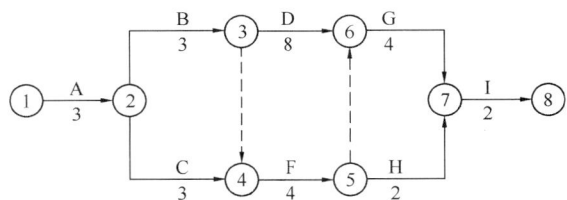

图4-26　无时标网络计划

第三步：从节点依次向外引出箭线如图4-29所示。

第四步：标明关键线路，如图4-29所示。

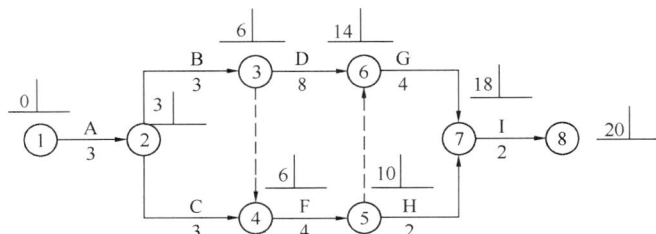

图4-27　时标网络计划绘制过程

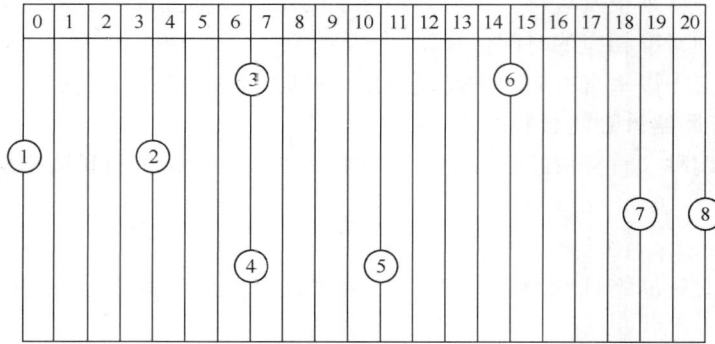

图 4-28　时间坐标网

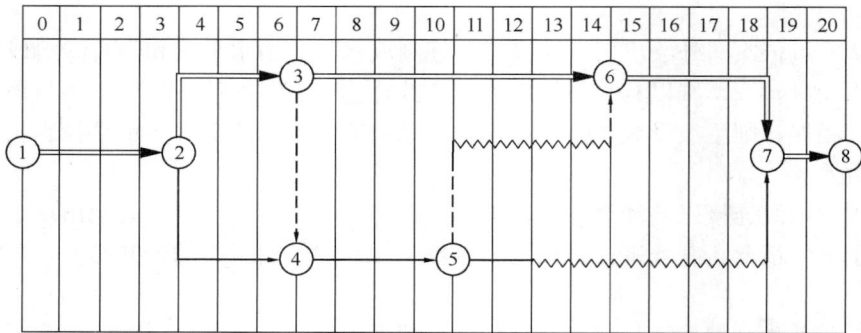

图 4-29　时标网络计划

4.5　网络计划优化

网络计划的优化，就是在满足既定约束条件下，按选定目标，通过不断改进网络计划寻求满意方案。

项目管理的三大目标控制就是工期目标、费用目标和质量目标。网络计划的优化，按其优化达到的目标不同，可分为工期优化、费用优化、资源优化三种。

4.5.1　工期优化

所谓工期优化，是指网络计划的计算工期不满足要求工期时，通过压缩关键工作的持续时间以满足要求工期目标的过程。工期优化的方法如下：

网络计划工期优化的基本方法是在不改变网络计划中各项工作之间逻辑关系的前提下，通过压缩关键工作的持续时间来达到优化目标。在工期优化过程中，按照经济合理的原则，不能将关键工作压缩成非关键工作。此外，当工期优化过程中出现多条关键线路时，必须将各条关键线路的总持续时间压缩相同数值；否则，不能有效地缩短工期。工期优化的步骤如下：

1) 计算并找出初始网络计划的关键线路，关键工作；

2) 按要求工期计算应缩短的时间 ΔT：$\Delta T = T_c - T_r$；

T_c——网络计划的计算工期；T_r——要求工期。

3）确定各关键工作能缩短的持续时间，按以下因素考虑要压缩的关键工作；

① 缩短持续时间后对质量和安全影响不大的关键工作；

② 有充足备用资源的关键工作；

③ 缩短持续时间需增加费用最少的关键工作。

4）将所选定的关键工作的持续时间压缩至最短，并重新确定计算工期和关键线路。若被压缩的工作变成非关键工作，则应延长其持续时间，使之仍为关键工作。

5）当计算工期仍超过要求工期时，则重复上述2）～4），直至计算工期满足要求工期或计算工期已不能再压缩为止。

6）当所有关键工作的持续时间都已达到其能缩短的极限而寻求不到继续缩短工期的方案，但网络计划的计算工期仍不能满足要求工期时，应对网络计划的原技术方案、组织方案进行调整，或对要求工期重新审定。

【例 4-5】已知某网络计划如图 4-30 所示。图中箭线下方括号外数据为工作正常持续时间，括号内数据为工作最短持续时间。假定要求工期为 20 天，试对该原始网络计划进行工期优化。

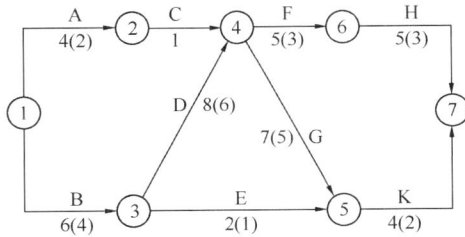

【解】1）找出网络计划的关键线路、关键工作，确定计算工期。

如图 4-31 所示。关键线路：①→③→④→⑤→⑦，$T=25d$。

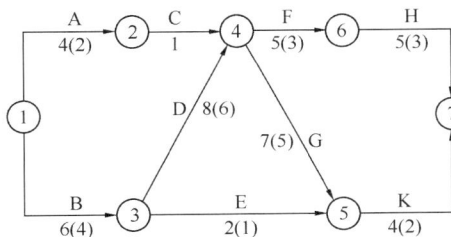

图 4-30　某工程网络计划　　　　图 4-31　网络计划的关键线路、关键工作

2）计算初始网络计划需缩短的时间 $t=25-20=5d$

3）确定各项工作可能压缩的时间。

①→③工作可压缩 2d；③→④工作可压缩 2d；

④→⑤工作可压缩 2d；⑤→⑦工作可压缩 2d。

4）选择优先压缩的关键工作。

考虑优先压缩条件，首先选择⑤→⑦工作，因其备用资源充足，且缩短时间对质量无太大影响。

⑤→⑦工作可压缩 2d，但压缩 2d 后，①→③→④→⑥→⑦线路成为关键线路，⑤→⑦工作变成非关键工作。为保证压缩的有效性，⑤→⑦工作压缩 1d。此时关键工作有两条，工期为 24d，如图 4-32 所示。

按要求工期尚需压缩 4d，根据压缩条件，选择①→③工作和③→④工作进行压缩。分别压缩至最短工作时间，如图 4-33 所示，关键线路仍为两条，工期为 20d，满足要求，优化完毕。

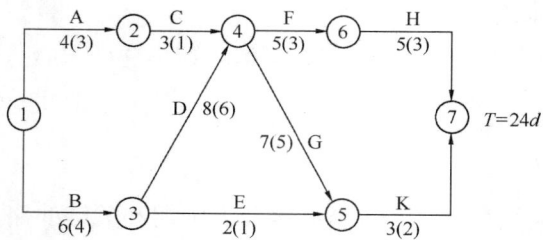

图 4-32　优先压缩⑤→⑦工作

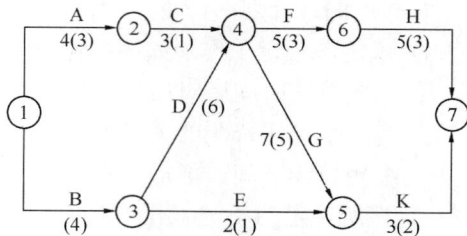

图 4-33　工期优化后的网络图

4.5.2　费用优化

费用优化又称工期成本优化，是指寻求工程总成本最低时的工期安排或按要求工期寻求最低成本的计划安排过程。本节主要讨论总成本最低时的工期安排。

（1）费用和工期的关系

建筑安装工程费用主要由直接费用和间接费用组成。一般情况下，缩短工期会引起直接费用的增加和间接费用的减少，延长工期则会引起直接费用的减少和间接费用的增加。

在考虑工程总费用时，应考虑工期变化带来的诸如拖延工期罚款或者提前竣工而得到的奖励等其他损益，以及提前投产而获得的收益和资金的时间价值。

为了计算方便，可以近似的将直接费用曲线假定为一条直线，我们把缩短单位时间所增加的直接费用称为直接费用率 C_{i-j}。

$$\Delta C_{i-j} = \frac{CC_{i-j} - CN_{i-j}}{DN_{i-j} - DC_{i-j}}$$

式中　　ΔC_{i-j}——$i-j$ 工作的直接费用率；

CC_{i-j}——$i-j$ 工作的最短持续时间的直接费用；

CN_{i-j}——$i-j$ 工作的正常持续时间的直接费用；

DN_{i-j}——$i-j$ 工作的正常持续时间；

DC_{i-j}——$i-j$ 工作的最短持续时间。

总费用和工期的关系曲线如图 4-34 所示，图中总费用曲线上的最低点就是工程计划的最优方案，此方案工程成本最低，其相应的工期称为最优工期。在实际操作中，要达到这一点很困难，在这点附近一定范围内都可算作最优计划。

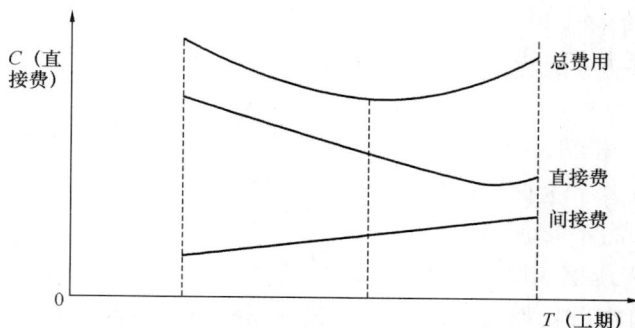

图 4-34　工期—费用关系示意图

（2）费用优化的步骤

1）按工作正常持续时间画出网络计划，关键工作及关键线路；

2）按公式：

$$\Delta C_{i-j} = \frac{CC_{i-j} - CN_{i-j}}{DN_{i-j} - DC_{i-j}}$$

计算各项工作的直接费用率 ΔC_{i-j}。

3）在网络计划中找出 ΔC_{i-j} 或者组合费用率（当同时缩短几项工作时，几项工作的直接费用率之和，最低的一项或一组且其值小于或者等于工程间接费用率的关键工作作为缩短程序时间的对象，其缩短值必须符合：①不能压缩为非关键工作；②缩短后的持续时间不小于最短持续时间）。

4）计算缩短后的总费用

$$C^{T} = C^{T} + \Delta T_{i-j} - \Delta T_{i-j} \times 间接费率$$

$$C^{T} + \Delta T_{i-j}(\Delta C_{i-j} - 间接费率)$$

5）重复 3）、4）步，直至总费用最低为止。

【例 4-6】某工程的网络计划如图 4-35 所示，间接费为 1.2 千元/天。

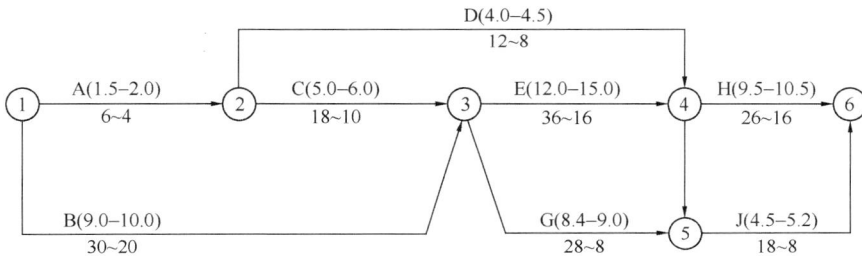

图 4-35　某工程的网络计划

【解】1）按工作正常持续时间计算出关键线路和关键工作以及工期标注于图 4-36 上。

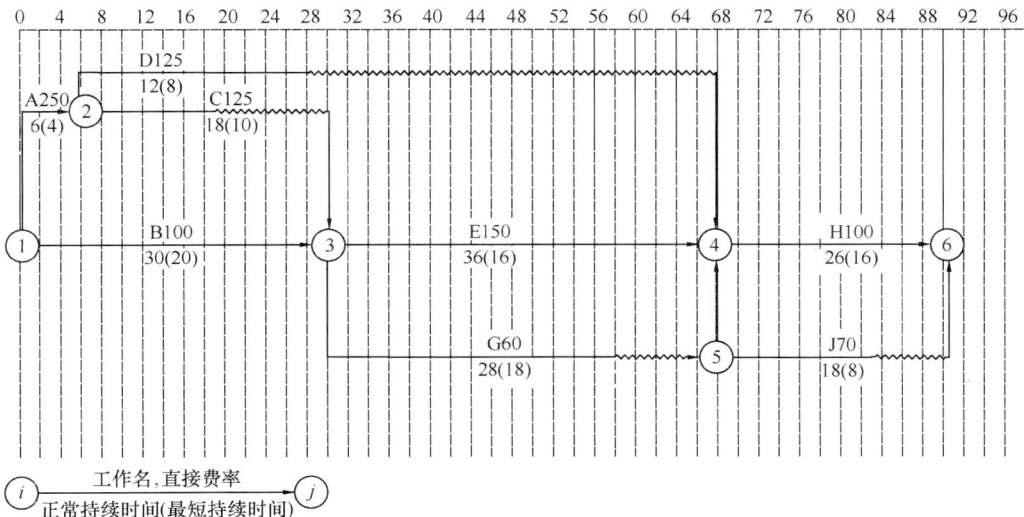

图 4-36　工作费用率

2）计算各工作费用率标注于图 4-36 上。

3）计算初始计划工程总费用 CT92：

① 直接费用＝1.5＋9＋5＋4＋12＋8.4＋9.5＋4.5＝53.9 千元

② 间接费用＝92×0.12＝11.04 千元

③ 总费用 CT92＝53.9＋11.04＝64.94 千元

4）缩短关键线路上 ΔC 最低的关键工作（如果 $\Delta C \geqslant$ 每天的间接费用，则没有必要进行优化）

① 压缩 B 工作和 H 工作

$\Delta T_H = 26 - 18 = 8$（18 是 J 工作的持续时间）

$\Delta T_B = 30 - (6 + 18) - 6$（6＋18 是 A 和 C 的持续时间之和）

压缩后的网络计划、关键工作、关键线路如图 4-37 所示。

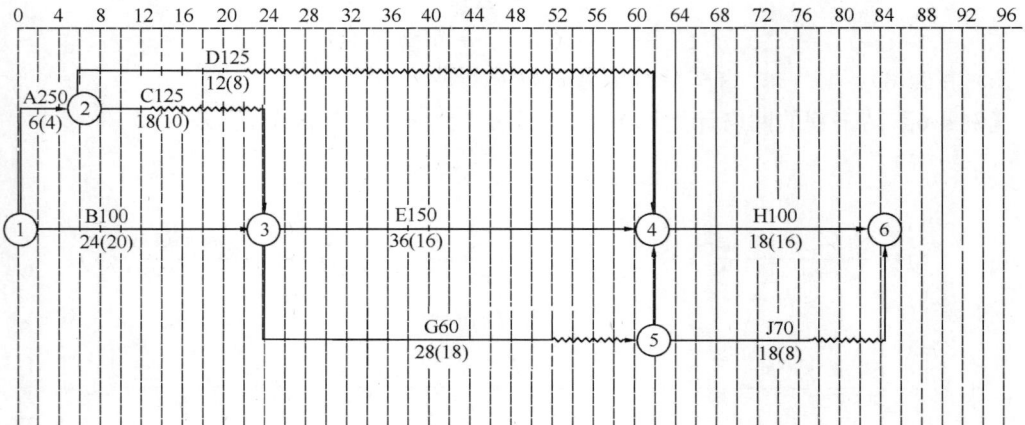

图 4-37　第一次压缩后的网络计划

工期缩短为 $T = 78$ 天

压缩后的总费用 CT78：

直接费用＝53.9＋8×0.1＋6×0.1＝55.3 千元

间接费用＝0.12×78＝9.36 千元

总费用 CT78＝55.3＋9.36＝64.66 千元

② 图 4-37 上关键工作的 ΔC 或组合费用率都比间接费率大时就可以停止压缩。最优工期 $T = 78$ 天

这里我们不妨继续往下压缩，选择 E 工作压缩 $\Delta T_E = 8$，压缩后的网络计划如图 4-38 所示，压缩后的总费用 CT70：

直接费用＝55.3＋8×0.15＝56.5 千元

间接费用＝0.12×70＝8.4 千元

总费用 CT70＝56.5＋8.4＝64.9 千元＞CT78

缩短后的总费用，可以看出当 ΔC_{i-j} 小于间接费率时压缩使总费用减少，当 ΔC_{i-j} 大于间接费率时压缩使总费用增加。由此可见压缩进行到所有关键工作的 ΔC_{i-j} 或者组合费用率都大于间接费率时为止。否则，继续压缩的话会使总费用增加。

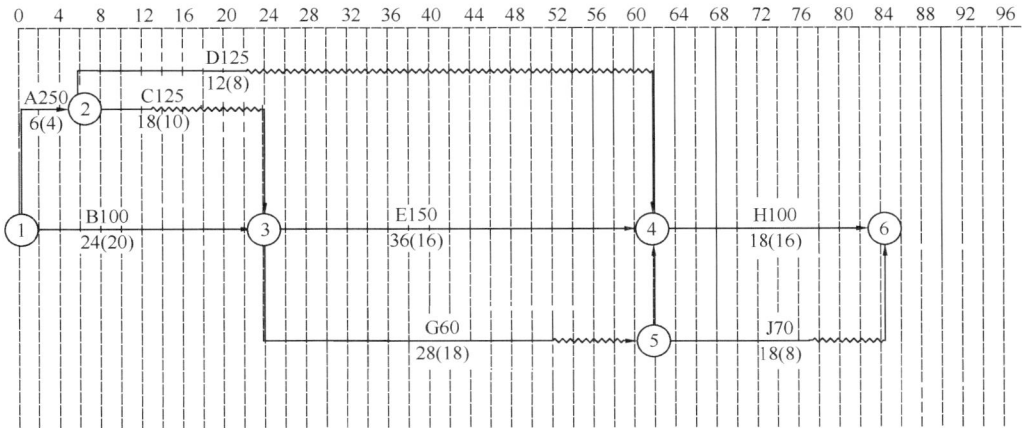

图 4-38　第二次压缩后的网络计划

4.5.3　资源优化

资源是完成一项任务所投入的人力、材料、机械设备、资金等。完成一项工作所需要的资源基本上是不变的，所以资源优化是通过改变工作的开始时间和完成时间使资源均衡。一般情况下网络计划的资源优化分为两种"资源有限—工期最短"和"工期固定—资源均衡"。

资源优化的前提条件是：①不改变网络计划中各工作之间的逻辑关系；②不改变各工作的持续时间；③一般不允许中断工作，除规定可中断的工作之外。

（1）"资源有限—工期最短"的优化

优化步骤：

① 绘制早时标网络计划，并计算每个单位时间的资源需求量 R_t。

单位时间资源需求量等于平行的各个工作资源强度之和（各工作的单位时间资源需求量）。

② 从计划开始之日起（从网络起始节点开始到网络终点节点），逐个检查每个时间段的资源需求量 R_t 是否超过所能供应的资源限量 R_a，如果出现资源需要量 R_t 超过资源限量 R_a 的情况，则要对资源冲突的诸工作做新的顺序安排，采用的方法是将一项工作排在另一项工作之后开始，选择的标准使工期延长最短。一般调整的次序为先调整时差大的，资源小的（在同一时间中调整工作的资源之和小的）工作。

（2）"工期固定—资源均衡"的优化

是指在保持工期不变的情况下，调整工程施工进度计划，使资源需要量尽可能均衡。这样有利于工程建设的组织与管理，降低工程施工费用。

"工期固定—资源均衡"优化的步骤：

① 绘制时标网络计划并计算每天资源需求量。

② 确定削峰目标，削峰值等于单位时间需求量的最大值减去一个需求单位。

③ 从网络终节点开始向网络始节点优化，逐一调整非关键工作（调整关键工作会影响工期），调整的次序为先迟后早，相同时调整时差大的工作，如再相同时调整调整后资源接近于平均资源的工作。

63

④ 按下列公式确定工作是否调整：
$$R_t + r_{ij} - R_n \leqslant 0$$
⑤ 绘制调整后的网络计划，并计算单位时间资源需求量。
⑥ 重复②～⑤步骤，直至峰值不能再调整时为止。

本 章 小 结

熟悉网络计划的基本概念、分类及表示方法；掌握网络计划的绘制方法；掌握网络计划时间参数的概念，时间参数的计算，关键线路的确定方法和双代号时标网络计划的编制；了解网络计划优化的概念和方法。

本 章 习 题

一、思考题

1. 什么是网络图？什么是网络计划？
2. 什么是双代号和单代号网络图？
3. 组成双代号网络图的三要素是什么？试述各要素的含义和特征。
4. 什么叫虚箭线？它在双代号网络图中起什么作用？
5. 什么是逻辑关系？网络计划有哪两种逻辑关系？两者有何区别？
6. 试述各时差的含义和特点。
7. 什么叫线路、关键工作、关键线路？
8. 双代号时标网络计划有何特点？
9. 什么是网络计划优化？

二、综合题

1. 已知工作之间的逻辑关系见表1～表3，试分别绘制双代号网络图和单代号网络图。

工作逻辑关系（一） 表1

工作	A	B	C	D	E	G	H
紧前工作	C、D	E、H	—	—	—	D、H	—

工作逻辑关系（二） 表2

工作	A	B	C	D	E	G
紧前工作	—	—	—	—	B、C、D	A、B、C

工作逻辑关系（三） 表3

工作	A	B	C	D	E	G	H	I	J
紧前工作	—	H、A	J、G	H、J、A	—	H、A	—		E

2. 某网络计划的有关资料见表4，试绘制双代号网络计划，并在图中标出各项工作的六个时间参数和关键线路。

工作	A	B	C	D	E	F	G	H	I	J	K
持续时间	22	10	13	8	15	17	15	6	11	12	20
紧前工作	—	—	B、E	A、C、H	—	B、E	E	F、G	F、G	A、C、I、H	F、G

3. 某网络计划的有关资料见表5，试绘制双代号时标网络计划，并判定各项工作的六个时间参数和关键线路。

工作	A	B	C	D	E	G	H	I	J	K
持续时间	2	3	5	2	3	3	2	3	6	2
紧前工作	—	A	A	B	B	D	G	E、G	C、E、G	H、I

4. 已知网络计划如图1所示，箭线下方括号外数字为工作的正常持续时间，括号内数字为工作的最短持续时间；箭线上方括号内数字为优选系数。要求工期为12，试对其进行工期优化。

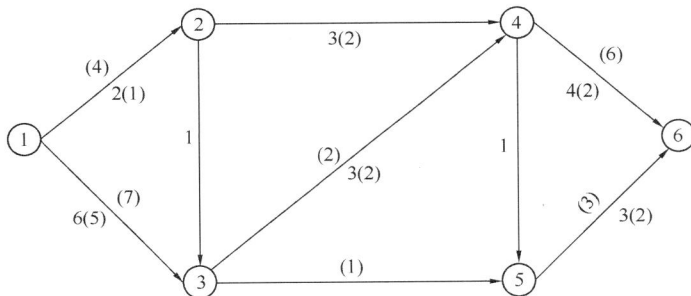

图1

5. 已知网络计划如图2所示，箭线下方括号外数字为工作的正常持续时间，括号内数字为工作的最短持续时间；箭线上方括号外数字为正常持续时间时的直接费，括号内数字为最短持续时间时的直接费。费用单位为"千元"，时间单位为"天"。如果工程间接费率为0.8千元/天，则最低工程费用时的工期为多少天？

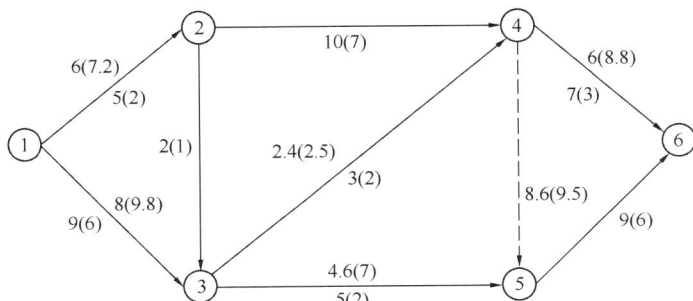

图2

5 单位工程施工组织设计

【案例导入】

上海某小区一栋13层的楼房突然倒塌，该楼房倒塌的原因是：楼房在施工地下车库时没有按照建筑施工程序先浅后深的原则，两侧压力差导致土体产生水平位移，过大的水平力超过了桩基的抗侧力能力，导致房屋倾斜。

通过事故原因分析，如果事先按照先深后浅的原则组织施工或者其他的加固措施，事故是完全可以避免的。

单位工程施工组织设计是针对建筑施工过程的复杂性，用系统的思想并遵循技术经济规律，对拟建工程的各阶段、各环节以及所需的各种资源进行统筹安排的技术经济文件。它努力使复杂的生产过程，通过科学、经济、合理的规划安排，达到建设项目能够连续、均衡、协调地进行施工，满足建设项目对工期、质量及投资方面的各项要求。由于建筑产品具有单件性的特点，所以，我们根据不同工程的特点编制相应的单位工程施工组织设计是施工管理中的重要一环。

5.1 单位工程施工组织设计概述

5.1.1 单位工程施工组织设计的概念

单位工程施工组织设计是指工程项目在开工前，根据设计文件及业主和监理工程师的要求，以及主客观条件，对拟建工程项目施工的全过程在人力和物力、时间和空间、技术和组织等方面所进行的一系列筹划和安排。它是指导拟建工程项目进行施工准备和正常施工的基本技术经济文件。

单位工程施工组织设计作为指导拟建工程项目的全局性文件，应尽量适应施工安装过程的复杂性和具体施工项目的特殊性，并且尽可能保持施工生产的连续性、均衡性和协调性，以实现生产活动的最佳经济效果。

5.1.2 单位工程施工组织设计的作用

单位工程施工组织设计在每项建设工程中都具有重要的规划作用、组织作用和指导作用，具体表现在：

（1）单位工程施工组织设计是施工准备工作的一项重要内容，同时又是指导各项施工准备工作的依据；

（2）单位工程施工组织设计可体现实现基本建设计划和设计的要求，进一步验证设计方案的合理性与可行性；

（3）单位工程施工组织设计为拟建工程所确定的施工方案、施工进度等，是指导开展紧凑、有秩序施工活动的技术依据；

（4）单位工程施工组织设计所提出的各项资源需要量计划，直接为物资供应工作提供数据；

（5）单位工程施工组织设计对现场所作的规划与布置，为现场的文明施工创造了条件，并为现场平面管理提供了依据；

（6）单位工程施工组织设计对施工企业的施工计划起决定和控制性的作用。施工计划是根据施工企业对建筑市场所进行科学预测和中标的结果，结合本企业的具体情况，制定出的企业不同时期应完成的生产计划和各项技术经济指标。而单位工程施工组织设计是按具体的拟建工程对象的开竣工时间编制的指导施工的文件。因此，单位工程施工组织设计是编制施工企业施工计划的基础，反过来，制定单位工程施工组织设计又应服从企业的施工计划，两者是相辅相成、互为依据。

5.1.3　单位工程施工组织设计的分类及任务

工程项目单位工程施工组织设计是根据合同文件来编制的，根据编制的时间和目的，划分为指导性单位工程施工组织设计、实施性单位工程施工组织设计和特殊工程单位工程施工组织设计。

（1）指导性单位工程施工组织设计

指导性单位工程施工组织设计是指施工单位在参加工程投标时，根据工程招标文件的要求，结合本单位的具体情况，编制的单位工程施工组织设计。中标后，在施工开始之前，施工单位还要进行重新审查、修订或重新编制单位工程施工组织设计，这个阶段的单位工程施工组织设计称为指导性单位工程施工组织设计。

（2）实施性单位工程施工组织设计

工程中标后，对于单位工程和分部工程，应在指导性单位工程施工组织设计的基础上分别编制实施性的单位工程施工组织设计。

（3）特殊工程的单位工程施工组织设计

在某些特定情况下，针对工程的具体情况有时还需要编制特殊的单位工程施工组织设计，某些特别重要和复杂，或者缺乏施工经验的分部分项工程，如复杂的桥梁基础工程、站场的道岔铺设工程、特大构件的吊装工程、隧道施工中喷锚工程等。为了保证其施工的工期和质量，有必要编制专门的单位工程施工组织设计。但是，编制这种特殊的单位工程施工组织设计，其开工与竣工的工期，要与总体单位工程施工组织设计一致。

5.2　单位工程施工组织设计的编制

5.2.1　单位工程施工组织设计编制的要求与原则

（1）单位工程施工组织设计的编制要求

1）技术负责人应组织有关施工技术人员、物资装备管理人员、工程质检人员学习、熟悉合同文件和设计文件，将编制任务分工落实，限时完成并应有考核措施。

2）单位工程施工组织设计应有目录，并应在目录中注明各部分的编制者。

3）尽量采用图表和示意图，做到图文并茂。

4）应附有缩小比例的工程主要结构物平面和立面图。

5）若工程地质情况复杂，可附上必要的地质资料（例如，岩土力学性能试验报告等）。

6）多人合作编制的单位工程施工组织设计，必须由工程技术主管统一审核，以免重复叙述或遗漏等。

7）如果选择的施工方案与投标时的施工方案有较大差异，应将选择的施工方案征得监理工程师和业主的认可。

8）单位工程施工组织设计应在要求的时间内完成。

（2）单位工程施工组织设计的编制原则

1）严格遵守合同条款或上级下达的施工期限，保质保量按期完成施工任务。对工期较长的关键项目，要根据施工情况编制单项工程的单位工程施工组织设计，以确保总工期。

2）严格遵守施工规范、规程和制度。

3）科学而合理地安排施工程序，在保证质量的基础上，尽可能缩短工期，加快施工进度。

4）应用科学的计划方法确定最合理的施工组织方法，根据工程特点和工期要求，因地制宜地采用快速施工，平行作业。对于复杂工程及控制工期的大中桥涵及高填方部位，通过网络计划进行优化，找出最佳的施工组织方案。

5）采用先进的施工方法和技术，不断提高施工机械化，预制装配化，减轻劳动强度，提高劳动生产率。

6）精打细算、开源节流，充分利用现有设施，尽量减少临时工程，降低工程成本，提高经济效益。

7）落实冬雨季施工的措施，确保全年连续施工，全面平衡人工、材料的需用量，力求实现均衡生产。

8）妥善安排施工现场，确保施工安全，实现文明施工。

5.2.2 编制单位工程施工组织设计的资料准备

在编制单位工程施工组织设计之前，要做好充分的准备工作，为单位工程施工组织设计的编制提供可靠的第一手资料。

（1）合同文件及标书的研究

合同文件是承包工程项目的施工依据，也是编制单位工程施工组织设计的基本依据，对招标文件的内容要认真地研究，重点弄清承包范围、设计图纸供应、物资供应以及合同及标书制定的技术规范和质量标准等内容，只有对合同文件认真全面地研究，才能制定出全面、准确、合理的总设计规划。

（2）施工现场环境调查

在编制单位工程施工组织设计之前，要对施工现场环境做深入的实际调查。调查的主要内容有：

1）核对设计文件，了解拟建建筑物的位置、重点施工工程的情况等。

2）收集施工地区内的自然条件资料，如地形、地质、水文资料。

3）了解施工地区内的既有房屋、通信电力设备、给排水管道、坟地及其他建筑情况，以便作出拆迁、改建计划。

4）调查施工区域的技术经济条件。

（3）各种定额及概、预算资料

编制单位工程施工组织设计时，收集有关的定额及概算（或预算）资料，例如设计采用的预算定额（或概算定额）、施工定额、工程沿线地区性定额，预算单价，工程概算（或预算）的编制依据等。

（4）施工技术资料

合同条款中规定的各种施工技术规范、施工操作规程、施工安全作业规程等，此外还应收集施工新工艺新方法、操作新技术以及新型材料、机具等资料。

（5）施工时可能调用的资源

由于施工进度直接受到资源供应的限制，在编制实施性单位工程施工组织设计时，对资源的情况应有十分具体而确切的资料。在做施工方案和施工组织计划时，资源的供应情况也可由建设单位提供。

施工时可能调用的资源包括以下内容：劳动力数量及技术水平；施工机具的类型和数量；外购材料的来源及数量；各种资源的供应时间。

（6）其他资料

其他资料指施工组织与管理工作的有关政策规定、环境保护条例、上级部门对施工的有关规定和工期要求等。

5.2.3 单位工程施工组织设计的内容

（1）工程概况

1）简要说明工程名称、施工单位名称、建设单位及监理机构、设计单位、质检站名称、合同开工日期和施工日期，合同价（中标价）；

2）简要介绍拟建工程的地理位置、地形地貌、水文、气候、降雨量、雨季、交通运输、水电等情况；

3）施工组织机构设置及职责部门之间的关系；

4）工程结构、规模、主要工程数量表；

5）合同特殊要求：如业主提供结构材料、指定分包商等。

（2）施工总平面部署

1）简要说明可供使用的土地、设施、周围环境、环保要求、附近房屋、农田、鱼塘，需要保护或注意的情况；

2）施工总平面布置必须以平面布置图表示，并应标明：拟建工程平面位置、生产区、生活区、预制场、材料场、爆破器材库位置；

3）施工总平面布置可用一张图，也可用多张相关的图表示；图上无法表示的，应用文字简单叙述。

（3）技术规范及检验标准

1）明确本工程所使用的施工技术规范和质量检验评定标准；

2）注明本工程所使用的作业指导书的编号和标题。

（4）施工顺序及主要工序的施工方法

1）施工顺序。一般应以流程图表示各分项工程的施工顺序和相关关系，必要时附以文字简要说明。

2）施工方法：施工方法是单位工程施工组织设计重点叙述的部分，它包含主要分项工程的施工方法，重点叙述技术难度大、工种多、机械设备配合多、经验不足的工序和结构关键部位。对于常规的施工工序则简要说明。

（5）质量保证计划

1）明确工程质量目标；

2）确定质量保证措施。

（6）安全劳保技术措施

1）安全合同、安全机构、施工现场安全措施、施工人员安全措施；

2）水上作业、高空作业、夜间作业、起重安装、预应力张拉、爆破作业、汽车运输和机械作业等安全措施；

3）安全用电、防水、防火、防风、防洪、防震的措施；

4）机械、车辆多工种交叉作业的安全措施；

5）操作者安全环保的工作环境，所需要采取的措施；

6）拟建工程施工过程中工程本身的防护和防碰撞措施，维持交通安全的标志；

7）本措施应遵守行业和公司各类安全技术操作规程和各项预防事故的规定；

8）本措施应由项目部安全部门负责人审核后定稿。

（7）施工总进度计划

1）施工总进度计划用网络图和横道图表示；

2）计划一般以分项工程划分并标明工程数量；

3）将关键线路（工序）用粗线条（或双线）表示；必要时标明每日、每周或每月的施工强度。如浇筑混凝土××m³/日，砌体××m³/周；

4）根据施工强度配备各类机械设备。

（8）物资需用量计划

1）本计划用表格表示，并将施工材料和施工用料分开。

2）计划应注明由业主提供或自行采购。

3）计划一般按月提出物资需月量，以分项工程为单位计算需用量。

4）本计划应同时附有物资计划汇总表，将各品种规格、型号的物资汇总。

（9）机械设备使用计划

1）机械设备使用计划一般用横道图表示。

2）计划应说明施工所需机械设备的名称、规格、型号和数量。

3）计划应标明最迟的进场时间和总的使用时间。

4）必要时，可注明某一种设备是租用外单位或自行购置。

（10）劳动力需用量计划

1）劳动力需用量计划以表格表示。

2）计划应将各技术工种和普杂工分开，根据总进度计划需要，按月列出需用人数，并统计各月工种最多和最少人数。

3）计划应说明本单位各工种自有人数和需要调配或雇用人数。

（11）大型临时工程

1）大型临时工程一般指混凝土预制场、混凝土搅拌站、装拼式龙门吊和架桥机、架梁基地、铺轨基地、悬浇混凝土的挂篮、大型围堰、大型脚手架和模板、大型构件吊具、塔吊、施工便道和便桥等。

2）大型临时工程均应进行设计计算、校核和出具施工图纸，编制相应的各类计划和制订相应的质量保证和安全劳保技术措施。

3）需要单独编制施工方案的大型临时设施工程，其设计前后均应由公司或项目部组织有关部门和人员对设计提出要求和进行评审。

（12）其他

1）如果施工准备阶段时间较长、工作较繁多，有必要的，应编制施工准备工作计划。

2）必要时，编制半成品（预制构件、钢结构加工件）使用计划。

3）必要时，编制资金使用计划。

4）必要时，编制成本降低和控制措施计划。

5.2.4 单位工程施工组织设计编制程序和步骤

单位工程施工组织设计的编制程序见图 5-1。

（1）计算工程量

在指导性单位工程施工组织设计中，通常是根据概算指标或类似工程计算工程量，不要求很精确，也不要求作全面的计算，只要抓住几个主要项目就基本上可以满足要求，如土石方、混凝土、砂石料、机械化施工量等；而实施性单位工程施工组织设计则要求计算准确，这样才能保证劳动力和资源需求量计算得正确，便于设计合理的施工组织与作业方式，保证施工生产有序、均衡地进行。同时，许多工程量在确定了方法以后可能还须修改，如土方工程的施工由利用挡土板改为放坡以后，土方工程量即应增加，而支撑工料就将全部取消。这种修改可在施工方法确定后一次进行。

（2）确定施工方案

在指导性单位工程施工组织设计中一般只需对重大问题作出原则性规定即可，如对隧道工程只确定用全断面开挖或喷锚支护或其他开挖方法，在工期上只规定开工与竣工日期，在各单位工程中规定它们之间的衔接关系和使用的主要施工方法；实施性单位工程施工组织设计则是对指导性单位工程施工组织设计的原则规定进一步的具体化，着重先研究采用何种施工方法，确定选用何种施工机械。

（3）确定施工顺序，编制施工进度计划

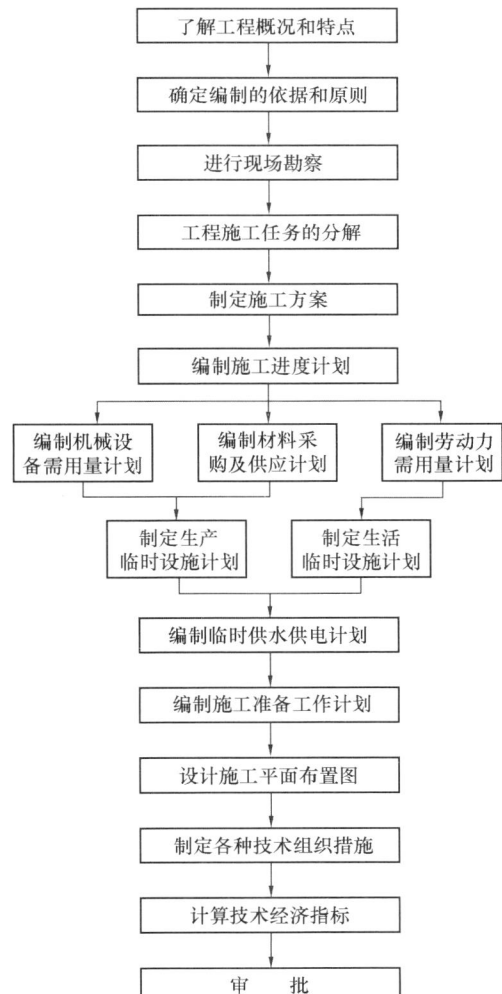

图 5-1 单位工程施工组织设计的编制程序

除按照各结构部分之间具有依附关系的固定不变的施工顺序外，还要注意组织方面的施工顺序。如大中桥的基础施工，有一个先从哪一桥墩或桥台开始施工的顺序问题，不同的顺序对工期有不同的结果。合理的施工顺序可缩短工程的工期。

确定施工顺序，还要注意因具体施工条件不同，设计好作业的施工顺序。以大中桥为例，如果模型板和吊装混凝土的塔吊或钢塔架有限，则应以模板和塔吊的倒用来安排施工顺序。

安排施工进度应采用流水作业法，并用网络计划技术进行进度安排，易找出关键工作和关键线路，便于在施工中进行控制。

（4）计算各种资源的需要量和确定供应计划

指导性单位工程施工组织设计可根据工程和有关的指标或定额计算，并且只包括最主要的内容，计算时要留有余地，以避免在单位工程施工前编制实施性单位工程施工组织设计时与之发生矛盾；实施性施工组织设需要可根据工程量按定额或过去积累的资料，决定每日的工人需要量；按机械台班定额决定各类机械使用数量和使用时间；计算材料和加工预制品的主要种类和数量及其供应计划。

（5）平衡劳动力、材料物资和施工机械的需要量，并修正进度计划。

（6）设计施工现场的各项业务，如水、电、道路、仓库、施工人员住房、修理车间、机械停放库、材料堆放场地、钢筋加工场地等的位置和临时建筑。

（7）设计施工平面图。使生产要素在空间上的位置合理、互不干扰，加快施工进度。

5.3 施工方案的制定

施工方案是根据设计图纸和说明书，决定采用哪种施工方法和机械设备，以何种施工顺序和作业组织形式来组织项目施工活动的计划。施工方案确定了，就基本上确定了整个工程施工的进度、劳动力和机械的需要量、工程的成本、现场的状况等。所以，施工方案的优劣，在很大程度上决定了单位工程施工组织设计质量的好坏和施工任务能否圆满完成。施工方案包括施工方法与施工机械选择、施工顺序的合理安排以及作业组织形式和各种技术组织措施等内容。

5.3.1 施工方案制定的原则

（1）制定方案首先必须从实际出发，符合现场的实际情况，有实现的可能性。所制定方案在资源、技术上提出的要求应该与当时已有的条件或在一定时间能争取到的条件相吻合，否则是不能实现的。

（2）施工方案的制定必须满足合同要求的工期。按工期要求投入生产，交付使用，发挥投资效益。

（3）施工方案的制定必须确保工程质量和施工安全。工程建设是百年大计，要求质量第一，保证施工安全是员工的权利和社会的要求。因此，在制定方案时应充分地考虑工程质量和施工安全，并提出保证工程质量和施工安全的技术组织措施，使方案完全符合技术规范、操作规范和安全规程的要求。如在质量方面制定工序质量控制标准、岗位责任制与经济责任制和质量保障体系等。

（4）在合同价控制下，尽量降低施工成本，使方案更加经济合理，增加施工生产的盈利。从施工成本的直接费和间接费中找出节约的途径，采取措施控制直接消耗，减少非生产人员，挖掘潜力，使施工费用降低到最低的限度，不突破合同价，取得好的经济效益。

5.3.2　施工方法的选择

施工方法是施工方案的核心内容，它对工程的实施具有决定性的作用。确定施工方法应突出重点，凡是采用新技术、新工艺和对工程质量起关键作用的项目，以及工人在操作上还不够熟练的项目，应详细而具体，不仅要拟订进行这一项目的操作过程和方法，而且要提出质量要求，以及达到这些要求的技术措施。并要预见可能发生的问题，提出预防和解决这些问题的办法。对于一般性工程和常规施工方法则可适当简化，但要提出工程中的特殊要求。

（1）施工方法选择的依据

正确地选择施工方法是确定施工方案的关键。各个施工过程，均可采用多种施工方法进行施工，而每一种施工方法都有其各自的优势和使用的局限性。我们的任务就是从若干可行的施工方法中选择最可行、最经济的施工方法。选择施工方法的依据主要有：

1）工程特点。主要指工程项目的规模、构造、工艺要求、技术要求等方面。

2）工期要求。要明确本工程的总工期和各分部分项工程的工期是属于紧迫、正常和充裕三种情况的哪一种。

3）施工组织条件。主要指气候等自然条件、施工单位的技术水平和管理水平，所需设备、材料、资金等供应的可能性。

4）标书、合同书的要求。主要指招标书或合同条件中对施工方法的要求。例如：既有工程扩建，要求采用的施工方法必须保证既有工程的安全和行车的安全。

5）设计图纸，主要指根据设计图纸的要求，确定施工方法。如隧道施工设计要求用新奥法施工，确保施工质量和安全，又能保证要求的工期，那么在做施工准备时必须按新奥法施工要求做准备。

6）施工方案的基本要求。主要是指根据制定施工方案的基本要求确定施工方法。对于任何工程项目都有多种施工方法可供选择，但究竟采用何种方法，将对施工方案的内容产生巨大的影响。

（2）施工方法的确定与机械选择的关系

施工方法一经确定，机械设备的选择就只能以满足它的要求为基本依据，施工组织也只能在这个基础上进行。但是在现代化的施工条件下，施工方法的确定，主要还是选择施工机械、机具的问题，这有时甚至成为最主要的问题。例如桥梁基础工程施工，仅钻孔灌注桩就有许多种施工机械可供选择，是选择潜孔钻还是冲击式钻机，或是冲抓式钻机还是旋转式钻机。钻机一旦确定，施工方法也就确定了。

确定施工方法，有时由于施工机具与材料等的限制，只能采用一种施工方案。可能此方案不一定是最佳的，但别无选择。这时就需要从这种方案出发，制定更好的施工顺序，以达到较好的经济性，弥补方案少无选择余地之不足。

5.3.3　施工机械的选择和优化

施工机械对施工工艺、施工方法有直接的影响，施工机械化是现代化大生产的显著标志，对加快建设速度，提高工程质量，保证施工安全，节约工程成本起着至关重要的作用。

因此，选择施工机械成为确定施工方案的一个重要内容，应主要考虑下列问题：

（1）在选用施工机械时，应尽量选用施工单位现有机械，以减少资金的投入，充分发挥现有机械效率。若现有机械不能满足工程需要，则可考虑租赁或购买。

（2）机械类型应符合施工现场的条件。施工条件指施工场地的地质、地形、工程量大小和施工进度等，特别是工程量和施工进度计划，是合理选择机械的重要依据。一般说，为了保证施工进度和提高经济效益，工程量大应采用大型机械；工程量小则应采用中、小型机械，但也不是绝对的。如一项大型土方工程，由于施工地区偏僻，道路、桥梁狭窄或载重量限制大型机械的通过，如果只是专门为了它的运输问题而修路、桥，显然是不经济的。因此应选用中型机械施工。

（3）在同一建筑工地上的施工机械的种类和型号应尽可能少。为了便于现场施工机械的管理及减少转移，对于工程量大的工程应采用专用机械；对于工程量小而分散的工程，则应尽量采用多用途的施工机械。

（4）要考虑所选机械的运行费用是否经济，避免大机小用。施工机械的选择应以能否满足施工的需要为目的。如本来土方量不大，却用了大型的土方机械，结果不到一星期就完工了，但大型机械的台班费、进出场的运输费、便道的修筑费以及折旧费等固定费用相当庞大，使运行费用过高，超过缩短工期所创造的价值。

（5）施工机械的合理组合。选择施工机械时，要考虑到各种机械的合理组合，这是使选择的施工机械能否发挥效率的重要问题。合理组合一是指主机与辅助机械在台数和生产能力的相互适应；二是指作业线上的各种机械互相配套的组合。

（6）选择施工机械时应从全局出发统筹考虑。全局出发就是不仅考虑本项工程而且考虑所承担的同一现场或附近现场其他工程的施工机械使用问题。即从局部考虑选择的机械可能不合理，应从全局的角度出发进行考虑。例如几个工程需要的混凝土量大，而又相距不太远，采用混凝土拌合楼比多台分散各工程的拌合机要经济得多。

5.3.4 施工顺序的选择

施工顺序是指施工过程或分项工程之间施工的先后次序，它是编制施工方案的重要内容之一。施工顺序安排得好，可以加快施工进度，减少人工和机械的停歇时间，并能充分利用工作面，避免施工干扰，达到均衡连续施工的目的。实现科学组织施工，做到不增加资源，加快工期，降低施工成本。

（1）确定施工顺序应考虑的因素

安排好一个施工项目的施工顺序，要考虑到多方面的因素。

1）统筹考虑各施工过程之间的关系

在工程施工过程中，任何相邻的施工过程之间总是有先有后，有些是由于施工工艺的要求而固定不变的，也有些不受工艺的限制，有一定的灵活性。如一个项目的各单位工程就存在合理安排施工顺序的问题，路基土方采用机械化施工，首先要安排小桥涵工程在施工机械到达之前完工，并达到承载强度，为机械化施工创造条件，否则就要预留缺口。若有人工施工土方工程，小桥涵可与土方工程搭接作业。所有这些都有统筹安排的问题。

2）考虑施工方法和施工机械的要求

如桥梁工程的基础是钻孔灌注桩，施工方法采用钻孔机钻孔。在安排每个基础每根桩的施工顺序时相邻桩不能顺序施工，否则会发生坍孔现象，所以必须要间隔施工。采用间隔施工时，钻机移动的次数会增多，而钻机移动需要拆卸和重新安装，很费时间。此时必须采取措施合理安排桩基的施工顺序既要保证钻机移动的最少，又要保证钻孔安全，还能加快施工进度。

3）考虑施工工期与施工组织的要求。

合理的施工顺序与施工工期有较密切的关系，施工工期影响施工顺序的选用。如有些建筑物，由于工期要求紧张，采用逆作法施工，这样，便导致施工顺序的较大变化。

一般情况下，满足施工工艺条件的施工方案可能有多个，因此，还应考虑施工组织的要求，通过对方案的分析、对比，选择经济合理的施工顺序。通常，在相同条件下，应优先选择能为后续施工过程创造良好施工条件的施工顺序。

4）考虑施工质量的要求

确定施工顺序时，应以充分保证工程质量为前提。当有可能出现影响工程质量的情况时，应重新安排施工顺序或采取必要的技术措施。

5）考虑当地的气候条件和水文要求

在安排施工顺序时，应考虑冬雨季、台风等气候的影响，特别是受气候影响大的分部工程应尤为注意。在南方施工时，应从雨季考虑施工顺序，可能因雨季而不能施工的应安排在雨季前进行。如土方工程不能安排在雨季施工。在严寒地区施工时，则应考虑冬季施工特点安排施工顺序。桥梁工程应特别注意水文资料，枯水季节宜先施工位于河中的基础等。

6）安排施工顺序时应考虑经济和节约，降低施工成本

合理安排施工顺序，加速周转材料的周转次数，并尽量减少配备的数量。通过合理安排施工顺序可缩短施工期，减少管理费、人工费、机械台班费而无需额外的附加资源，降低工程成本，给项目带来显著的经济效益。

7）考虑施工安全要求

在安排施工顺序时，应力求各施工过程的搭接不致产生不安全因素，以避免安全事故的发生。

（2）确定合理施工顺序的方法

合理的施工顺序是指在保证后续工作的开工要在本工作提供必需的作业条件下才能开始，后续工作的开工并不影响本工作作业的连续性和顺利进行。确定同类工程的最优施工顺序，实际上是提高施工组织经济性的一种方法。可参考约翰逊-贝尔曼法则，其基本思想是，现行工作施工工期最短的要排在前面施工，后续工作施工工期短的应排在后面施工。

5.3.5 技术组织措施的设计

技术组织措施是施工企业为完成施工任务，保证工程工期，提高工程质量，降低工程成本，在技术上和组织上所采取的措施。企业应该把编制技术组织措施作为提高技术水平，改善经营管理的重要工作认真抓好。通过编制技术组织措施，结合企业内部实际情况，很好地学习和推广同行业的先进技术和行之有效的组织管理经验。

（1）技术组织措施主要内容

1）提高劳动生产率，提高机械化水平，加快施工进度方面的技术组织措施。例如推广新技术、新工艺、新材料，改进施工机械设备的组织管理，提高机械的完好率、利用

率，科学的劳动组合等方面的措施。

2）提高工程质量，保证生产安全方面的技术组织措施。

3）施工中的节约资源，包括节约材料、动力、燃料和降低运输费用的技术组织措施。

为了把编制技术组织措施工作经常化、制度化，企业应分段编制施工技术组织措施计划。

（2）工期保证措施

1）施工准备抓早抓紧

尽快做好施工准备工作，认真复核图纸，进一步完善单位工程施工组织设计，落实重大施工方案，积极配合业主及有关单位办理征地拆迁手续。主动疏通地方关系，取得地方政府及有关部门的支持，施工中遇到问题影响进度时，将统筹安排，及时调整，确保总体工期。

2）采用先进的管理方法（如网络计划技术等）对施工进度进行动态管理。以投标的施工组织进度和工期要求为依据，及时完善单位工程施工组织设计，落实施工方案，报监理工程师审批。根据施工情况变化，不断进行设计、优化，使工序衔接、劳动力组织、机具设备、工期安排等有利于施工生产。

3）建立多级调度指挥系统，全面、及时掌握并迅速、准确地处理影响施工进度的各种问题。对工程交叉和施工干扰应加强指挥和协调，对重大关键问题超前研究，制定措施，及时调整工序和调动人、财、物、机，保证工程的连续性和均衡性。

4）加强物资供应计划的管理。每月、旬提出资源使用计划和进场时间。

5）对控制工期的重点工程，优先保证资源供应，加强施工管理和控制。如现场昼夜值班制度，及时调配资源和协调工作。

6）安排好冬雨季的施工。根据当地气象、水文资料，有预见性地调整各项工作的施工顺序，并作好预防工作，使工程能有序和不间断地进行。

7）注意设计与现场校核，及时进行设计变更。工程项目施工过程常因地质的变化而引起变更设计，进而影响施工进度的。为保证工期的要求就要协调各方面的关系，对施工进度影响少些。如积极地与监理联系，取得认可，再与设计院联系，尽早提出变更设计等措施。

8）确保劳动力充足、高效

根据工程需要，配备充足的技术人员和技术工人，并采用各项措施，提高劳动者技术素质和工作效率。强化施工管理，严明劳动纪律，对劳动力实行动态管理，优化组合，使作业专业化、正规化。

（3）保证质量措施

保证质量的关键是对工程对象经常发生的质量通病制订防治措施，从全面质量管理的角度，把措施落到实处，建立质量保证体系，保证"PDCA循环"的正常运转，全面贯彻执行国际质量认证标准（ISO 9000 族）。对采用的新工艺、新材料、新技术和新结构，须制定有针对性的技术措施，以保证工程质量。常见的质量保证措施有：

1）质量控制机构和创优规划。

2）加强教育，提高项目全员的综合素质。

3）强化质量意识，健全规章制度。

4）建立分部分项工程的质量检查和控制措施。

5）技术、质量要求比较高，施工难度大的工作，成立科技质量攻关小组——全面质量管理体系中 QC 小组攻关，确保工程质量。

6）全面推行和贯彻 ISO 9000 标准，在项目开工前，编制详细的质量计划、编写工序作业指导书，保证工序质量和工作质量。

（4）安全施工措施

安全施工措施应贯彻安全操作规程，对施工中可能发生安全问题的环节进行预测，提出预防措施。杜绝重大事故和人身伤亡事故的发生，把一般事故减少到最低限度，确保施工的顺利进展，安全施工措施的内容包括如下：

1）全面推行和贯彻《职业健康安全管理体系》GB/T 28001—2011，在项目开工前，进行详细的危险辨识，制定安全管理制度和作业指导书。

2）建立安全保证体系，项目部和各施工队设专职安全员，专职安全员属质检科，在项目经理和副经理的领导下，履行保证安全的一切工作。

3）利用各种宣传工具，采用多种教育形式，使职工树立安全第一的思想，不断强化安全意识，建立安全保证体系，使安全管理制度化，教育经常化。

4）各级领导在下达生产任务时，必须同时下达安全技术措施检查工作，必须总结安全生产情况，提出安全生产要求，把安全生产贯彻到施工的全过程中去。

5）认真执行定期安全教育，安全讲话，安全检查制度，设立安全监督岗，支付和发挥群众安全人员的作用，对发现事故隐患和危及工程、人身安全的事项，要及时处理，作出记录，及时改正，落实到人。

6）施工临时结构前，必须向员工进行安全技术交底。对临时结构须进行安全设计和技术鉴定，合格后方可使用。

7）石方开挖，必须严格按施工规范进行，炸药、运输储存、保管都必须严格遵守国家和地方政府制订的安全法规，爆破施工要严密组织，严格控制药量，确定爆破危险区，采用有效措施，防止人、畜、建筑物和其他公共设施受到危害，确保安全施工。

8）架板、起重、高空作业的技术工人，上岗前要进行身体检查和技术考核，合格后方可操作。高空作业必须按安全规范设置安全网，拴好安全绳，戴好安全帽，并按规定佩戴防护用品。

9）工地修建的临时房、架设照明线路、库房，都必须符合防火、防电、防爆炸的要求，配置足够的消防设施，安装避雷设备。

（5）施工环境保护措施

为了保护环境，防止污染，尤其是防止在城市施工中造成污染，在编制施工方案时应提出防止污染的措施。主要应对以下方面提出措施：

1）积极推行和贯彻环境管理体系（ISO 14000）标准，在项目开工前，进行详细的环境因素分析，制定相应的环境保护管理制度和作业指导书。

2）进行宣传教育施工环境保护意识，提高对环境保护工作的认识，自觉地保护环境。

3）保护施工周围水土流失和绿色覆盖层及植物。

4）不准随意排放施工过程中的废油、废水和污水，必须经过处理后才能排放。

5）在人群居住附近施工项目要防止噪声污染。

6）机械化程度比较高的施工场所，要对机械工作产生的废气进行净化和控制。

（6）文明施工措施

加强全体职工职业道德的教育，制定文明施工准则。在施工组织、安全质量管理和劳动竞赛中切实体现文明施工要求，发挥文明施工在工程项目管理中的积极作用。

1）推行施工现场标准化管理；

2）改善作业条件，保障职工健康；

3）深入调查，加强地下既有管线保护；

4）做好已完工程的保护工作；

5）不扰民及妥善处理地方关系；

6）广泛开展与当地政府和群众共建活动，推进精神文明建设，支持地方经济建设；

7）尊重当地民风民俗；

8）积极开展建家达标活动。

（7）降低成本措施

施工企业参加工程建设的最终目的是在工期短、质量好的前提下，创造出最佳的经济效益，所以应制定相应的降低成本措施。这些措施的制定应以施工预算为尺度，以企业（或基层施工单位）年度、季度降低成本计划和技术组织措施计划为依据进行编制。要针对工程施工中降低成本潜力大的（工程量大、有采取措施的可能性、有条件的）项目，充分开动脑筋把措施提出来，并计算出经济效果和指标，加以评价决策。这些措施必须是不影响质量的，能保证施工的，能保证安全的。降低成本措施应包括节约劳动力、节约材料、节约机械设备费用、节约工具费、节约间接费、节约临时设施费、节约资金等措施。一定要正确处理降低成本、提高质量和缩短工期三者的关系，对措施要计算经济效果。具体的降低成本措施如下：

1）严格把握材料的供应关

对于使用量大的主要材料统一招标，零星材料要货比三家，选择质优价廉的材料，并严格把关，坚决刹住材料供应上的回扣风，决不允许损公肥私现象出现。同时对原材料的运输要进行经济比选，确定经济合理的运输方法，把材料费控制在投标价范围内。

2）科学组织施工，提高劳动生产率

使用项目管理软件，经过周密、科学的分析做出具体计划，巧妙地组织工序间的衔接，有效地使用劳动力，尽量做到不停工、不窝工。施工中采用先进的工艺方法，提高机械化施工水平，力求达到劳动组织好、工效、机械利用率高，定额先进之目的，做到少投入多产出，最大限度地挖掘企业内部潜力。

3）完善和建立各种规章制度，加强质量管理，落实各种安全措施，要进一步改善和落实经济责任制，奖罚分明。

充分调动广大员工的积极性，开展劳动竞赛，提高事业心，增强责任感，杜绝因质量问题而引起的返工损失以及因安全事故造成的经济损失，控制造价，增加盈利。

4）加强经营管理，降低工程成本

编制技术先进、经济合理的单位工程施工组织设计，实事求是地进行施工优化组合，人力、物资、设备各种资源精打细算，做到有标准、有目标。优化施工平面布置，减少二次搬运，节省工时和机械费用。临时设施尽可能做到一房多用，减少面积和造价，并尽量利用废旧材料，将临时设施费用降下来，部分临时设施租用民房以降低费用。科学地利用材料，采取限额领料制度，避免造成浪费，把废料降低到最低限度，从管理中出效益。

5）降低非生产人员的比例，减少管理费用开支

管理人员力求达到善管理、懂业务、能公关，做到一专多能，减少非管理人员。实现项目部直接对施工队，减少管理层次，实现精兵强将上一线，提高工作效益，以达到管理费用最低。

5.4 施工进度计划的编制

施工进度计划是在选定施工方案的基础上，根据规定工期和各种资源供应条件，按照施工过程的合理施工顺序及组织施工的原则，用横道图或网络图，对工程项目从开工到竣工的全部施工过程在时间上和空间上的合理安排。

施工进度计划是单位工程施工组织设计中最重要的组成部分，它必须配合施工方案的选择进行安排，它又是劳动力组织、机具调配、材料供应以及施工场地布置的主要依据，一切施工组织工作都是围绕施工进度计划来进行的。

5.4.1 施工进度的编制目的和基本要求

编制施工进度计划的目的是要确定各个项目的施工顺序和开、竣工日期。一般以月、旬、周为单位进行安排，从而据此计算人力、机具、材料等的分期（月、旬、周）需要量，进行整个施工场地的布置和编制施工预算。

编制施工进度计划的基本要求是：保证拟建工程在规定的期限内完成；迅速发挥投资效益；保证施工的连续性和均衡性；节约施工费用。

施工进度计划一般用横道图和网络图的形式表示。

5.4.2 施工进度计划的编制依据

（1）合同规定的开工竣工日期

单位工程施工组织设计不分类别都是以开工竣工为期限，安排施工进度计划的。指导性单位工程施工组织设计中施工进度计划安排必须根据标书中要求的工程开工时间和交工时间为施工期限，安排工程中各施工项目的进度计划。实施性单位工程施工组织设计是以合同工期的要求作为工程的开工和交工时间安排施工进度计划。重点工程的单位工程施工组织设计根据总施工进度计划中安排的开工竣工时间或业主特别提出要求的开工交工时间，安排施工进度计划。

（2）工程图纸

熟悉设计文件、图纸，全面了解工程情况，设计工程数量，工程所在地区资源供应情况等；掌握工程中各分部、分项，单位工程之间的关系，避免出现施工方案施工进度计划方面的问题。

（3）有关水文、地质、气象和技术经济资料

对施工调查所得的资料和工程本身的内部联系，进行综合分析与研究，掌握其间的相互关系和联系，了解其发展变化的规律性。

（4）主导工程的施工方案

根据主导工程的施工方案（施工顺序、施工方法、作业方式）、配备的人力、机械的

数量、计算完成施工项目的工作时间，排出施工进度计划图。编制施工进度计划必须紧密联系所选定的施工方案，这样才能把施工方案中安排的合理施工顺序反映出来。

（5）各种定额

编制单位工程施工组织设计时，收集有关的定额及概算（或预算）资料，例如设计采用的预算定额（或概算定额）、施工定额、工程沿线地区性定额，预算单价、工程概算（或预算）的编制依据等。有关定额是计算各施工过程持续时间的主要依据。

（6）劳动力、材料、机械供应情况

施工进度直接受到资源供应的限制，施工时可能调用的资源包括以下内容：劳动力数量及技术水平；施工机具的类型和数量；外购材料的来源及数量；各种资源的供应时间。资源的供应情况直接决定了各施工过程持续时间的长短。

5.4.3 施工进度计划的种类

单位工程施工进度计划应根据工程规模的大小，结构复杂程度，施工工期等来确定编制类型，一般分为两类。

（1）控制性施工进度计划

控制性施工进度计划多用于施工工期较长、结构比较复杂、资源供应暂时无法全部落实，或工作内容可能发生变化和某些构件（或结构）的施工方法暂时还无法确定的工程。它往往只需编制以分部工程项目为划分对象的施工进度计划，以便控制各分部工程的施工进度。

（2）实施性施工进度计划

实施性施工进度计划是控制性施工进度计划的补充，是各分部工程施工时施工顺序和施工时间的具体依据。此类施工进度计划的项目划分必须详细，各分项工程彼此间的衔接关系必须明确。根据实际情况，实施性施工进度计划的编制可与编制控制性进度计划同步进行，也可滞后进行。

5.4.4 施工进度计划的编制程序和步骤

（1）熟悉设计文件

设计文件是编制进度计划的根据。首先要熟悉工程设计图纸，全面了解工程概况，包括工程数量、工期要求、工程地区等，做到心中有数。

（2）调查研究

在熟悉文件的基础上就要进行调查研究，它是编制好进度计划的重要一步。要调查清楚施工的有关条件，包括：资源（人、机、材料、构配件等）的供应条件，施工条件，气候条件等。凡编制和执行计划所涉及的情况和原始资料都在调查之列。对调查所得的资料和工程本身的内部联系，还必须进行综合的分析与研究，掌握其间的相互关系和联系，了解其发展变化的规律性。

（3）确定施工方案

施工方案主要取决于工程施工的顺序、施工方法、资源供应方式、主要指标控制量等。在确定施工方案时，施工的顺序可作多种方案以便选出最优方案。施工方案的确定与规定的工期、可动用的资源、当前的技术水平有关。这样制定的方案才有可能落实。

（4）划分施工过程（工序）

编制施工进度计划，首先应按施工图纸和施工顺序，将拟建工程的各个分部分项工程按先后顺序列出，并结合施工方法、施工条件和劳动组织等因素，加以适当调整，填在施工进度计划表的有关栏目内。通常，施工进度计划表中只列出直接在建筑物或构筑物上进行施工的建造类施工过程以及占有施工对象空间、影响工期的制备类和运输类施工过程，例如钢筋混凝土柱、屋架等的现场预制。

在确定施工过程时，应注意下述问题：

1）施工过程划分粗细程度应根据施工进度计划的具体需要而定。控制性进度计划，可划分得粗一些，通常只列出分部工程名称；而实施性进度计划则应划分细一些，特别是对工期有直接影响的项目必须列出，以便于指导施工，控制工程进度。为了使进度计划简明清晰，原则上应在可能条件下尽量减少工程项目的数目，可将某些次要项目合并到主要项目中去，或对在同一时间内，由同一专业工程队施工的项目，合并为一个工程项目，而对于次要的零星工程项目，可合并为其他工程一项。如门油漆、窗油漆合并为门窗油漆一项。

2）施工过程的划分要结合所选择的施工方案。例如，单层工业厂房结构安装工程，若采用分件吊装法，则施工过程的名称、数量和内容及安装顺序应按照构件来确定；若采用综合吊装法，则施工过程应按照施工单元（节间、区段）来确定。

3）所有施工过程应基本按施工顺序先后排列，所采用的施工项目名称应与现行定额手册上的项目名称相一致。

4）设备安装工程和水暖电卫工程通常由专业工程队组织施工。因此，在一般土建工程施工进度计划中，只要反映出这些工程与土建工程间的配合关系即可。

施工过程划定以后，为使以后使用方便，可列出施工过程一览表。表中必须有施工过程名称（或内容）、作业持续时间、同其他施工过程的关系等，见表5-1。

××工程施工过程一览表 表 5-1

序号	施工过程名称	施工过程代号	作业持续时间	紧前工作	搭接关系	搭接时间
1						
...						

（5）计算工程量，并查出相应定额

工程量计算应严格按照施工图纸和现行定额中对工程量计算所作的规定进行。如果已经有了预算文件，则可直接利用预算文件中有关的工程量。当某些项目的工程量有出入但相差不大时，可按实际情况予以调整。计算工程量时应注意以下几个问题：

1）各分部分项工程的工程量计量单位应与现行定额手册中所规定的单位一致，以便计算劳动量和材料、机械台班消耗量时直接套用，以避免换算。

2）结合选定的施工方法和安全技术要求，计算工程量。例如，土方开挖工程量应考虑土的类别、挖土方法、边坡大小及地下水位等情况。

3）结合施工组织的要求，按分区、分段和分层计算工程量。

4）计算工程量时，尽量结合编制其他计划时使用工程量数据的方便，做到一次计算，多次使用。

根据所计算工程量的项目，在定额手册中查出相应的定额。

（6）确定劳动量和机械台班数量

根据各分部分项工程的工程量、施工方法和现行劳动定额，结合本单位的实际情况计算各施工过程的劳动量或机械台班数。计算公式如下：

$$P = \frac{Q}{S} \tag{5-1}$$

或
$$P = Q \cdot H \tag{5-2}$$

式中　P——完成某施工过程所需的劳动量（工日或台班）；

　　　Q——某施工过程的工程量（m^3、m、t……）；

　　　S——某施工过程的人工或机械产量定额（m^3、m、t……/工日或台班）；

　　　H——某分部分项工程人工或机械的时间定额（工日或台班/m^3、m、t……）。

在使用定额时，遇到一些特殊情况，可按下述方法处理：

1）计划中的某个项目包括了定额中的同一性质的不同类型的几个分项工程，可用其所包括的各分项工程的工程量与其产量定额（或时间定额）分别算出各自的劳动量，然后求和，即为计划中项目的劳动量。其计算公式如下：

$$P = \frac{Q}{S_1} + \frac{Q_2}{S_2} + \cdots\cdots + \frac{Q_n}{S_n} = \sum_{i=1}^{n} \frac{Q_i}{S_i} \tag{5-3}$$

式中　n——计划中的某个工程项目所包括定额中同一性质不同类型分项工程的个数；

其他符号含义同前。

2）当某一分项工程由若干个具有同一性质而不同类型的分项工程合并而成时，按合并前后总劳动量不变的原则计算合并后的综合劳动定额。计算公式如下：

$$\overline{S} = \frac{\sum_{i=1}^{n} Q_i}{\dfrac{Q_1}{S_1} + \dfrac{Q_2}{S_2} + \cdots\cdots + \dfrac{Q_n}{S_n}} \tag{5-4}$$

式中　$\overline{S}$——综合产量定额；

其他符号含义同前。

在实际工作中应特别注意合并前各分项工程工作内容和工程量的单位。当合并前各分项工程的工作内容和工程量单位完全一致时，公式中ΣQ_i应等于各分项工程工程量之和，反之，应取与综合劳动定额单位一致且工作内容也基本一致的各分项工程的工程量之和。根据工程实际情况，综合劳动定额可与合并前各分项工程的劳动定额单位一致。

3）在工程施工中，有时会遇到采用新技术或特殊施工方法的分部分项工程，因缺乏足够的经验和可靠资料，定额中未列出，计算时可参考类似项目的定额或经过实际测算，确定临时定额。

4）计划中的"其他工程"项目所需劳动量，可根据实际工程对象，取总劳动量的一定比例（10%～20%）。

（7）确定各施工过程的作业持续时间

计算各施工过程的作业持续时间主要有两种方法：

1）按劳动资源的配备计算持续时间

该方法是首先确定配备在该施工过程作业的人数或机械台数，然后根据劳动量计算出施工持续时间。计算公式如下：

$$t = \frac{P}{R \cdot N} \qquad (5\text{-}5)$$

式中　t——某施工过程的作业持续时间；

　　　R——该施工过程每班所配备的人数或机械台数；

　　　N——每天工作班数；

　　　P——劳动量或机械台班数。

2）根据工期要求计算

首先根据总工期和施工经验，确定各分部分项工程的施工天数，然后再按劳动量和班次，确定出每一分部分项工程所需工人数或机械台数，计算式如下：

$$R = \frac{P}{t \cdot N} \qquad (5\text{-}6)$$

在实际工作中，可根据工作面所能容纳的最多人数（即最小工作面）和现有的劳动组织来确定每天的工作人数。在安排劳动人数时，应考虑以下问题：

① 最小工作面。是指为了发挥高效率，保证施工安全，每一个工人或班组施工时必须具有的工作面。一个施工过程在组织施工时，安排人数的多少会受到工作面的限制，不能为了缩短工期而无限制地增加工人人数，否则，会造成工作面不足而出现窝工。

② 最小劳动组合，在实际工作中，绝大多数施工过程不能由一个人来完成，而必须由几个人配合才能完成。最小劳动组合是指某一施工过程要进行正常施工所必需的最少人数及其合理组合。

③ 可能安排的人数。根据现场实际情况（如劳动力供应情况、技工技术等级及人数等），在最少必需人数和最多可能人数的范围内，安排工人人数。通常，若在最小工作面条件下，安排了最多人数仍不能满足工期要求时，可组织两班倒或三班倒。

确定施工持续时间应注意的是，在编制初始进度计划时，并不是完全根据当时的情况（施工条件和工期要求等），而是按照正常条件来确定一个合理的、经济的作业时间，待经过计算后，再根据具体要求运用网络计划技术计算出网络时间，找出关键线路之后，在必须压缩工期时，就可知道该压缩哪些工序，哪些地方有时差可利用，再对计划进行调整。这样做的好处是：一般较合理、费用较低，避免因抢工期而盲目压缩作业时间造成浪费。

（8）安排施工进度计划，制定进度计划的初始方案

在编制施工进度计划时，应首先确定主导施工过程的施工进度，使主导施工过程能尽可能连续施工。其余施工过程应予以配合，服从主导施工过程的进度要求。具体方法如下：

1）确定主要分部工程并组织流水施工

首先确定主要分部工程，组织其中主导分项工程的连续施工并将其他分项工程和次要项目尽可能与主导施工过程穿插配合、搭接或平行作业。例如，现浇钢筋混凝土框架主体结构施工中，框架施工为主导工程，应首先安排其主导分项工程的施工进度，即框架柱扎筋、柱梁（包括板）立模、梁（包括板）扎筋、浇混凝土等主要分项工程的施工进度。只有当主导施工过程优先考虑后，然后再安排其他分项工程施工进度。

2）按各分部工程的施工顺序编排初始方案

各分部工程之间按照施工工艺顺序或施工组织的要求，将相邻分部工程的相邻分项工

程，按流水施工要求或配合关系搭接起来，组成施工进度计划的初始方案。

3）计算各项工作的时间参数并求出关键线路

利用网络图编制施工进度计划时，按工作的最早开始时间计算得到的工期就是计划工期，计算出来后，可与合同工期进行对比。各时间参数计算完成后，就能找出关键线路。应按规定用双箭线或颜色线明确表示出来，以利于分析和应用。

（9）工期的审查与调整

时间参数计算完毕后，首先审查总工期，看是否符合合同规定的要求。

若不超过，则在工期上符合要求。若超过，则压缩调整计划工期；如做不到，则要提出充分的理由和根据，以便就工期问题与建设部门做进一步商谈。

（10）资源审查和调整

还要进一步估算主要资源的需要量，审查其供应与需求的可能性。

若某一段时间内供应不能满足资源消耗高峰的需要，则要求这段时间的施工工序加以调整，使它们错开时间，减少集中的资源消费，降到供应水平之下。

（11）编制可行的进度计划方案，并计算技术经济指标

经工期和资源的调整后，计划能适应现有的施工条件与要求，因而是切实可行的。可绘出正规的网络图或横道图，并附以资源消耗曲线。

因是可执行的计划，所以有必要计算技术经济指标，如与定额工期比较，单方用工、劳动生产率、节约率等，可与过去的或先进的计划进行比较，也可逐步积累经验，对提高管理水平来说，是一项有意义的工作。

5.5　资源需求量计划的编制

资源需求量计划编制时应首先根据工程量查相应定额，便可得到各分部分项工程的资源需求总量，然后再根据进度计划表中分部分项工程的持续时间，得到某分部分项工程在某段时间内的资源需求平均数；最后将进度计划表纵坐标方向上各分部分项工程的资源需要量按类别叠加在一起并连成一条曲线，即为某种资源的动态曲线图和计划表。

5.5.1　劳动力需要量计划

劳动力需要量计划主要作为安排劳动力，调配和衡量劳动力消耗指标，安排生活及福利设施等的依据。

劳动力需要量是根据工程的工程量和规定使用的劳动定额及要求的工期计算完成工程所需要的劳动力。在计算过程中要考虑日历天中扣除节假日和大雨、雪天对施工的影响系数，另外还要考虑施工方法，是人力施工，还是半机械施工及机械化施工。因为施工方法不同，所需劳动力的数量也不同。

（1）人力施工劳动力需求量的计算

1）人力施工在不受工作面限制时，可直接查定额与工程量相乘计算需要的总工天，并除以工期即得劳动力数量；其计算公式如下：

$$R = \frac{Q}{T \cdot S} \tag{5-7}$$

式中　R——劳动力的需求量；

Q——人工施工的工程量；

T——工程施工的工作天数；

考虑法定的节假日和气候影响，工程施工的工作天数将小于其日历天数。其计算可按式（5-8）进行。

$$T = 施工期的日历天数 \times 0.71 \cdot K \tag{5-8}$$

0.71 为节假日换算系数；K 为气候影响系数，K 的取值随不同地区而变化。

2）人力施工受到工作面限制时，计算劳动力的需要量必须保证每个人最小工作面这个条件，否则会在施工过程中出现窝工现象。每班工人的数量可按式（5-9）计算：

$$R = \frac{施工现场的作业面积(\text{m}^2)}{工人施工的最小工作面(\text{m}^2 / 人)} \tag{5-9}$$

（2）半机械化施工方法施工时所需劳动力的计算

半机械化施工方法主要是有的施工项目采用机械施工，有的项目采用人力施工。如路基土石方工程，填、挖、运、压实等工序采用机械施工，而边坡、路拱、路肩修整及边坡夯实采用人工施工。

半机械施工方法在计算劳动力需要量时除了根据定额和工程量外，还要考虑充分发挥机械的工作效率和保证工期的要求，否则会出现窝工或者机械的工作效率降低的情况，影响工程施工成本。

（3）机械化施工方法所需劳动力的计算

机械化施工方法所需要的劳动力主要是司机及维修保养人员和管理人员（即机械辅助施工人员）。因此计算机械施工方法所需的劳动力与机械的施工班次有关，每日一班制配备的驾驶员少于多班次工作的人数，辅助人员也相应较少。其次是与投入施工的机械数有关，投的多所需要劳动力也多。只有同时考虑上述两个方面的问题，才能够较准确地计算所需的劳动力数量。

（4）计算劳动力数量时选择的定额标准不同，其结果也是不同的

编制指导性单位工程施工组织设计时必须按标书上的要求和规定执行。编制实施性单位工程施工组织设计时可根据本企业的定额标准或结合施工项目具体情况采取一些补充定额。因为实施性单位工程施工组织设计是编制施工成本的依据，而施工成本是项目经济承包及施工队，班（组）经济承包的依据。因此计算劳动力数量时不采用偏高或偏低的定额。

劳动力需要量计算完成后，需要将施工进度计划表内所列各施工过程的每天（或周、旬、月）所需的工人人数按工种汇总列成表格。其表格形式见表 5-2。

劳动力需求量计划表 表 5-2

序号	工作名称	工种类别	需求量	月　份								
				1	2	3	4	5	6	7	8	…
1												
…												
汇总												

5.5.2 施工机具需求量计划

施工机具需求量计划主要用于确定施工机具类型、数量、进场时间，以及落实机具来

源的组织进场。其编制办法是将施工进度计划表中的每一个施工过程，每天所需的机具类型、数量和时间进行汇总，便得到施工机具需求量计划表。其表格形式见表5-3。

施工机具需求量计划表 表 5-3

序号	机具名称	型号	需求量		货源	使用起止时间	备注
			单位	数量			
1							
...							

5.5.3 主要材料需求量计划

材料需求量计划表是作为备料、供料、确定仓库、堆场面积及组织运输的依据。其编制方法是根据施工预算的工料分析表、施工进度计划表，材料的贮备和消耗定额，将施工中所需材料按品种、规格、数量、使用时间计算汇总，填入主要材料需求量计划表。其表格形式见表5-4。

主要材料需求量计划表 表 5-4

序号	材料名称	规格	需求量		供应时间	备注
			单位	数量		
1						
...						

5.5.4 构件和半成品需求量计划

构件和半成品需求量计划主要用于落实加工订货单位，并按照所需规格、数量、时间，组织加工、运输和确定仓库或堆场，可按施工图和施工进度计划编制。其表格形式见表5-5。

构件和半成品需求量计划表 表 5-5

序号	品名	规格	图号	需求量		使用部位	加工单位	供应日期	备注
				单位	数量				
1									
...									

5.6 施工平面图设计

施工现场和场地布置是单位工程施工组织设计的基本内容之一，它需要考虑的问题很多、很广泛、也很具体。它是一项实践性、综合性很强的工作，只有充分掌握了现场的地形、地物，熟悉了现场的周围环境和其他有关条件，并对本工程情况有了一个清楚与正确的认识之后，才能做到统筹规划，合理布局。

5.6.1 施工平面图的分类

施工平面图按其作用可分为两类

（1）施工总平面图

施工总平面图是以整个工程项目或一个合同段为对象的平面布置，主要反映整个工程平面的地形情况、料场位置、运输路线、生活设施等的位置和相互关系。

（2）单位工程或分部、分项工程的施工平面图

它是以单位工程或分部、分项工程为对象而设计的平面组织形式。如某合同段的独立大桥施工平面图、附属加工厂施工平面图、基础工程施工平面图、主梁预制、存放和吊装的施工平面图等。对于分部、分项工程的施工平面图，应当根据各施工阶段现场情况的变化，分别绘制不同施工阶段的施工平面图。

5.6.2　施工平面图布置的原则

（1）应尽量不占、少占或缓占农田，充分利用山地、荒地，重复使用空地，在弃土、清理场地时，有条件的应结合施工造田、复田。

（2）尽量降低运输费用，保证运输方便、减少和避免二次搬运。为了缩短运输距离，各种物资按需要分批进场，弃土场、取土场布置尽量靠近作业地点。

（3）尽量降低临时建筑费用，充分利用原有房屋、管线、道路和可缓拆或暂不拆除的前期临时建筑，为施工服务。

（4）以主体工程为核心，布置其他设施，要有利生产、方便生活，临时设施建筑不应影响主体工程施工进展，工人在工地上往返时间短，居住区和施工区要近，居住区水源应充足且清洁。

（5）遵循技术要求，符合劳动保护和防火要求。如人员与其他设施距离爆破点的直线距离不得小于规定的飞块、飞石的安全距离等。

（6）施工指挥中心应布置在适中位置，既要靠近主体工程，便于指挥，又要靠近交通枢纽方便内外交通联系。

施工现场平面布置的情况应以场地平面布置图表示出来。在施工平面布置图内应表示出拟建建筑物的平面位置，场地内需要修建的各项临时工程和露天料场、作业场的平面位置和占地面积，以及场地内各种运输线路，包括由场外运送材料至工地的进出口线路。

5.6.3　施工平面图设计的内容

施工平面图是根据施工方案，施工进度要求及资源进场存放量进行设计的。其内容的多少与施工期限长短、工程量大小、地形地貌的复杂程度有关。一般应包括以下主要内容：

（1）标定地界内及附近已有的和拟建的地上、地下建筑物及其他地面附着物、农田、果园、树林、地下洞穴、坟墓等位置及主要尺寸。

（2）标出需要拆迁建筑物，永久或临时占用的农田、果园、树林。

（3）标出新建线路中线位置及里程、桥涵、隧道等结构物位置及里程。

（4）标出取土和弃土场位置。当取土和弃土场离施工现场很远，在平面布置上无法标注时可用箭头指向取土或弃土场方向并加以说明。

（5）标出划分的施工区段。当一个施工区段有两个以上施工单位时，要标出各自的施工范围。

（6）标出既有公路、铁路线路方向和位置里程及与施工项目的关系，因施工需要临时改移公路的位置。

（7）标出既有高压线位置、水源位置（即有的水井）即有的河流位置及河道改移

位置。

（8）临时设施的布置

1）各种运输道路及临时便桥、过渡工程设施的位置。

2）临时生活房屋位置。如管理人员、施工人员的宿舍，管理办公用房，食堂、浴池、文化服务房。

3）各种加工房屋位置：

①钢筋加工棚；②混凝土成品预制厂；③混凝土拌合楼、站。

4）各种材料、半成品、成品等仓库或堆栈位置。

5）大堆料的堆放地点及机械设备的设置地点位置。如砂、石料堆放处等。

6）临时供电线（变电站）、供水、蒸汽、压缩空气站及其管线和临时通信线路等。

7）其他生产房屋、木工棚、钢筋棚、机具修理棚、车库、油库、炸药库等。

8）现场安全及防火设施等。

9）施工场地排水系统位置。

5.6.4 临时设施的规划和布置

（1）材料加工及机械修配场地的规划和布置

施工单位为满足本身的需要，应设置采石场、采砂场、混凝土构件预制场、金属加工厂、机械修配厂等。

对于预制场，一般宜设在工地，以减少构件的运输。对于砂石材料开采场，宜设在材料产地。如有两个或以上的产地可供选择时，选择的条件首先是材料品质要符合设计要求。其次是运输距离要近，再次是开采的难易程度、成材率的高低。要加以综合考虑，做出综合经济分析。对于材料加工场地，则一般宜设在原材料产地较为有利。

（2）工地临时房屋的规划与布置

工地临时房屋主要包括施工人员居住用房、办公用房、食堂和其他生活福利设施用房，以及实验室、动力站、工作棚和仓库等。这些临时房屋应建在施工期间不被占用、不被水淹、不被坍塌方影响的安全地带。现场办公用房应建在靠近工地，且受施工噪声影响小的地方；工人宿舍、文化生活用房，应避免设在低洼潮湿、有烟尘和有害健康的地方；此外，房屋之间还应按消防规定相互隔离，并配备灭火器。

减少临时房屋费用，是单位工程施工组织设计的目标之一。应做周密的计划安排，并应采取以下各项措施：

1）提高机械化施工程度，减少劳动力需要量；合理安排施工，使施工期间的劳动力需要量均匀分布，避免在某一短时期工人人数出现突出的高峰，这样可以减少临时房屋的需要量。

2）尽量利用居住在工地附近的劳动力，因而可以省去这部分人的住房。

3）尽量利用当地可以租用的房屋。

4）如设计中需要修建将来管、养道路的房屋，应尽可能提前修建，以便施工期间可以利用。

5）房屋构造应简单，并尽量利用当地材料。

6）广泛采用能多次利用的装配式临时房屋。

（3）工地仓库及料场布置

工地储存材料的设施，一般有露天料场、简易料棚和临时仓库等。易受大气侵蚀的材料，如水泥、铁件、工具、机械配件及容易散失的材料等，宜储存在临时仓库中，钢材、木材等宜设置简易料棚堆放，砂、石、石灰等一般是在露天料场中堆放。

仓库、料棚、料场的设置位置，必须选择运输及进出料都方便，而且尽量靠近用料最集中、地形较平坦的地点。设计临时仓库、料棚时，应根据储存材料的特点，进料、出料的便利，以及合理的储备定额，来计算需要的面积。面积过大会增加临时工程费用，过小可能满足不了储备需要及增加管理费用。

材料必须有适当的储备量，以保证施工能不间断地进行。但过多的储备要多建仓库和积压流动资金；而且像水泥这类材料，储存过久会导致受潮结块及标号降低，从而影响工程质量。所以，应正确决定适当的储备量。

（4）施工场内运输的规划

在工地范围内，从仓库、料场或预制场等地到施工点的料具、物资搬运，称为场内运输。场内运输方式应根据工地的地形、地貌、材料在场内的运距、运量，以及周围道路和环境等因素选择。如果材料供应运输与施工进度能密切配合，做到场外运输与场内运输一次完成，即由场外运来的材料直接运至施工使用地点；或场内外运输紧密衔接，材料运到场内后不存入仓库、料场，而由场内运输工具转至使用地点，这是最经济的运输组织方法。这样可节省工地仓库、料场的面积，减少工地装卸费用。但这种场内外运输紧密结合的组织方法在工程实践中是很难做到的。大量的场内运输工作是不可避免的。

当某些工程的用料数量较大，而运输路线又固定不变时，采用轨道运输是比较经济的。

当用料地点比较分散，运输线路不固定，特别是运输线路中有上下坡及急转弯等情况时，可采用汽车运输。采用汽车运输时，道路应与材料加工厂、仓库的位置结合布置，并与场外道路衔接；应尽量利用永久性道路，提前修建永久路基和简易路面；必须修建临时道路时，要把仓库、施工点贯穿起来，按货流量大小设计其规格，末端应有回车场，并避免与已有永久性铁路、公路交叉。

一些零星的运输工作，不可能或不必要采用上述运输方法的，有时要利用手推车运输，即使在机械化程度很高的工地，这种简单的运输工具也有发挥作用之处。

（5）工地供电的规划

工地用电包括各种电动施工机械和设备的用电，以及室内外照明的用电。工程施工离不开用电，做好工地供电的组织计划，对保证施工的顺利进行有着密切的关系。

工地用电应尽可能利用当地的电力供应，从当地电站、变电站或高压电网取得电能。当地没有电源，或电力供应不能满足施工需要的情况下，则要在工地设置临时发电站。最好选用两个来源不同的电站供电，或配备小型临时发电装置，以免工作中偶然停电造成损失。同时，还要注意供电线路、电线截面、变电站的功率和数目等的配置，使它们可以互相调剂、不致因为线路发生局部故障而引起停电。

用电安全是供电组织计划中必须考虑的问题。应符合有关用电安全规程的要求。临时变电站应设在工地入口处，避免高压线穿过工地；自备发电站应设在现场中心，或主要用电区，考虑便于转移。供电线路不宜与其他管线同路或距离太近。

（6）工地供水的规划

工程施工离不开水，单位工程施工组织设计必须规划工地临时供水问题，确保工地用水和节省供水费用。

工地用水分生产用水和生活用水，均应符合水质要求。否则应设置处理设施进行过滤、净化等处理。工地供水设施包括水泵站、水塔或储水池，以及输水管、线路等。布置施工场地时，应尽量使得用水工作地点互相靠近，并接近水源，以减少管道长度和水的损失。

供水管路的设计应尽量使长度最短。在温暖的地方，管道可敷设在地面。穿过场地交通运输道路时，管道要埋入地下30cm深。在冰冻地区，管道应埋在冰冻深度以下。用明沟等方式输水时，一般在使用地点修建蓄水池，将水注入储水池备用；用钢管或铸铁管输水时，管道抵达用水地点后要安装龙头，并可连接橡皮软管，以便灵活移动出水口位置，供应不同位置的用水需要。

5.7　单位工程施工组织设计的评价

施工组织总设计是对整个建设项目或群体工程施工的全局性、指导性文件，其编制质量的好坏对工程建设的进度、质量和经济效益影响较大。因此，对单位工程施工组织设计进行技术经济评价目的在于对单位工程施工组织设计通过定性及定量的计算分析，论证其在技术上是否可行，在经济上是否合算，对照相应的同类型有关工程的技术经济指标，反映所编制的单位工程施工组织设计的最后效果，并应反映在单位工程施工组织设计文件中，作为施工组织总设计的考核评价和上级审批的依据。

5.7.1　单位工程施工组织设计的技术经济评价的指标体系

单位工程施工组织设计中常用的技术经济指标有：施工周期、工程质量、全员劳动生产率、主要材料使用指标、机械化施工程度、成本降低指标等。主要指标的公式如下：

（1）施工周期：指工程从开工到竣工所用的全部日历天数。

（2）质量指标：这是单位工程施工组织设计中确定的控制目标。

$$质量优良品率 = \frac{优良工程个数（或面积、延长米等）}{施工项目总个数（或面积、延长米等）} \times 100\% \qquad (5-10)$$

（3）劳动指标

1）劳动力不均衡系数：它表示整个施工期间使用劳动力的均衡程度。以接近1为好，一般不能大于2。

$$劳动力不均衡系数 = \frac{施工高峰期人数}{施工平均人数} \qquad (5-11)$$

2）全员劳动生产率

$$全员劳动生产率 = \frac{完成的工作量}{全体职工平均人数} \qquad (5-12)$$

每月的全员劳动生产率应力求均衡。

（4）机械化施工程度

$$机械化施工程度 = \frac{机械化施工完成的工程量}{总工作量} \times 100\% \qquad (5-13)$$

（5）工厂化施工程度

$$工厂化施工程度 = \frac{预制加工厂完成的工作量}{总工作量} \times 100\% \qquad (5-14)$$

（6）主要材料节约率

$$主要材料节约率 = \frac{主要材料预算用量 - 计划用量}{主要材料预算用量} \times 100\% \qquad (5-15)$$

（7）降低成本指标

$$成本降低率 = \frac{预算成本 - 计划成本}{预算总成本} \times 100\% \qquad (5-16)$$

（8）临时工程投资比例

指全部临时工程投资费用与总工作量之比，表示临时设施费用支出情况。

$$临时工程投资比率 = \frac{全部临时工程投资额}{总成本} \qquad (5-17)$$

5.7.2 单位工程施工组织设计的技术经济评价

每一项施工活动都可以采用多种不同的施工方法和应用不同的施工机械，不同的施工方法和不同的施工机械对工程的工期、质量和成本费用等都有不同的影响。因此，在编制单位工程施工组织设计时，应根据现有的以及可能获得的技术和机械情况，拟定几个不同的施工方案，然后从技术上、经济上进行分析比较，从中选出最合理的方案，把技术上的可能性与经济上的合理性统一起来，以最少的资源消耗获得最佳的经济效果，多快好省地完成施工任务。

对单位工程施工组织设计（施工方案）进行技术经济分析，常用的有两种方法，即定性分析法和定量分析法，现分述如下：

（1）定性分析法

定性分析法是根据实际施工经验对不同施工方案的优劣进行分析比较，例如：对垂直运输设备，是采用井字架适当，还是采用塔吊适当；划分流水作业时，是二段流水有利于加快施工进度，还是三段流水有利于加快施工进度；钢筋混凝土烟囱是采用滑模施工，还是采用提模施工；冬季混凝土施工是采用保温法冬施方案，还是采用电热法冬施方案。

定性分析法主要凭经验进行分析、评价，虽比较方便，但精确度不高，也不能优化，决策易受主观因素的制约，一般常在施工实践经验比较丰富的情况下采用。

（2）定量分析法

定量分析法是对不同的施工方案进行一定的数学计算，将计算结果进行优劣比较。如有多个计算指标的，为便于分析、评价，常常对多个计算指标进行加工，形成单一（综合）指标，然后进行优劣比较。定量分析法一般有评分法和价值法两种方法。

本 章 小 结

本章介绍了单位工程施工组织设计的概念、作用、分类及任务；阐述了单位工程施工组织设计编制的要求与原则、单位工程施工组织设计的内容、编制步骤；介绍了施工方案的制定原则，施工方法、机械的选择和优化，施工顺序的选择和技术措施的设计；介绍了施工进度计划的编制要求和编制步骤；介绍了单位工程施工组织设计中资源需求计划的编制及施工总平面图的设计原则和内容；如何对单位施工组织的设计进行技术经济评价。

本 章 习 题

1. 什么是单位工程施工组织设计？
2. 试述单位工程施工组织设计的编制依据和程序？
3. 单位工程施工组织设计包括哪些内容？
4. 工程概况及施工特点分析包括哪些内容？
5. 施工方案包括哪些内容？
6. 确定施工顺序应遵守的基本原则是什么？
7. 确定施工顺序应具备哪些基本要求？
8. 选择施工方法和施工机械应满足哪些基本要求？
9. 主要分部分项工程的施工方法和施工机械选择如何确定？
10. 试述技术措施的主要内容。
11. 保证和提高工程质量的措施应从哪几个方面考虑？
12. 确保施工安全的措施有哪些？
13. 如何降低工程成本？
14. 现场文明施工应采取什么样的措施？
15. 如何对施工方案进行评价？
16. 什么是单位工程施工进度计划？它有什么作用？
17. 单位工程施工进度计划可分几类？分别适用于什么情况？
18. 单位工程施工进度计划的编制依据是什么？
19. 单位工程施工进度计划的编制步骤是怎样的？
20. 施工过程划分应考虑哪些要求？
21. 如何确定施工过程的劳动量或机械台班量？
22. 如何确定施工过程的延续时间？
23. 资源需要量计划有哪些？
24. 单位工程施工平面图包括那些内容？
25. 单位工程施工平面图设计应遵循什么样的原则？
26. 如何设计单位工程施工平面图？
27. 如何对单位工程施工组织设计进行评价？

6 建设工程项目质量管理

【案例引入】

某小区施工方在施工中采用了最低标准施工，导致交房后房屋出现漏水、渗水等问题；在多次维修无效的情况下，小区一名业主不得不敲破墙体。报道引起了强烈的社会反响，超过千名网友发帖评论，集体"吐槽"该项目中存在的质量问题。

6.1 建设工程项目质量管理概述

6.1.1 建筑工程项目质量的概念

工程项目质量是指通过建设过程所形成的工程项目，既要满足用户从事生产、生活所需功能和使用要求，又要符合国家有关法律、法规、技术标准和工程合同的规定。它是通过国家现行的有关法律、法规、技术标准、设计文件及工程合同中对工程的安全、使用、经济、美观等特性的综合要求来体现的。

工程项目质量包括实体质量和工作质量。工程质量的保证和基础是工作质量，工程质量又是企业各方面工作质量的综合反映。工作质量不像工程质量那样直观、明显、具体，但它体现在整个施工企业的一切生产技术和经营活动中，并且通过工作效率、工作成果、工程质量和经济效益表现出来，所以，要保证和提高工程质量，不能孤立地、单纯地抓工程质量，而必须从提高工作质量入手，把工作质量作为质量管理的主要内容和工作重点。

6.1.2 建筑工程项目质量的基本特征

建设工程项目从本质上说是一项拟建或在建的建筑产品，它和一般产品具有同样的质量内涵，即一组固有特性满足要求的程度。建设工程项目质量的一般特性可以归纳如下：

（1）反映使用功能的质量特性

工程项目的功能性质量，主要表现为反映项目使用功能需求的一系列特性指标，如房屋建筑工程的平面空间布局、通风采光性能；工业建筑工程的生产能力和工艺流程；道路交通工程的路面等级、通行能力等。

（2）反映安全可靠的质量特性

建筑产品不仅要满足使用功能和用途的要求，而且在正常的使用条件下应能达到安全可靠的标准，如建筑结构自身安全可靠、使用过程防腐蚀、防坠、防火、防盗、防辐射，以及设备系统运行与使用安全等。可靠性质量必须在满足功能性质量需求的基础上，结合技术标准、规范的要求进行确定与实施。

（3）反映经济合理的质量特性

经济合理的质量特性是指工程在使用年限内所需费用（包括建造成本和使用成本）的

大小。建筑工程对经济性的要求，一是工程造价要低，二是使用维修费用要少。

（4）反映文化艺术的质量特性

建筑产品具有深刻的社会文化背景，历来人们都把建筑产品视同艺术品。其个性的艺术效果，包括建筑造型、立面外观、文化内涵、时代表征以及装修装饰、色彩视觉等，不仅使用者关注，而且社会也关注；不仅现在关注，而且未来的人们也会关注和评价。

（5）反映建筑环境的质量特性

作为项目管理对象的工程项目，可以是独立的单项工程或单位工程甚至某一主要分部工程；也可以是一个由群体建筑或线型工程组成的建设项目，如新、改、扩建的工业厂区，大学城或校区、交通枢纽、航运港区、高速公路、油气管线等。

此外，工程建设活动是应业主的要求而进行的。因此，工程项目的质量除必须符合相关规范、标准、法规的要求外，还必须满足工程合同条款的有关规定。

6.1.3　建筑工程项目质量管理特点

（1）影响因素多

影响建筑工程质量的因素众多，不但包括地质、水文、气象和周边环境等自然条件因素，还包括勘察、设计、材料、机械、工艺方法、技术措施、组织管理制度等人为的技术管理因素。要保证工程项目质量，就要分析这些影响因素，以便有效控制工程质量。

（2）控制难度大

因建筑工程产品不像其他工业产品生产，有固定的车间和流水线，有规范化的生产工艺和完善的检测技术，有成套的生产设备和稳定的生产环境等。再加上建筑工程产品本身所具有的固定性、复杂性、多样性和单件性等特点，决定了工程项目质量的波动性大，从而进一步增加了工程质量的控制难度。

（3）重视过程控制

工程项目在施工过程中，工序衔接多、中间交接多、隐蔽工程多，施工质量存在一定的过程性和隐蔽性，并且上一道工序的质量往往会影响下一道工序的施工，而下一道工序的施工往往又掩盖了上一道工序的质量。因此，在质量控制过程中，必须重视过程控制，加强对施工过程的质量检查，及时发现和整改存在的质量问题，并及时做好检查、签证记录，为施工质量验收等提供必要的证据。

（4）终检局限大

由于建筑工程产品自身的特点，产品建成以后不能像一般工业产品那样可以通过终检来判断和控制产品的质量；工程项目的终检也就是竣工验收只能进行一些表面的检查，难以发现施工过程中被隐蔽了的质量缺陷，存在较大的局限性，即便发现了质量问题，整改起来难度也很大，或者整改起来经济损失也很大，不能像一般产品那样可以拆卸或解体检查内在质量。

6.1.4　建筑工程项目质量管理的原则

（1）坚持"质量第一"。工程质量是建筑产品使用价值的集中体现，用户最关心的就是工程质量的优劣，或者说用户的最大利益在于工程质量。在项目施工中必须树立"百年大计，质量第一"的思想。

（2）坚持以人为控制核心。人是质量的创造者，质量控制必须"以人为核心"，发挥人的积极性、创造性。

（3）坚持全面控制

1）施工项目全过程的质量控制。施工项目从签订承包合同一直到竣工验收结束，质量控制贯穿于整个施工过程。

2）全员的质量控制。质量控制是依赖项目部全体人员的共同努力的。所以，质量控制必须把项目所有人员的积极性和创造性充分调动起来，做到人人关心质量控制，人人做好质量控制工作。

（4）坚持质量标准、一切以数据衡量。质量标准是评价工程质量的尺度，数据是质量控制的基础。工程质量是否符合质量要求，必须通过严格检查，以数据为依据。

（5）坚持预防为主。预防为主，是指事先分析影响产品质量的各种因素，采取措施加以重点控制，使质量问题消灭在发生之前或萌芽状态，做到防患于未然。

6.1.5 建筑工程项目质量保证体系

质量保证体系是为了保证某项产品或某项服务能满足给定的质量要求的体系，包括质量方针和目标，以及为实现目标所建立的组织结构系统、管理制度办法、实施计划方案和必要的物质条件组成的整体。在工程项目施工中，完善的质量保证体系是满足用户质量要求的保证。施工质量保证体系通过对那些影响施工质量的要素进行连续评价，对建筑、安装、检验等工作进行检查，并提供证据。

（1）质量保证的概念

质量保证是指企业对用户在工程质量方面做出的担保，即企业向用户保证其承建的工程在规定的期限内能满足的设计和使用功能。它充分体现了企业和用户之间的关系，即保证用户的质量要求，对工程的使用质量负责到底。

（2）质量保证的作用

质量保证的作用，表现在对工程建设和施工企业内部两个方面。

对工程建设，通过质量保证体系的正常运行，在确保工程建设质量和使用后服务质量的同时，为该工程设计、施工的全过程提供建设阶段有关专业系统的质量职能正常履行及质量效果评价的全部证据，并向建设单位表明，工程是遵循合同规定的质量保证计划完成的，质量是完全满足合同规定的要求。

对建筑企业内部，通过质量保证活动，可有效地保证工程质量，或及时发现工程质量事故征兆，防止质量事故的发生，使施工工序处于正常状态之中，进而达到降低因质量问题产生的损失，提高企业的经济效益。

（3）质量保证的内容

质量保证的内容，贯穿于工程建设的全过程，按照建筑工程形成的过程分类，主要包括：规划设计阶段质量保证，采购和施工准备阶段质量保证，施工阶段质量保证，使用阶段质量保证。按照专业系统不同分类，主要包括：设计质量保证，施工组织管理质量保证，物资、器材供应质量保证，建筑安装质量保证，计量及检验质量保证，质量情报工作质量保证等。

（4）质量保证的途径

质量保证的途径包括：在工程建设中的以检查为手段的质量保证，以工序管理为手段的质量保证和以开发新技术、新工艺、新材料、新设备产品（以下简称"四新"）为手段的质量保证。

1）以检查为手段的质量保证。实质上是对照国家有关工程施工验收规范，对工程质量效果是否合格做出最终评价，也就是事后把关，但不能通过它对质量加以控制。因此，它不能从根本上保证工程质量，只不过是质量保证一般措施和工作内容之一。

2）以工序管理为手段的质量保证。实质上是通过对工序能力的研究，充分管理设计、施工工序，使每个环节均处于严格的控制之中，以此保证最终的质量效果。但它仅是对设计、施工中的工序进行了控制，并没有对规划和使用阶段实行有关的质量控制。

3）以"新技术、新材料、新设备、新工艺""四新"为手段的质量保证。这是对工程从规划、设计、施工和使用的全过程实行的全面质量保证。这种质量保证克服了以上两种质量保证手段的不足，可以从根本上确保工程质量，这也是目前最高级的质量保证手段。

（5）全面质量保证体系

全面质量保证体系是以保证和提高工程质量为目标，运用系统的概念和方法，把企业各部、各环节的质量管理职能和活动合理地组织起来，形成一个有明确任务、职责权限，又互相协作、互相促进的管理网络和有机整体，使质量管理制度化、标准化，从而生产出高质量的建筑产品。

6.1.6　建筑工程质量管理体系

质量管理体系是指企业内部建立的、为保证产品质量或质量目标所必需的、系统的质量活动。质量管理体系根据企业特点选用若干体系要素加以组合，加强从设计研制、生产、检验到销售、使用全过程的质量管理活动，并予以制度化、标准化，已成为企业内部质量工作的要求和活动程序。

建筑工程项目质量管理主要包括以下内容：

（1）规定控制的标准，即详细说明控制对象应达到的质量要求。

（2）确定具体的控制方法，例如工艺规程、控制用图表等。

（3）确定控制对象，例如一道工序、一个分项工程、一个安装过程等。

（4）明确所采用的检验方法，包括检验手段。

（5）进行工程实施过程中的各项检验。

（6）分析实测数据与标准之间产生差异的原因。

（7）解决差异所采取的措施和方法。

6.2　建筑工程质量管理因素分析

工程项目建设过程，就是工程项目质量的形成过程，质量蕴藏于工程产品的形成之中。因此，分析影响工程项目质量的因素，采取有效措施控制质量影响因素，是工程项目施工过程中的一项重要工作。

6.2.1　工程项目建设阶段对质量形成的影响

（1）项目决策对工程质量的影响

项目决策主要是指制定工程项目的质量目标及水平。同时应当指出，任何工程项目或产品，其质量目标的确定都是有条件的，脱离约束条件而制定的质量目标是没有实际意义的。

对于工程建设项目，一般来讲质量目标和水平定得越高，其投资相应越大；在施工队伍不变时，施工速度也就越慢。所以，在制定工程项目的质量目标和水平时，应对投资目标、质量目标和进度目标三者进行综合平衡、优化，制订出既合理又使用户满意的质量目标和水平，以确保质量目标的实现。

（2）项目设计对工程质量的影响

项目设计则是通过工程设计使质量目标具体化，指出达到规定的工程质量目标的途径和具体方法。设计质量往往决定工程项目的整体质量，因此，设计阶段是影响工程项目质量的决定性环节。众多工程实践证明，没有高质量的设计，就没有高质量的工程。

（3）项目施工对工程质量的影响

项目施工是将质量目标和质量计划付诸实施的过程。通过施工过程及相应的质量控制，将设计图纸变成工程实体。这一阶段是质量控制的关键时期，在施工过程中，由于施工工期长、多为露天作业、受自然条件影响大、影响质量的因素众多，因此，施工阶段应引起施工参与各方的高度重视。

（4）竣工验收对工程质量的影响

竣工验收则是对工程项目质量目标的完成程度进行检验、评定和考核的过程。这是对工程项目质量严格把关的重要环节。不经过竣工验收，就无法保证整个项目的配套投产和工程质量；若在竣工验收中不认真对待，根本无法实现规定的质量目标；若不根据质量目标要求进行竣工验收，随意提高竣工验收标准，将造成不切合实际的过分要求，对工程质量也有相反的影响。

（5）运行保修对工程质量的影响

有些工程项目不只是竣工验收就可完成的，有的还有运行保修阶段，即对使用过程中存在的施工遗留问题及发现的新的质量问题，通过收集质量信息及整理、反馈，采取必要的措施，进一步巩固和改进，最终保证工程项目的质量。

6.2.2 建筑工程质量的影响因素

影响建筑工程项目施工质量的因素主要有人员因素、材料因素、机械因素、方法因素和建筑环境因素。在施工过程中，如果能做到事前对这五方面的因素严加控制，则可以最大程度上保证建筑工程项目的质量。

（1）人的因素对建筑工程项目质量的影响

这里的人是指直接参与工程项目建设的组织者、管理者和操作者。人对工程质量的影响，实质上是指人的工作质量对工程质量的影响。人的工作质量是工程项目质量的一个重要组成部分，只有首先提高工作质量，才能保证工程质量，而工作质量的高低，又取决于与工程建设有关的所有部门和人员。因此，每个工作岗位和每个人的工作都直接或间接地影响着工程项目的质量。提高工作质量的关键，在于控制人的素质和行为。

（2）材料因素对建筑工程项目质量的影响

材料是指在工程项目建设中所使用的原材料、半成品、成品、构配件和生产用的机电设备等。材料质量是形成工程实体质量的基础，使用的材料质量不合格，工程质量也肯定不能符合标准要求。加强材料的质量控制，是保证和提高工程质量的重要保障，是控制工程质量的影响因素的有效措施。

为加强对材料质量的控制，未经监理工程师检验认可的材料，以及没有出厂质量合格证的材料，均不得在施工中使用。工程设备在安装前，必须根据有关的标准、规范和合同条款对其加以检验，征得监理工程师认可后，方能进行安装。

（3）机械因素对建筑工程项目质量的影响

机械是指工程施工机械设备和检测施工质量所用的仪器设备。施工机械是实现工业化、加快施工进度的重要物质条件，是现代机械化施工中不可缺少的设施，它对工程质量有着直接影响。所以，在施工机械设备选型及性能参数确定时，都应考虑到它对保证工程质量的影响，特别要注意考虑它经济上的合理性、技术上的先进性和使用操作及维护上的方便。

对机械设备的控制，主要包括：要根据不同工艺特点和技术要求，选用合适的机械设备；正确使用、管理和保管好机械设备；建立健全"人机固定"制度、"操作证"上岗制度、岗位责任制度、交接班制度、"技术保养"制度、"安全使用"制度、机械检查制度等，确保机械设备处于最佳使用状态。

（4）方法因素对建筑工程项目质量的影响

这里的"方法"是指对施工技术方案、施工工艺、施工组织设计、施工技术措施等的综合。施工方案的合理性、施工工艺的先进性、施工设计的科学性、技术措施的适用性，对工程质量均有重要影响。在施工工程实践中，往往由于施工方案考虑不周和施工工艺落后而拖延工程进度，影响工程质量，增加工程投资。从某种程度上说，技术工艺水平的高低决定了施工质量的优劣。此外，在制定施工方案和施工工艺时，必须结合工程的实际从技术、组织、管理、措施、经济等方面进行全面分析、综合考虑，确保施工方案技术上可行，经济上合理，且有利于提高工程质量。

（5）环境对工程质量的影响

环境的因素主要包括施工现场自然环境因素、施工质量管理环境因素和施工作业环境因素。环境因素对工程质量的影响，具有复杂多变和不确定性的特点，因此，应结合工程特点和具体条件，及时采取有效措施严加控制环境对工程的不良影响。

1）施工现场自然环境因素：施工现场自然环境因素包括工程地质、水文、气象条件和周边建筑、地下障碍物以及其他不可抗力等对施工质量的影响因素。例如，在地下水位高的地区，若在雨季进行基坑开挖，遇到连续降雨或排水困难，就会引起基坑塌方或地基受水浸泡影响承载力等；在寒冷地区冬期施工措施不当，工程会因受到冻融而影响质量；在基层未干燥或大风天进行卷材屋面防水层的施工，就会导致粘贴不牢及空鼓等质量问题。

2）施工质量管理环境因素：主要指施工单位质量管理体系、质量管理制度和各参建施工单位之间的协调等因素。根据承发包的合同结构，理顺管理关系，建立统一的现场施工组织系统和质量管理的综合运行机制，确保工程项目质量保证体系处于良好的状态。创造良好的质量管理环境和氛围，是施工顺利进行、提高施工质量的保证。

3）施工作业环境因素：主要指施工现场平面和空间环境条件，各种能源介质供应、施工照明、通风、安全防护设施，施工场地给排水，以及交通运输和道路条件等因素。这些条件是否良好，直接影响到施工能否顺利进行，以及施工质量能否得到保证。

对影响施工质量的上述因素进行控制，是施工质量控制的主要内容。

6.3 建筑工程质量管理的内容和方法

建筑工程质量控制，不但包括施工总承包、分包单位，综合的和专业的施工质量控制；还包括建设单位、设计单位、监理单位以及政府质量监督机构在施工阶段对项目施工质量所实施的监督管理和控制职能。因此，建筑工程项目的质量控制应明确项目施工阶段质量控制的目标、依据与基本环节，以及施工质量计划的编制和施工生产要素、施工准备工作和施工作业过程的质量控制方法。

6.3.1 施工质量管理的依据

（1）共同性依据

指适用于施工阶段，且与质量管理有关的通用的、具有普遍指导意义和必须遵守的基本条件。主要包括：工程建设合同；设计文件、设计交底及图纸会审记录、设计修改和技术变更等。国家和政府有关部门颁布的与质量管理有关的法律和法规性文件，如《建筑法》《招标投标法》和《质量管理条例》等。

（2）专门技术法规性依据

指针对不同的行业、不同质量控制对象制定的专门技术法规文件。包括规范、规程、标准、规定等，如：工程建设项目质量检验评定标准；有关建筑材料、半成品和构配件的质量方面的专门技术法规性文件；有关材料验收、包装和标志等方面的技术标准和规定；施工工艺质量等方面的技术法规性文件；有关"四新"工程质量规定和鉴定意见等。

6.3.2 施工质量管理的内容

（1）方法的控制

这里所指的方法控制，包含工程项目整个建设周期内所采取的技术方案、工艺流程、组织措施、检测手段、施工组织设计等的控制。

施工方案正确与否，是工程质量控制能否顺利实现的关键。往往由于施工方案考虑不周导致拖延进度，影响质量，增加投资。为此，应在制定和审核施工方案时，结合工程实际，从技术、组织、管理、工艺、操作、经济等方面进行全面分析、综合考虑，力求方案技术可行、经济合理、工艺先进、措施得力、操作方便，有利于提高质量、加快进度、降低成本。

（2）施工机械设备选用的质量控制

在项目施工阶段，必须综合考虑施工现场条件、建筑结构型式、机械设备性能、施工工艺和方法、施工组织与管理、建筑技术经济等各种因素进行机械化施工方案的制定和评审。使之合理装备、配套使用、有机联系，以充分发挥建筑机械的效能，力求获得较好的综合经济效益。从保证项目施工质量角度出发，应着重从机械设备的选型、机械设备的主要性能参数和机械设备的使用操作要求等三方面予以控制。

1）机械设备的选型：机械设备的选择，应本着因地制宜、因工程制宜，按照技术上先进、经济上合理、生产上适用、性能上可靠、使用上安全、操作上方便和维修方便等原则，贯彻执行机械化、半机械化与改良工具相结合的方针，突出机械与施工相结合的特色，使其具有工程的适用性，保证工程质量的可靠性，使用操作的方便性和安全检查性。

2）机械设备的使用、操作要求：合理使用机械设备，正确地进行操作，是保证项目施工质量的重要环节，应贯彻"人机固定"原则，实行定机、定人、定岗位责任的"三定"制度。操作人员必须认真执行各项规章制度，严格遵守操作规程，防止出现安全质量事故。

3）环境因素的控制

影响工程项目质量的环境因素较多，有工程技术环境，如工程地质、水文、气象等；工程管理环境，如质量保证体系、质量管理制度等；劳动环境，如劳动组合、劳动工具、工作面等。环境因素对工程质量的影响，具有复杂而多变的特点，如气象条件就变化万千，温度、湿度、大风、暴雨、酷暑、严寒都直接影响工程质量，往往前一工序就是后一工序的环境，前一分项、分部工程也就是后一分项、分部工程的环境。因此，根据工程特点和具体条件，应对影响质量的环境因素，采取有效的措施严加控制。

此外，在冬期、雨季、风季、炎热季节施工中，还应针对工程的特点，尤其是对混凝土工程、土方工程、深基础工程、水下工程及高空作业等，必须拟定季节性施工保证质量和安全的有效措施，以免工程质量受到冻害、干裂、冲刷、坍塌等危害。同时，要不断改善施工现场的环境和作业环境；要加强对自然环境和文物的保护；要尽可能减少施工所产生的危害对环境的污染；要健全施工现场管理制度，合理的布置，使施工现场秩序化、标准化、规范化，实现文明施工。

6.3.3 建筑工程质量管理的基本环节

建筑工程质量控制应坚持全面、全过程质量管理的原则，进行事前质量控制、事中质量控制和事后质量控制的动态控制方法。

（1）事前质量控制

事前质量控制也就是在工程正式开工前进行事前主动质量控制。主要方法有编制施工质量计划，明确质量目标，制定施工方案，设置质量管理点，落实质量责任，分析可能导致质量目标偏离的各种影响因素，针对这些影响因素制定切实可行的预防措施，防患于未然。

（2）事中质量控制

事中质量控制是在施工质量形成过程中，对影响施工质量的各种因素进行全面的动态控制。事中控制首先是对质量活动的行为约束，其次是对质量活动过程和结果的监督控制。事中控制的关键是坚持质量标准，重点是对工序质量、工作质量和质量控制点的控制。

（3）事后质量控制

为保证不合格的工序或最终产品不流入下一道工序、不进入市场，需要对建筑工程质量进行事后控制。事后控制包括对质量活动结果的评价、认定和对质量偏差的纠正。控制的重点是发现施工质量方面的缺陷，并通过分析提出施工质量改进的措施，保持质量处于受控状态。

以上环节并不是互相孤立和截然分开的，而是共同构成有机的系统过程，它本质上是质量管理 PDCA 循环的具体化，在每一次滚动循环中不断提高，达到质量管理和质量控制的持续改进。

6.3.4 施工质量控制的一般方法

（1）质量文件审核

审核有关技术文件、报告或报表，是对工程质量进行全面管理的重要手段。这些文件包括：

① 施工单位的技术资质证明文件和质量保证体系文件；

② 施工组织设计和施工方案及技术措施；

③ 有关材料和半成品及构配件的质量检验报告；

④ 有关应用新技术、新工艺、新材料的现场试验报告和鉴定报告；

⑤ 反映工序质量动态的统计资料或控制图表；

⑥ 设计变更和图纸修改文件；

⑦ 有关工程质量事故的处理方案。

（2）现场质量检查

1）现场质量检查的内容

① 开工前的检查：主要检查是否具备开工条件，开工后是否能够保持连续正常施工，能否保证工程质量。

② 工序交接检查：对于重要的工序或对工程质量有重大影响的工序，应严格执行"三检"制度，即自检、互检、专检。未经监理工程师（或建设单位技术负责人）检查认可，不得进行下道工序施工。

③ 隐蔽工程的检查：施工中凡是隐蔽工程必须检查认证后方可进行隐蔽掩盖。

④ 停工后复工的检查：因客观因素停工或处理质量事故等停工复工时，经检查认可后方能复工。

⑤ 分项、分部工程完工后的检查：分项、分部工程完工后应经检查认可，并签署验收记录后。才能进行下一工程项目的施工。

⑥ 成品保护的检查：检查成品有无保护措施以及保护措施是否有效可靠。

2）现场质量检查的方法主要有目测法、实测法和试验法等。

① 目测法：即凭借感官进行检查，也称观感质量检验。其手段可概括为："看、摸、敲、照"四个字。所谓看，就是根据质量标准要求进行外观检查。例如，清水墙面是否洁净，喷涂的密实度和颜色是否良好、均匀，工人的操作是否正常，内墙抹灰的大面及目角是否平直，混凝土外观是否符合要求等。摸，就是通过触摸手感进行检查、鉴别。例如油漆的光滑度，浆活是否牢固、不掉粉等。敲，就是运用敲击工具进行音感检查。例如，对地面工程、装饰工程中的水磨石、面砖、石材饰面等，均应进行敲击检查。照，就是通过人工光源或反射光照射，检查难以看到或光线较暗的部位例如，管道井、电梯井等内的管线、设备安装质量，装饰吊顶内连接及安装质量等。

② 实测法：就是通过实测，将实测数据与施工规范、质量标准的要求及允许偏差值进行对照，以此判断质量是否符合要求。其手段可概括为"靠、量、吊、套"四个字。所谓靠，就是用直尺、塞尺检查诸如墙面、地面、路面等的平整度。量，就是指用测量工具和计量仪表等检查断面尺寸、轴线、标高、湿度、温度等的偏差，例如，大理石板拼缝尺寸与超差数量、摊铺沥青拌合料的温度，混凝土坍落度的检测等。吊，就是利用托线板以及线锤吊线检查垂直度，例如，砌体、门窗安装的垂直度检查等。套，是以方尺套方，辅

以塞尺检查。例如，对阴阳角的方正、踢脚线的垂直度、预制构件的方正、门窗洞口及构件的对角线检查等。

③试验法：是指通过必要的试验手段对质量进行判断的检查方法。主要包括：理化试验。工程中常用的理化试验包括物理力学性能方面的检验和化学成分及其含量的测定等两个方面。力学性能的检验如各种力学指标的测定。包括抗拉强度、抗压强度、抗弯强度、抗折强度、冲击韧性、硬度、承载力等。各种物理性能方面的测定如密度、含水量、凝结时间、安定性及抗渗、耐磨、耐热性能等化学成分及其含量的测定如钢筋中的磷、硫含量，混凝土中粗骨料中的活性氧化硅成分，以及耐酸、耐碱、抗腐蚀性等。此外，根据规定有时还需进行现场试验。例如，对桩或地基的静载试验、下水管道的通水试验、压力管道的耐压试验、防水层的蓄水或淋水试验等。

无损检测：利用专门的仪器仪表从表面探测结构物、材料、设备的内部组织结构或损伤情况。常用的无损检测方法有超声波探伤、射线探伤等。

6.4 建筑工程质量事故的预防与处理

6.4.1 建筑工程质量事故的分类

建筑工程质量事故的分类有多种方法，详见表 6-1

建筑工程质量事故的分类

表 6-1

分类方法	事故类别	内容及说明
按事故造成损失的程度分级	特别重大事故	造成 30 人以上死亡，或者 100 人以上重伤，或者 1 亿元以上直接经济损失的事故
	重大事故	造成 10 人以上 30 人以下死亡，或者 50 人以上 100 人以下重伤，或者 5000 万元以上 1 亿元以下直接经济损失的事故
	较大事故	造成 3 人以上 10 人以下死亡，或者 10 人以上 50 人以下重伤，或者 1000 万元以上 5000 万元以下直接经济损失的事故
	一般事故	造成 3 人以下死亡，或者 10 人以下重伤，或者 100 万元以上 1000 万元以下直接经济损失的事故
按事故责任分类	指导责任事故	由于工程指导或领导失误而造成的质量事故
	操作责任事故	在施工过程中，由于操作者不按规程和标准实施操作而造成的质量事故
	自然灾害事故	由于突发的严重自然灾害等不可抗力造成的质量事故
按质量事故产生的原因分类	技术原因引发的质量事故	在工程项目实施中由于设计、施工在技术上的失误而造成的质量事故
	管理原因引发的质量事故	管理上的不完善或失误引发的质量事故
	社会、经济原因引发的质量事故	由于经济因素及社会上存在的弊端和不正之风导致建设中的错误行为，而发生质量事故
	其他原因引发的质量事故	由于其他人为事故（如设备事故、安全事故等）或严重的自然灾害等不可抗力的原因，导致连带发生的质量事故

6.4.2 建筑工程质量事故产生的原因

建筑工程施工质量事故的预防可以从分析产生质量事故的原因入手，质量事故发生的原因大致有以下几个方面，详见表6-2。

建筑工程质量事故产生原因分析 表6-2

事故原因	内容及说明
非法承包，偷工减料	由于社会不法现象对施工领域的侵袭，非法承包，偷工减料"豆腐渣"工程，成为近年重大施工质量事故的首要原因
违背基本建设程序	（1）无立项、无报建、无开工许可、无招投标、无资质、无监理、无验收的"七无"工程； （2）边勘察、边设计、边施工的"三边"工程
勘察设计的失误	（1）地质勘察过于疏略，勘察报告不准不细，致使地基基础设计采用不正确的方案； （2）或结构设计方案不正确，计算失误，构造设计不符合规范要求等
施工的失误	施工管理人员及实际操作人员的思想、技术素质差；缺乏基本业务知识，不具备岗位的技术资质，不当指挥，胡乱施工盲目干；施工管理混乱，施工组织、施工工艺技术措施不当；不按图施工，不遵守相关规范，违章作业；使用不合格的工程材料、半成品、构配件；忽视安全施工，发生安全事故等
自然条件的影响	建筑施工露天作业多，恶劣的大气或其他不可抗力都可能引发施工质量事故

6.4.3 建筑工程质量事故的预防

找出了建筑工程事故发生的原因，便可"对症下药"，采取行之有效的预防建筑工程质量事故的对策。

（1）增强质量意识

无论是工程建设单位，还是工程设计、施工单位，其负责人首先必须牢固树立"质量第一，预防为主，综合治理"的观念，并对职工定期进行质量意识教育，使广大职工同样牢固树立"质量第一，预防为主，综合治理"的观念，使本单位呈现出人人讲质量、时时处处讲质量的氛围。

（2）建立健全工程质量事故惩处法规

过去，国家颁发了一些工程质量事故惩处法规，但这方面的法规尚有不完善之处。例如，对于工程质量事故责任的裁定，司法实践中就存在可此可彼的漏洞，从而使得一些本应由个人承担的责任却裁定为单位承担，质量事故责任者的个人利益秋毫无损，他们不但不从中吸取教训，反而从反面总结出"经验"："有单位作后盾，不怕出问题"，因而工作中依然不注重工程质量。此外，现有的法规对工程质量事故责任者的惩处力度不够。例如，对于因工程质量欠佳造成10万元返工费的案件，往往按10万元经济损失的一般经济案件处理。这样处理不妥，因为工程质量欠佳所造成的损失不只是10万元返工费，其他方面的损失可能比返工费大得多，如造成工程建设单位不能按期投产，有的还会影响工程建设单位的整体生产经营，甚至影响该地区某一产业的发展，其经济损失难以估量，仅按10万元经济损失的经济案件处理，显然是轻判错裁。由此可见，国家必须进一步健全工程质量事故惩处法规，以充分发挥法规对忽视工程质量者尤其明知故犯者的震慑力。

（3）搞好工程设计审查

对于工程设计，应根据工程重要性采取多重审查制度。对于一般小型工程设计，至少应经设计小组负责人及总工审查。对于大型的重要工程设计，除需设计单位相关负责人审查外，还应邀请工程建设单位、施工单位、质监单位及相关主管部门参加审查。审查重点是从概念设计角度对该工程结构体系选型及构造设计的合理性做出评价，判断结构构件是否安全或过于保守（抓两极端情况），以及是否有违反设计规范或无依据地突破规范的情况等。具体地说，就是要对设计施工图所阐明该工程的"结构标准"（如建筑结构安全等级、地基基础设计等级、环境类别、抗震设防类别及其烈度、人防地下室结构等级、建筑的结构体系抗震等级、建筑结构的设计使用年限、楼面荷载标准值、基本风压值等）做出正确的评价。在制定"结构标准"正确前提下，结合岩土工程（水文地质）勘察报告等附加文件和现行结构设计规范，逐层次有重点地对设计图纸进行审查。

（4）重视工程施工组织设计审查

大部分建筑工程均由许多单体建筑组成，因此对一项建筑工程施工组织设计的审查就是要对各单体建筑的施工组织设计进行审查。因此，审查的重点应放在各单体建筑的关键部位、关键工序的施工组织设计上。其审查内容主要为：强夯、旋喷等地基处理，土方回填，混凝土灌注桩浇灌，深基坑支护，地下连续墙；上部主体采用新结构，预应力筋张拉、网架、幕墙安装，梁、柱、墙混凝土浇筑及其节点的钢筋隐蔽；所采用的新的施工工艺技术等。审查应突出重点、难点，从技术和管理两个层面上确保各单体工程的质量。对于技术与管理较为成熟的非关键部位和工序，审查可以从简，可以委托责任心强的专家进行个别审查。例如，审查冲击成孔灌注桩施工组织设计时必须检查如下内容：①工程地质、水文地质资料；②对于重要建筑或地形复杂地区建筑，施工前是否进行试成孔；③核查如下施工工艺流程的完整性：桩位测定，桩机就位，埋设护筒，桩位复核，开孔造浆，冲孔与排渣，持力层岩样确定与终孔验收，清孔验收，钢筋笼制作与吊装，混凝土浇筑导管吊装，桩身混凝土（水下）灌注，成桩验收；④检查桩基施工所需主要机械设备型号及数量是否符合施工现场的实际情况及工期的需要；⑤核查施工管理机构人员的数量、资质，施工组织管理措施以及施工进度计划。

（5）加强施工现场监督

无论是大型工程还是小型工程，施工中都应设置施工现场质量检查员。实践证明，有无质检员，质检员是否称职，关系到能否保证工程质量。因此，所指派的质检员应具有较高的思想觉悟、工作责任心、原则性和建筑专业知识。

（6）切实搞好工程验收

① 应根据工程的规模及重要性程度组成相应档次的工程验收小组，验收小组成员应是原则性强的专家。②验收过程中要坚决抵制外界的干扰以及行贿受贿等不正当行为的干扰。③验收结论做出后应不折不扣地执行。只有这样，才能查出建筑工程存在的质量问题，确保工程质量。

6.4.4 建筑工程质量事故处理

（1）建筑工程质量事故处理的原则及程序

我国《建筑法》明确规定：任何单位和个人对建筑工程质量事故、质量缺陷都有权向建设行政主管部门或者其他有关部门进行检举、控告、投诉。

重大质量事故发生后，事故发生单位必须以最快的方式，向上级建设行政主管部门和事故发生地的市、县级建设行政主管部门及检察、劳动部门报告，且以最快的速度采取有效措施抢救人员和财产，严格保护事故现场，防止事故扩大，24小时之内写出书面报告，逐级上报。重大事故的调查由事故发生地的市、县级以上建设行政主管部门或国务院有关主管部门组成调查小组负责进行。

重大事故处理完毕后，事故发生单位应尽快写出详细的事故处理报告，并逐级上报。特别重大事故的处理程序应按国务院发布的《特别重大事故调查程序暂行规定》及有关要求进行。

质量事故处理的一般工作程序如下：事故调查→事故原因分析→结构可靠性鉴定→事故调查报告→事故处理设计→施工方案确定→施工→检查验收→结论。若处理后仍不合格，需要重新进行事故处理设计及施工直至合格。有些质量事故在进行事故前需要先采取临时防护措施，以防事故扩大。

对于事故的处理，往往涉及单位、个人的名誉，涉及法律责任及经济赔偿等，事故的相关方常常试图减少自己的责任，干扰正常的调查工作。所以，对事故的调查分析一定要排除干扰，以法律、法规为准绳，以事实为依据，按公正、客观的原则进行。

（2）建筑工程质量事故处理的依据

进行工程质量事故处理的主要依据有四个方面：质量事故的实况资料；具有法律效力的、得到有关当事各方认可的工程承包合同、设计委托合同、材料或设备购销合同以及监理合同或分包合同等合同文件；有关的技术文件、档案和相关的建设法规。

1）质量事故的实况资料

要搞清质量事故的原因和确定处理对策，首要任务是要掌握质量事故的实际情况。有关质量事故实况的资料主要可来自以下几个方面：

① 施工单位的质量事故调查报告

质量事故发生后，施工单位有责任就所发生的质量事故进行周密调查、研究掌握情况，并在此基础上写出调查报告，提交监理工程师和业主。在调查报告中首先就与质量事故有关的实际情况做详尽的说明，其内容应包括：

A. 质量事故发生的时间、地点。

B. 质量事故状况的描述。

C. 质量事故发展变化的情况。

D. 有关质量事故的观测记录、事故现场状态的照片或录像。

② 监理单位调查研究所获得的第一手资料

其内容大致与施工单位调查报告中有关内容相似，可用来与施工单位所提供的情况对照、核实。

2）有关合同及合同文件

① 所涉及的合同文件可以是：工程承包合同；设计委托合同；设备与器材购销合同；监理合同等。

② 有关合同和合同文件在处理质量事故中的作用是：确定在施工过程中有关各方是否按照合同有关条款实施其活动，借以探寻产生事故的可能原因。

3）有关的技术文件和档案

① 有关的设计文件

如施工图纸和技术说明等。它是施工的重要依据。在处理质量事故中，其作用一方面是可以对照设计文件，核查施工质量是否完全符合设计的规定和要求；另一方面是可以根据所发生的质量事故情况，核查设计中是否存在问题或缺陷，成为导致质量事故的一方面原因。

② 与施工有关的技术文件、档案和资料

A. 施工组织设计或施工方案、施工计划。

B. 施工记录、施工日志等。

C. 有关建筑材料的质量证明资料。

D. 现场制备材料的质量证明资料。

③ 质量事故发生后，对事故状况的观测记录、试验记录或试验报告等。

④ 其他有关资料。上述各类技术资料对于分析质量事故原因，判断其发展变化趋势，推断事故影响及严重程度，考虑处理措施等都是不可缺少的，起着重要的作用。

4) 相关的建设法规

自 1998 年 3 月 1 日《中华人民共和国建筑法》颁布实施，对加强建筑活动的监督管理，维护市场秩序，保证建设工程质量提供了法律保障。与工程质量及质量事故处理有关的有以下五类。

① 勘察、设计、施工、监理等单位资质管理方面的法规

我国《建筑法》明确规定"国家对从事建筑活动的单位实行资质审查制度"。《建筑业企业资质管理规定》和《工程监理企业资质管理规定》等相关法规主要内容涉及：勘察、设计、施工和监理等单位的等级划分；明确各级企业应具备的条件；确定各级企业所能承担的任务范围；以及其等级评定的申请、审查、批准、升降管理等方面。

② 从业者资格管理方面的法规

我国《建筑法》规定对注册建筑师、注册结构工程师和注册监理工程师等有关人员实行资格认证制度。如《中华人民共和国注册建筑师条例》《注册结构工程师执业资格制度暂行规定》等。这类法规主要涉及建筑活动的从业者应具有相应的执业资格；注册等级划分；考试和注册办法；执业范围；权利、义务及管理等。

③ 建筑市场方面的法规

《中华人民共和国合同法》和《中华人民共和国招标投标法》是国家对建筑市场管理的两个基本法律。这类法律、法规、文件主要是为了维护建筑市场的正常秩序和良好环境，充分发挥竞争机制，保证工程项目质量，提高建设水平。例如《招标投标法》明确规定"投标人不得以低于成本的报价竞标"，就是防止恶性杀价竞争，导致偷工减料引起工程质量事故。《合同法》明文"禁止承包人将工程分包给不具备相应资质条件的单位，禁止分包单位将其承包的工程再分包。建设工程主体结构的施工必须由承包人自行完成"。对违反者处以罚款，没收非法所得直至吊销资质证书，这均是为了保证工程施工的质量，防止因操作人员素质低造成质量事故。

④ 建筑施工方面的法规

以《建筑法》为基础，国务院于 2000 年颁布了《建设工程勘察设计管理条例》和《建设工程质量管理条例》。《建设工程质量监督机构监督工作指南》和《建设工程监理规范》等法规和文件。主要涉及施工技术管理、建设工程监理、建筑安全生产管理、施工机

械设备管理和建设工程质量监督管理。它们与现场施工密切相关，因而与工程施工质量有密切关系或直接关系。这类法律、法规文件涉及的内容十分广泛，其特点是大多与现场施工有直接关系。例如《建设工程监理规范》明确了现场监理工作的内容、深度、范围、程序、行为规范和工作制度。特别是国务院颁布的《建设工程质量管理条例》，以《建筑法》为基础，全面系统地对与建设工程有关的质量责任和管理问题，做了明确的规定，可操作性强。它不但对建设工程的质量管理具有指导作用，而且是全面保证工程质量和处理工程质量事故的重要依据。

⑤ 关于标准化管理方面的法规

这类法规主要涉及技术标准（勘察、设计、施工、安装、验收等）、经济标准和管理标准（如建设程序、设计文件深度、企业生产组织和生产能力标准、质量管理与质量保证标准等）。

2000 年，原建设部发布《工程建设标准强制性条文》和《实施工程建设强制性标准监督规定》是典型的标准化管理类法规，它的实施为《建设工程质量管理条例》提供了技术法规支持，是参与建设活动各方执行工程建设强制性标准和政府实施监督的依据，同时也是保证建设工程质量的必要条件，是分析处理工程质量事故，判定责任方的重要依据。

本 章 小 结

本章主要介绍了建筑工程质量控制特点、原则，并根据工程建设阶段分别分析了对质量形成的影响，归纳了质量的影响因素；介绍了施工质量控制的依据、内容、控制环节及一般方法；介绍了建筑工程质量事故的分类、质量事故产生原因、质量事故的预防及处理。

本 章 习 题

1. 什么是建设工程质量？
2. 建设工程质量的特性有哪些？其内涵如何？
3. 试述工程建设各阶段对质量形成的影响。
4. 试述影响工程质量的因素。
5. 试述工程质量的特点。
6. 什么是质量控制？其含义如何？
7. 什么是工程质量控制？简述工程质量控制的内容。
8. 试述工程质量责任体系？
9. 图纸会审一般包括的主要内容有哪些方面？
10. 施工质量控制的依据主要有哪些方面？
11. 什么是质量控制点？选择质量控制点的原则是什么？
12. 什么是质量预控？
13. 施工过程中成品保护的措施一般有哪些？

14. 如何区分工程质量不合格、工程质量问题和质量事故？
15. 常见的工程质量问题发生的原因主要有哪些方面？
16. 试述工程质量问题处理的程序。
17. 简述工程质量事故的特点、分类和处理的权限范围。

7 建设工程项目施工成本管理

【案例引入】

某商业楼，主体已完工，在装饰装修分部工程施工任务中，室内装修分部工程有壁纸分项工程、涂料分项工程、釉面砖分项工程三个分项工程，在七月份工程施工中，技术经济参数见下表：

序号	项目名称	壁纸	涂料	釉面砖
1	计划单位成本/元	60	100	40
2	计划完成的工程量/m²	150	30	80
3	计划完成工程量的计划施工成本/元			
4	已完工程量/m²	120	30	90
5	已完成工程量的计划施工成本/元			
6	实际单位成本/元	55	110	45
7	已完工程实际成本/元			
8	成本偏差（CV）/元			
9	成本绩效指数（CPI）			
10	进度偏差（SV）			
11	进度绩效指数（SPI）			

施工现场如何进行成本控制？成本控制的内容有哪些？如何判定壁纸施工、涂料施工、釉面砖施工的成本偏差和进度偏差。

7.1 建筑安装工程费用项目的组成

7.1.1 按费用构成要素划分的建筑安装工程费用项目组成

根据建标〔2013〕44号：住房和城乡建设部、财政部关于印发《建筑安装工程费用项目组成》的通知的规定，建筑安装工程费按照费用构成要素划分，由人工费、材料费（包含工程设备，下同）、施工机具使用费、企业管理费、利润、规费和税金组成。其中人工费、材料费、施工机具使用费、企业管理费和利润包含在分部分项工程费、措施项目费、其他项目费中。

（1）人工费

人工费是指按工资总额构成规定，支付给从事建筑安装工程施工的生产工人和附属生产单位工人的各项费用。内容包括：

1）计时工资或计件工资：是指按计时工资标准和工作时间或对已做工作按计件单价支付给个人的劳动报酬。

2）奖金：指对超额劳动和增收节支支付给个人的劳动报酬。如节约奖、劳动竞赛奖等。

3）津贴补贴：指为了补偿职工特殊或额外的劳动消耗和因其他特殊原因支付给个人的津贴，以及为了保证职工工资水平不受物价影响支付给个人的物价补贴。如流动施工津贴、特殊地区施工津贴、高温（寒）作业临时津贴、高空津贴等。

4）加班加点工资：指按规定支付的在法定节假日工作的加班工资和在法定日工作时间外延时工作的加点工资。

5）特殊情况下支付的工资：指根据国家法律、法规和政策规定，因病、工伤、产假、计划生育假、婚丧假、事假、探亲假、定期休假、停工学习、执行国家或社会义务等原因按计时工资标准或计时工资标准的一定比例支付的工资。

（2）材料费

材料费是指施工过程中耗费的原材料、辅助材料、构配件、零件、半成品或成品、工程设备的费用。内容包括：

1）材料原价：指材料、工程设备的出厂价格或商家供应价格。

2）运杂费：指材料、工程设备自来源地运至工地仓库或指定堆放地点所发生的全部费用。

3）运输损耗费：指材料在运输装卸过程中不可避免的损耗。

4）采购及保管费：指为组织采购、供应和保管材料、工程设备的过程中所需要的各项费用。包括采购费、仓储费、工地保管费、仓储损耗。

工程设备是指构成或计划构成永久工程一部分的机电设备、金属结构设备、仪器装置及其他类似的设备和装置。

（3）施工机具使用费：是指施工作业所发生的施工机械、仪器仪表使用费或其租赁费。

1）施工机械使用费

施工机械使用费以施工机械台班耗用量乘以施工机械台班单价表示，施工机械台班单价应由下列七项费用组成：

① 折旧费：指施工机械在规定的使用年限内，陆续收回其原值的费用。

② 大修理费：指施工机械按规定的大修理间隔台班进行必要的大修理，以恢复其正常功能所需的费用。

③ 经常修理费：指施工机械除大修理以外的各级保养和临时故障排除所需的费用。包括为保障机械正常运转所需替换设备与随机配备工具附具的摊销和维护费用，机械运转中日常保养所需润滑与擦拭的材料费用及机械停滞期间的维护和保养费用等。

④ 安拆费及场外运费：安拆费指施工机械（大型机械除外）在现场进行安装与拆卸所需的人工、材料、机械和试运转费用以及机械辅助设施的折旧、搭设、拆除等费用；场外运费指施工机械整体或分体自停放地点运至施工现场或由一施工地点运至另一施工地点的运输、装卸、辅助材料及架线等费用。

⑤ 人工费：指机上司机（司炉）和其他操作人员的人工费。

⑥ 燃料动力费：指施工机械在运转作业中所消耗的各种燃料及水、电等。

⑦ 税费：指施工机械按照国家规定应缴纳的车船使用税、保险费及年检费等。

2）仪器仪表使用费：指工程施工所需使用的仪器仪表的摊销及维修费用。

（4）企业管理费

企业管理费是指建筑安装企业组织施工生产和经营管理所需的费用。内容包括：

1）管理人员工资：指按规定支付给管理人员的计时工资、奖金、津贴补贴、加班加点工资及特殊情况下支付的工资等。

2）办公费：指企业管理办公用的文具、纸张、账表、印刷、邮电、书报、办公软件、现场监控、会议、水电、烧水和集体取暖降温（包括现场临时宿舍取暖降温）等费用。

3）差旅交通费：是指职工因公出差、调动工作的差旅费、住勤补助费，市内交通费和误餐补助费，职工探亲路费，劳动力招募费，职工退休、退职一次性路费，工伤人员就医路费，工地转移费以及管理部门使用的交通工具的油料、燃料等费用。

4）固定资产使用费：是指管理和试验部门及附属生产单位使用的属于固定资产的房屋、设备、仪器等的折旧、大修、维修或租赁费。

5）工具用具使用费：是指企业施工生产和管理使用的不属于固定资产的工具、器具、家具、交通工具和检验、试验、测绘、消防用具等的购置、维修和摊销费。

6）劳动保险和职工福利费：是指由企业支付的职工退职金、按规定支付给离休干部的经费，集体福利费、夏季防暑降温、冬季取暖补贴、上下班交通补贴等。

7）劳动保护费

劳动保护费是企业按规定发放的劳动保护用品的支出。如工作服、手套、防暑降温饮料以及在有碍身体健康的环境中施工的保健费用等。

8）检验试验费：是指施工企业按照有关标准规定，对建筑以及材料、构件和建筑安装物进行一般鉴定、检查所发生的费用，包括自设试验室进行试验所耗用的材料等费用。不包括新结构、新材料的试验费，对构件做破坏性试验及其他特殊要求检验试验的费用和建设单位委托检测机构进行检测的费用，对此类检测发生的费用，由建设单位在工程建设其他费用中列支。但对施工企业提供的具有合格证明的材料进行检测不合格的，该检测费用由施工企业支付。

9）工会经费：是指企业按我国《工会法》规定的全部职工工资总额比例计提的工会经费。

10）职工教育经费：是指按职工工资总额的规定比例计提，企业为职工进行专业技术和职业技能培训，专业技术人员继续教育、职工职业技能鉴定、职业资格认定以及根据需要对职工进行各类文化教育所发生的费用。

11）财产保险费：是指施工管理用财产、车辆等的保险费用。

12）财务费：是指企业为施工生产筹集资金或提供预付款担保、履约担保、职工工资支付担保等所发生的各种费用。

13）税金：指企业按规定缴纳的房产税、车船使用税、土地使用税、印花税等。

14）其他：包括技术转让费、技术开发费、投标费、业务招待费、绿化费、广告费、公证费、法律顾问费、审计费、咨询费、保险费等。

（5）利润：是指施工企业完成所承包工程获得的盈利。

（6）规费：指按国家法律、法规规定，由省级政府和省级行政主管部门规定必须缴纳或计取的费用。包括：

1）社会保险费

① 养老保险费：是指企业按照规定标准为职工缴纳的基本养老保险费。

② 失业保险费：是指企业按照规定标准为职工缴纳的失业保险费。

③ 医疗保险费：是指企业按照规定标准为职工缴纳的基本医疗保险费。

④ 生育保险费：是指企业按照规定标准为职工缴纳的生育保险费。

⑤ 工伤保险费：是指企业按照规定标准为职工缴纳的工伤保险费。

2）住房公积金：是指企业按规定标准为职工缴纳的住房公积金。

3）工程排污费：是指按规定缴纳的施工现场工程排污费。

其他应列而未列入的规费，按实际发生计取。

（7）税金：是指国家税法规定的应计入建筑安装工程造价内的营业税、城市维护建设税、教育费附加以及地方教育附加。

7.1.2　按造价形成划分的建筑安装工程费用项目组成

根据建标〔2013〕44 号：住房和城乡建设部、财政部关于印发《建筑安装工程费用项目组成》的通知的规定，建筑安装工程费按照工程造价形成由分部分项工程费、措施项目费、其他项目费、规费、税金组成，分部分项工程费、措施项目费、其他项目费包含人工费、材料费、施工机具使用费、企业管理费和利润。

（1）分部分项工程费：是指各专业工程的分部分项工程应予列支的各项费用。

1）专业工程：是指按现行国家计量规范划分的房屋建筑与装饰工程、仿古建筑工程、通用安装工程、市政工程、园林绿化工程、矿山工程、构筑物工程、城市轨道交通工程、爆破工程等各类工程。

2）分部分项工程：指按现行国家计量规范对各专业工程划分的项目。如房屋建筑与装饰工程划分的土石方工程、地基处理与桩基工程、砌筑工程、钢筋及钢筋混凝土工程等。

各类专业工程的分部分项工程划分见现行国家或行业计量规范。

（2）措施项目费：是指为完成建设工程施工，发生于该工程施工前和施工过程中的技术、生活、安全、环境保护等方面的费用。其内容包括：

1）安全文明施工费

① 环境保护费：是指施工现场为达到环保部门要求所需要的各项费用。

② 文明施工费：是指施工现场文明施工所需要的各项费用。

③ 安全施工费：是指施工现场安全施工所需要的各项费用。

④ 临时设施费：是指施工企业为进行建设工程施工所必须搭设的生活和生产用的临时建筑物、构筑物和其他临时设施费用。包括临时设施的搭设、维修、拆除、清理费或摊销费等。

2）夜间施工增加费：是指因夜间施工所发生的夜班补助费、夜间施工降效、夜间施工照明设备摊销及照明用电等费用。

3）二次搬运费：是指因施工场地条件限制而发生的材料、构配件、半成品等一次运输不能到达堆放地点，必须进行二次或多次搬运所发生的费用。

4）冬雨季施工增加费：是指在冬季或雨季施工需增加的临时设施、防滑、排除雨雪，人工及施工机械效率降低等费用。

5）已完工程及设备保护费：是指竣工验收前，对已完工程及设备采取的必要保护措施所发生的费用。

6）工程定位复测费：是指工程施工过程中进行全部施工测量放线和复测工作的费用。

7）特殊地区施工增加费：是指工程在沙漠或其边缘地区、高海拔、高寒、原始森林等特殊地区施工增加的费用。

8）大型机械设备进出场及安拆费：是指机械整体或分体自停放场地运至施工现场或由一个施工地点运至另一个施工地点，所发生的机械进出场运输及转移费用及机械在施工现场进行安装、拆卸所需的人工费、材料费、机械费、试运转费和安装所需的辅助设施的费用。

9）脚手架工程费：是指施工需要的各种脚手架搭、拆、运输费用以及脚手架购置费的摊销（或租赁）费用。

措施项目及其包含的内容详见各类专业工程的现行国家或行业计量规范。

（3）其他项目费

1）暂列金额：是指建设单位在工程量清单中暂定并包括在工程合同价款中的一笔款项。用于施工合同签订时尚未确定或者不可预见的所需材料、工程设备、服务的采购，施工中可能发生的工程变更、合同约定调整因素出现时的工程价款调整以及发生的索赔、现场签证确认等的费用。

2）计日工：是指在施工过程中，施工企业完成建设单位提出的施工图纸以外的零星项目或工作所需的费用。

3）总承包服务费：是指总承包人为配合、协调建设单位进行的专业工程发包，对建设单位自行采购的材料、工程设备等进行保管以及施工现场管理、竣工资料汇总整理等服务所需的费用。

（4）规费：定义同上。

（5）税金：定义同上。

7.2 施工成本管理任务与措施

7.2.1 施工项目成本的概念及构成

施工成本是指在建设工程项目的实施过程中所发生的全部生产费用的总和，包括所消耗的原材料、辅助材料、构配件等的费用，周转材料的摊销费或租赁费等，施工机械的使用费或租赁费等，支付给生产工人的工资、奖金、工资性质的津贴等，以及进行施工组织与管理所发生的全部费用支出。

建设工程项目施工成本由直接成本和间接成本组成。

（1）直接成本：是指施工过程中耗费的构成工程实体或有助于工程实体形成的各项费用支出，是可以直接计入工程对象的费用。

（2）间接成本：是指项目经理部为施工准备、组织和管理施工生产的全部费用的支出，是非直接用于也无法直接计入工程对象，但为进行工程施工所必须发生的费用。具体包括：管理人员薪酬、劳动保护费、固定资产折旧费及修理费、物料消耗、办公费、差旅费、财产保险费、工程保修费、工程排污费等。

7.2.2 施工成本管理的任务

施工成本管理就是要在保证工期和质量满足要求的情况下，采取相应管理措施，包括组织措施、经济措施、技术措施、合同措施，把成本控制在计划范围内，并进一步寻求最大程度的成本节约。施工成本管理的任务和环节主要包括：施工成本预测、施工成本计划、施工成本控制、施工成本核算、施工成本分析、施工成本考核。

（1）施工成本预测

施工成本预测是成本管理的第一个环节，就是根据成本的历史资料、有关信息和施工项目的具体情况，运用一定的专门方法，对未来的成本水平及其可能发展趋势做出科学估计。其是在工程施工以前对成本进行的估算，通常是对施工项目计划工期内影响其成本变化的各个因素进行分析，比照近期已完工施工项目或将完工施工项目的成本（单位成本），预测这些因素对工程成本中有关项目的影响程度，预测出工程的单位成本或总成本。

通过成本预测，可以在满足项目业主和本企业要求的前提下，选择成本低、效益好的最佳成本方案，并能够在施工项目成本形成过程中，针对薄弱环节，加强成本控制，克服盲目性，提高预见性。因此，施工成本预测是施工项目成本决策与计划的依据。

（2）施工成本计划

施工成本计划是以货币形式编制施工项目在计划期内的生产费用、成本水平、成本降低率以及为降低成本所采取的主要措施和规划的书面方案，它是建立施工项目成本管理责任制、开展成本控制和核算的基础，它是该项目降低成本的指导文件，是设立目标成本的依据。可以说，成本计划是目标成本的一种形式。

（3）施工成本控制

施工成本控制是指在施工过程中，对影响施工成本的各种因素加强管理，并采取各种有效措施，将施工中实际发生的各种消耗和支出严格控制在成本计划范围内，随时揭示并及时反馈，严格审查各项费用是否符合标准，计算实际成本和计划成本之间的差异并进行分析，进而采取多种措施，消除施工中的损失、浪费现象。

建设工程项目施工成本控制应贯穿于项目从投标阶段开始直至竣工验收的全过程，它是企业全面成本管理的重要环节。

（4）施工成本核算

施工成本核算包括两个基本环节：①按照规定的成本开支范围对施工费用进行归集和分配，计算出施工费用的实际发生额；②根据成本核算对象，采用适当的方法，计算出该施工项目的总成本和单位成本。施工成本管理需要正确及时地核算施工过程中发生的各项费用，计算施工项目的实际成本。施工项目成本核算所提供的各种成本信息，是成本预测、成本计划、成本控制、成本分析和成本考核等各个环节的依据。

（5）施工成本分析

施工成本分析是在施工成本核算的基础上，对成本的形成过程和影响成本升降的因素进行分析，以寻求进一步降低成本的途径，包括有利偏差的挖掘和不利偏差的纠正。施工成本分析贯穿于施工成本管理的全过程，其是在成本的形成过程中，主要利用施工项目的成本核算资料（成本信息），与目标成本、预算成本以及类似的施工项目的实际成本等进行比较，了解成本的变动情况，同时也要分析主要技术经济指标对成本的影响，系统地研究成本变动的因素，检查成本计划的合理性，并通过成本分析，深入揭示成本变动的规律，寻找降低施工项目成本的途径，以便有效地进行成本控制。成本偏差的控制，分析是关键，纠偏是核心，要针对分析得出的偏差发生原因，采取切实措施，加以纠正。

（6）施工成本考核

施工成本考核是指在施工项目完成后，对施工项目成本形成中的各责任者，按施工项目成本目标责任制的有关规定，将成本的实际指标与计划、定额、预算进行对比和考核，评定施工项目成本计划的完成情况和各责任者的业绩，并以此给予相应的奖励和处罚。通过成本考核，做到有奖有惩，赏罚分明，才能有效地调动每一位员工在各自施工岗位上努力完成目标成本的积极性，为降低施工项目成本和增加企业的积累，做出自己的贡献。

施工成本考核是衡量成本降低的实际成果，也是对成本指标完成情况的总结和评价。

施工成本管理的每一个环节都是相互联系和相互作用的。成本预测是成本决策的前提，成本计划是成本决策所确定目标的具体化。成本计划控制则是对成本计划的实施进行控制和监督，保证决策的成本目标的实现，而成本核算又是对成本计划是否实现的最后检验，它所提供的成本信息又对下一个施工项目成本预测和决策提供基础资料。成本考核是实现成本目标责任制的保证和实现决策目标的重要手段。

7.2.3　施工成本管理的措施

为了取得施工成本管理的理想成效，应当从多方面采取措施实施管理，通常可以将这些措施归纳为组织措施、技术措施、经济措施、合同措施。

（1）组织措施

组织措施是从施工成本管理的组织方面采取的措施。施工成本控制是全员的活动，如实现项目经理责任制，落实施工成本管理的组织机构和人员，明确各级施工成本管理人员的任务和职能分工、权利和责任。施工成本管理不仅是专业成本管理人员的工作，各级各项目管理人员都负有成本控制责任。

组织措施的另一方面是编制施工成本控制工作计划、确定合理详细的工作流程。要做好施工采购规划，通过生产要素的优化配置、合理使用、动态管理，有效控制实际成本；加强施工定额管理和施工任务单管理，控制活劳动和物化劳动的消耗；加强施工调度，避免因施工计划不周和盲目调度造成窝工损失、机械利用率低、物料积压等而使施工成本增加。成本控制工作只有建立在科学管理的基础之上，具备合理的管理体制、完善的规章制度，稳定的作业秩序，完整准确的信息传递，才能取得成效。组织措施是其他各类措施的前提和保障，而且一般不需要增加额外的费用，运用得当可以收到良好的效果。

（2）技术措施

施工过程中降低成本的技术措施，包括：进行经济分析，确定最佳的施工方案；结合施工方法，进行材料使用的比选，在满足功能要求的前提下，通过代用、改变配合比使用外加剂等方法降低材料消耗的费用；确定最合适的施工机械、设备使用方案；结合项目的施工组织设计及自然地理条件，降低材料的库存成本和运输成本；应用先进的施工技术，运用新材料，使用新开发机械设备等。在实践中，也要避免仅从技术角度选定方案而忽视对其经济效果的分析论证。

技术措施不仅对解决施工成本管理过程中的技术问题是不可缺少的，而且对纠正施工成本管理目标偏差也有相当重要的作用。因此，运用技术纠偏措施的关键：①要能提出多个不同的技术方案；②要对不同的技术方案进行技术经济分析。

（3）经济措施

经济措施是最易为人们所接受和采用的措施。管理人员应编制资金使用计划，确定、分解施工成本管理目标；对施工成本管理目标进行风险分析，并制定防范性对策；对各种支出，应认真做好资金的使用计划，并在施工中严格控制各项开支；及时准确地记录、收集、整理、核算实际发生的成本；对各种变更，及时做好增减账，及时落实业主签证，及时结算工程款；通过偏差分析和未完工工程预测，可发现一些潜在的可能引起未完工程施工成本增加的问题，对这些问题应以主动控制为出发点，及时采取预防措施。由此可见，经济措施的运用绝不仅仅是财务人员的事情。

（4）合同措施

采用合同措施控制施工成本，应贯穿整个合同周期，包括从合同谈判开始到合同终结的全过程。首先是选用合适的合同结构，对各种合同结构模式进行分析、比较，在合同谈判时，要争取选用适合于工程规模、性质和特点的合同结构模式；其次，在合同条款中应仔细考虑一切影响成本和效益的因素，特别是潜在的风险因素；通过对引起成本变动的风险因素的识别和分析，采取必要的风险对策，如通过合理的方式，增加承担风险的个体数量，降低损失发生的比例，并最终使这些策略反映在合同的具体条款中。在合同执行期间，合同管理的措施既要密切注视对方合同执行的情况，以寻求合同索赔的机会；同时也要密切关注自己履行合同的情况，以防被对方索赔。

7.3　施工成本计划和控制

7.3.1　施工成本计划的类型

对于一个施工项目而言，其成本计划的编制是一个不断深化的过程。在这一过程的不同阶段形成深度和作用不同的成本计划，按其作用可分为三类。

（1）竞争性成本计划

即工程项目投标及签订合同阶段的估算成本计划。这类成本计划是以招标文件中的合同条件、投标者须知、技术规程、设计图纸或工程量清单等为依据，以有关价格条件说明为基础，结合调研和现场考察获得的情况，根据本企业的工料消耗标准、水平、价格资料和费用指标，对本企业完成招标工程所需要支出的全部费用的估算。在投标报价过程中，虽也着力考虑降低成本的途径和措施，但总体上较为粗略。

（2）指导性成本计划

即选派项目经理阶段的预算成本计划，是项目经理的责任成本目标。它是以合同标书为依据，按照企业的预算定额标准制定的设计预算成本计划，且一般情况下只是确定责任总成本指标。

（3）实施性计划成本

即项目施工准备阶段的施工预算成本计划，它以项目实施方案为依据，落实项目经理责任目标为出发点，采用企业的施工定额通过施工预算的编制而形成的实施性施工成本计划。

以上三类成本计划互相衔接和不断深化，构成了整个工程施工成本的计划过程。其中，竞争性计划成本带有成本战略的性质，是项目投标阶段商务标书的基础，而有竞争力的商务标书又是以其先进合理的技术标书为支撑的。因此，它奠定了施工成本的基本框架和水平。指导性计划成本和实施性计划成本，都是战略性成本计划的进一步展开和深化，是对战略性成本计划的战术安排。此外，根据项目管理的需要，实施性成本计划又可按施工成本组成、按子项目组成、按工程进度分别编制施工成本计划。

7.3.2　施工成本控制的基本原则

施工成本控制是在项目成本的形成过程中，对生产经营所消耗的人力资源、物资资源和费用开支进行指导、监督、检查和调整，及时纠正将要发生和已经发生的偏差，把各项生产费用控制在计划成本的范围之内，以保证成本目标的实现。

（1）成本最低原则

掌握施工成本最低化原则应注意降低成本的可能性和合理的成本最低化，既要挖掘各种降低成本的可能，使其成为现实；也要从实际出发，制定通过主观努力达到合理的最低成本水平。

（2）全员成本原则

施工项目成本的全员，包括项目部负责人、各部室、各作业队等，成本控制全员参与，人人有责；才能使工程成本自始至终置于有效的控制之下。

（3）目标分解原则

应将项目施工成本的目标进行分解，分解责任到人、到岗位，分解目标到每个阶段和每项工作。

（4）动态控制原则

又称过程控制原则，施工成本控制应随着工程进展的各个阶段连续进行，特别强调过程控制、检查目标的执行结果，评价目标和修正目标；发现成本偏差，及时调整纠正，形成目标管理的计划、实施、检查、处理循环，即 PDCA 循环。

（5）责、权、利相结合的原则

在确定项目经理和各个岗位管理人员后，同时要确定其各自相应的责、权、利。"责"是指完成成本控制指标的责任；"权"是指责任承担者为了完成成本控制目标必须具备的权限；"利"是指根据成本控制目标完成情况给予责任承担者相应的奖惩。做好责、权、利相结合，成本控制才能收到预期效果。三者和谐统一，缺一不可。

在施工过程中，项目部各部门、各作业班组在肩负成本控制责任的同时，享有成本控制的权利；项目经理要对各部门、各作业班组在成本控制的业绩进行定期的检查和考评，有奖有罚。关键是将目标落实到人。

7.3.3　施工成本控制的依据

（1）工程承包合同

施工成本控制要以工程承包合同为依据，围绕降低施工成本目标，从预算收入和实际成本两方面，努力挖掘增收节支潜力，以求获得最大的经济效益。

（2）施工成本计划

施工成本计划是根据项目施工的具体情况制定的施工成本控制方案，既包括预定的具体成本控制目标，又包括实现控制目标的措施和规划，是施工成本控制的指导文件。

（3）进度报告

进度报告提供了时限内工程实际完成量，施工成本实际支付情况等重要信息。施工成本控制工作就是通过实际情况与施工成本计划相比较，找出二者之间的差别，分析偏差产生的原因，从而采取措施加以改进。

（4）工程变更

在工程实施过程中，由于各方面的原因，工程变更是很难避免的。工程变更一般包括设计变更、进度计划变更、施工条件变更、技术规范与标准变更、施工顺序变更、工程数量变更等。一旦出现变更，工程量、工期、成本都将发生变化，从而使得施工成本控制变得复杂和困难。项目施工成本管理人员应通过对变更要求中各类数据的计算、分析，随时掌握变更情况，包括已发生工程量、将要发生工程量、工期是否拖延、支付情况等重要信息，判断变更以及变更可能带来的索赔额度等。

除了上述几种施工成本控制工作的主要依据以外，有关施工组织设计、分包合同文本等也都是施工成本控制的依据。

7.3.4　施工成本控制的步骤

在确定了施工成本计划后，必须定期地进行施工成本计划值和实际值的比较，当实际值偏离计划值时，分析产生偏差的原因，采取适当的纠偏措施，以确保施工成本控制目标的实现。其步骤如下：

（1）比较：按照某种确定的方式将施工成本计划值逐项进行比较，以发现施工成本是否已超支。

（2）分析：在比较的基础上，对比较的结果进行分析，以确定偏差的严重性及产生的原因。这一步是施工成本控制工作的核心，其主要目的在于找出偏差的原因，从而采取有针对性的措施，减少或者避免相同原因的再次发生或者减少由此造成的损失。

（3）预测：按照完成情况估计完成项目所需要的总费用。

（4）纠偏：当工程项目的实际成本出现了偏差，应当根据工程的具体情况、偏差分析和预测的结果，采取适当的措施，以期达到使施工成本偏差尽可能小的目的。纠偏是施工成本控制中最具真实性的一步。只有通过纠偏，才能最终达到有效控制施工成本的目的。

（5）检查：对工程的进展进行跟踪和检查，及时了解工程进展状况以及纠偏措施的执行情况和效果，为今后的工作积累经验。

7.3.5　施工成本控制的方法

成本控制的方法很多，而且有一定的随机性；也就是在不同情况下，就要采取与之相适应的控制手段和控制方法。此处就一般常用的成本控制方法论述如下：

（1）施工成本的过程控制法

施工阶段是成本发生的主要阶段，这个阶段的成本控制主要是通过确定成本目标并按计划成本组织施工，合理配置资源，对施工现场发生的各项成本费用进行有效控制，其具体的费用控制有：人工费的控制、材料费的控制、脚手架、模板等周转设备使用费的控制、施工机械使用费的控制、构件加工费和分包工程费的控制等。

（2）成本与进度同步跟踪法——赢得值法

在项目实施过程中，其费用和进度之间联系非常紧密。如果降低费用，资源投入会减少，相应的进度也会受影响；如果赶进度，或项目持续时间过长，又可能使费用上升。因此在进行项目的费用控制和进度控制时，还要考虑到费用与进度的协调控制，设法使这两个控制指标达到最优。赢得值法以预算和费用来衡量项目的进度，是一项进行费用、进度综合控制的技术，是项目管理员评估项目执行绩效的有力工具。

赢得值法（Earned Value Management，EVM）作为一项先进的项目管理技术，最初是美国国防部于 1967 年首次确立的。到目前为止，国际上先进的工程公司已普遍采用赢得值法进行工程项目的费用、进度综合分析控制。

赢得值法是以完成工作预算的赢得值为基础，用三个基本值量测项目的费用和进度，反映项目进展状况的项目管理整体技术方法。该方法通过测量和计算已完工作的预算费用与实际费用和计划工作的预算费用，得到有关计划实施的费用和进度偏差、评价指标。通过这些指标预测项目完工时的估算，从而达到判断项目费用、进度计划执行情况，进而采取一系列措施来对项目进行综合管理。

1）赢得值法的三个基本参数

① 已完工作预算费用，简称 BCWP（Budgeted Cost of Work Performed）

是指项目实施过程中对执行效果进行检查时，已完成的工作量按预算标准结算的费用。它主要反映该项目任务按合同计划实施的进展状况，这个参数具有反映费用和进度执行效果的双重特性，回答了这样的问题：我们到底完成了多少工作量？

已完工作预算费用（BCWP）＝已完成工作量×预算单价

② 计划工作预算费用，简称 BCWS（Budgeted Cost of Work Scheduled）

是指项目实施过程中对执行效果进行检查时，在指定时间内按计划规定应当完成任务的预算费用。它是项目进度执行效果的参数，反映按进度计划应完成的工作量，不表明按进度计划的实际费用消耗量，回答了这样的问题：到该日期原计划费用是多少？

计划工作预算费用（BCWS）＝计划工作量×预算单价

③已完工作实际费用，简称 ACWP（Actual Cost of Work Performed）

定义为已完成工作量的实际消耗费用。它是指项目实施过程中对执行效果进行检查时，在指定时间内已完成任务（包括已全部完成和部分完成的各单项任务）所实际花费的费用，回答了这样的问题：我们到底花费了多少费用？

已完工作实际费用（ACWP）＝已完成工作量×实际单价。

2）由三个基本参数导出的四个评价指标

① 费用偏差（CV，Cost Variance），是指在某个检查点上已完工作预算费用 BCWP 与已完工作实际费用ACWP 之同的差值，即：

费用偏差（CV）＝已完工作预算费用（BCWP）—已完工作实际费用（ACWP）

当CV＜0 时，表明项目运行超出预算费用；当 CV＞0 时，表明项目运行节支；当 CV＝0 时，表明项目运行符合预算费用。

② 进度偏差（SV，Schedule Variance），是指在某个检查点上已完工作预算费用 BCWP 与计划工作预算费用BCWS 的差值，即：

进度偏差（SV）＝已完工作预算费用（BCWP）—计划工作预算费用（BCWS）

当SV＜0 时，表明进度延误；当 SV＞0 时，表明进度提前；当 SV＝0 时，表明符合进度计划。

③ 费用绩效指数（CPI，Cost Performance Index），是指项目赢得值与实际费用值

的比值，即：

费用绩效指数（CPI）＝已完工作预算费用（BCWP）/已完工作实际费用（ACWP）

当$CPI<1$时，表明超支，实际费用高于预算费用；当$CPI>1$时，表明节约，实际费用低于预算费用；当$CPI=1$时，表明实际费用等于预算费用。

④ 进度绩效指数（SPI，Schedule Performed Index），是指项目赢得值与计划值的比值，即：

进度绩效指数（SPI）＝已完工作预算费用（BCWP）/计划工作预算费用（BCWS）

当$SPI<1$时，表明进度延误，实际进度比计划进度滞后；当$SPI>1$时，表明进度提前，实际进度比计划进度快；当$SPI=1$时，表明实际进度等于计划进度。

3）偏差分析的方法

偏差分析可采用不同的方法，常用的有横道图法、表格法和曲线法。

① 横道图法

用横道图进行偏差分析，是用不同的横道标识已完工作预算费用（BCWP）、计划工作预算费用（BCWS）和已完工作实际费用（ACWP），横道的长度与其金额成正比例，如图7-1所示。横道图法有形象、直观、一目了然等优点，但反映的信息量少，一般在管理高层应用。

② 表格法

表格法是进行偏差分析最常用的一种方法，它将项目编号、名称、各投资参数以及投资偏差数综合归纳入一张表格中，并且直接在表格中进行比较，见表7-1。由于各偏差参数都在表中列出，使得投资管理者能够综合地了解并处理这些数据。有灵活、适用性强、信息量大、便捷的优点。

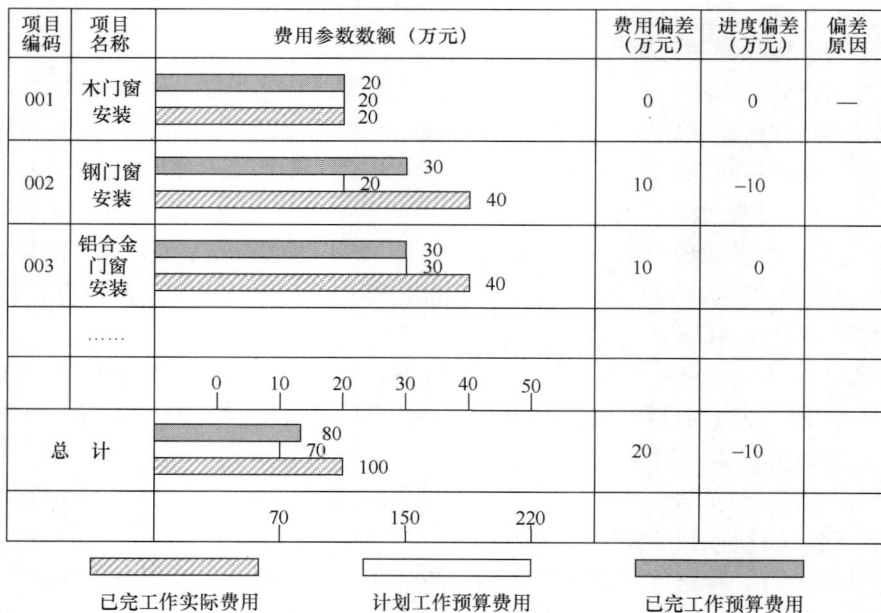

图 7-1　用横道图进行投资偏差分析

偏差分析表　　　　　　　　　　　　　　　　　　　　　　　表 7-1

项目编码	（1）	001	002	003
项目名称	（2）	木门窗安装	钢门窗安装	铝合金门窗安装
单位	（3）			
计划单价	（4）			
拟完工程量	（5）			
拟完工程计划投资	（6）＝（4）×（5）	20	20	30
已完工程量	（7）			
已完工程计划投资	（8）＝（4）×（7）	20	30	30
实际单价	（9）			
其他款项	（10）			
已完工程实际投资	（11）＝（7）×（9）＋（10）	20	40	40
投资局部偏差	（12）＝（11）－（8）	0	10	10
投资局部偏差程度	（13）＝（11）÷（8）	1	1.33	1.33
投资累计偏差	（14）＝Σ（12）			
投资累计偏差程度	（14）＝Σ（11）÷Σ（8）			
进度局部偏差	（16）＝（6）－（8）	0	−10	0
进度局部偏差程度	（17）＝（6）÷（8）	1	0.66	1
进度累计偏差	（18）＝Σ（16）			
进度累计偏差程度	（19）＝Σ（6）÷Σ（8）			

③ 曲线法

曲线法是用投资累计曲线（S形曲线）来进行偏差分析的一种方法，其中一条曲线表示投资实际值曲线，另一条表示投资计划值曲线，两条曲线之间的竖向距离表示投资偏差，如图 7-2 所示。在用曲线法进行偏差分析时，通常有三条投资曲线，即已完成工程实际投资曲线 a，已完工程计划投资曲线 b 和拟完工程计划投资曲线 p，图中曲线 a 与 b 的竖向距离表示投资偏差，曲线 p 与 b 的水平距离表示进度偏差。曲线 p 与 a 的竖向距离表示投资增加。用曲线法进行偏差分析同样具有形象、直观的特点，但这种方法很难直接用于定量分析。

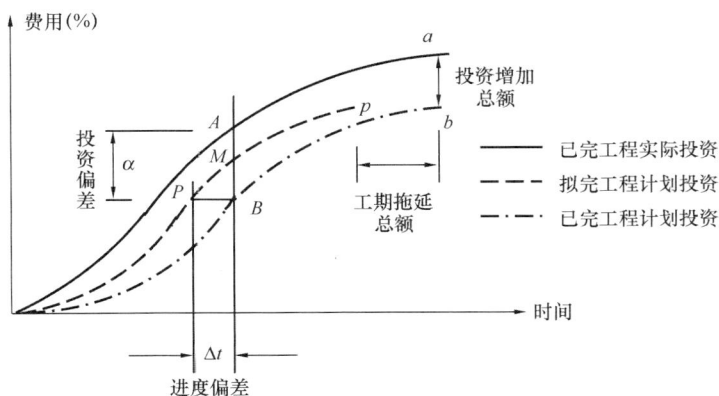

图 7-2　用投资累计曲线（S形曲线）进行投资偏差分析

应当指出的是，以上三者所依据的原理是相同的，它们实际上都是运用挣值分析的方法来进行投资偏差分析，只不过它们借助的工具不同，表现形式不一样罢了。

7.4 施工成本核算与分析

7.4.1 施工成本分析的依据

施工成本分析，就是根据会计核算、业务核算和统计核算提供的资料，对施工成本的形成过程和影响成本升降的因素进行分析，以寻求进一步降低成本的途径；另一方面，通过成本分析，可从账簿、报表反映的成本现象看清成本的实质，从而增强项目成本的透明度和可控性，为加强成本控制，实现项目成本目标创造条件。

（1）会计核算

会计核算主要是价值核算。会计是对一定单位的经济业务进行计量、记录、分析和检查，做出预测，参与决策，实行监督，旨在实现最优经济效益的一种管理活动。它通过设置账户、复式记账、填制和审核凭证、登记账簿、成本计算、财产清查和编制会计报表等一系列有组织有系统的方法，来记录企业的一切生产经营活动，然后据以提出一些用货币来反映的有关各种综合性经济指标的数据。资产、负债、所有者权益、营业收入、成本、利润等会计六要素指标，主要是通过会计来核算。由于会计记录具有连续性、系统性、综合性等特点，所以它是施工成本分析的重要依据。

（2）业务核算

业务核算是各业务部门根据业务工作的需要而建立的核算制度，它包括原始记录和计算登记表，如单位工程及分部分项工程进度登记，质量登记，工效、定额计算登记，物资消耗定额记录，测试记录等。业务核算的范围比会计、统计核算要广，会计和统计核算一般是对已经发生的经济活动进行核算，而业务核算，不但可以对已经发生的，而且还可以对尚未发生或正在发生的经济活动进行核算，看是否可以做，是否有经济效果。它的特点是，对个别的经济业务进行单项核算。例如各种技术措施、新工艺等项目，可以核算已经完成的项目是否达到原定的目的，取得预期的效果，也可以对准备采取措施的项目进行核算和审查，看是否有效果，值不值得采纳，随时都可以进行。业务核算的目的，在于迅速取得资料，在经济活动中及时采取措施进行调整。

（3）统计核算

统计核算是利用会计核算资料和业务核算资料，把企业生产经营活动客观现状的大量数据，按统计方法加以系统整理，表明其规律性。它的计量尺度比会计宽，可以用货币计算，也可以用实物或劳动量计量。它通过全面调查和抽样调查等特有的方法，不仅能提供绝对数指标，还能提供相对数和平均数指标，可以计算当前的实际水平，确定变动速度，可以预测发展的趋势。

7.4.2 施工成本分析的方法

（1）成本分析的基本方法

施工成本分析的基本方法包括：比较法、因素分析法、差额计算法、比率法等。

1）比较法

比较法，又称"指标对比分析法"，就是通过技术经济指标的对比，检查目标的完成情况，分析产生差异的原因，进而挖掘内部潜力的方法。这种方法，具有通俗易懂、简单易行、便于掌握的特点，因而得到了广泛的应用，但在应用时必须注意各技术经济指标的可比性。比较法的应用，通常有下列形式：

① 将实际指标与目标指标对比。以此检查目标完成情况，分析影响目标完成的积极因素和消极因素，以便及时采取措施，保证成本目标的实现。在进行实际指标与目标指标对比时，还应注意目标本身有无问题。如果目标本身出现问题，则应调整目标，重新正确评价实际工作的成绩。

② 本期实际指标与上期实际指标对比。通过这种对比，可以看出各项技术经济指标的变动情况，反映施工管理水平的提高程度。

③ 与本行业平均水平、先进水平对比。通过这种对比，可以反映本项目的技术管理和经济管理与行业的平均水平和先进水平的差距，进而采取措施赶超先进水平。

2）因素分析法

因素分析法又称连环置换法，这种方法可用来分析各种因素对成本的影响程度。在进行分析时，首先要假定众多因素中的一个因素发生了变化，而其他因素则不变，然后逐个替换，分别比较其计算结果，以确定各个因素的变化对成本的影响程度。因素分析法的计算步骤如下：

① 确定分析对象，并计算出实际与目标数的差异；

② 确定该指标是由哪几个因素组成的，并按其相互关系进行排序（排序规则是：先实物量，后价值量；先绝对值，后相对值）；

③ 以目标数为基础，将各因素的目标数相乘，作为分析替代的基数；

④ 将各个因素的实际数按照上面的排列顺序进行替换计算，并将替换后的实际数保留下来；

⑤ 将每次替换计算所得的结果，与前一次的计算结果相比较，两者的差异即为该因素对成本的影响程度；

⑥ 各个因素的影响程度之和，应与分析对象的总差异相等。

3）差额计算法

差额计算法是因素分析法的一种简化形式，它利用各个因素的目标值与实际值的差额来计算其对成本的影响程度。

4）比率法

比率法是指用两个以上的指标的比例进行分析的方法。它的基本特点是：先把对比分析的数值变成相对数，再观察其相互之间的关系。常用的比率法有以下几种：

① 相关比率法。由于项目经济活动的各个方面是相互联系，相互依存，又相互影响的，因而可以将两个性质不同而又相关的指标加以对比，求出比率，并以此来考察经营成果的好坏。例如：产值和工资是两个不同的概念，但他们的关系又是投入与产出的关系。在一般情况下，都希望以最少的工资支出完成最大的产值。因此，用产值工资率指标来考核人工费的支出水平，就很能说明问题。

② 构成比率法。又称比重分析法或结构对比分析法。通过构成比率，可以考察成本总量的构成情况及各成本项目占成本总量的比重，同时也可看出量、本、利的比例关系（即预算成本、实际成本和降低成本的比例关系），从而为寻求降低成本的途径指明方向。

③ 动态比率法。动态比率法，就是将同类指标不同时期的数值进行对比，求出比率，以分析该项指标的发展方向和发展速度。动态比率的计算，通常采用基期指数和环比指数两种方法。

（2）综合成本的分析方法

所谓综合成本，是指涉及多种生产要素，并受多种因素影响的成本费用，如分部分项工程成本，月（季）度成本、年度成本等。由于这些成本都是随着项目施工的进展而逐步形成的，与生产经营有着密切的关系。因此，做好上述成本的分析工作，无疑将促进项目的生产经营管理，提高项目的经济效益。

1）分部分项工程成本分析

分部分项工程成本分析是施工项目成本分析的基础。分部分项工程成本分析的对象为已完成分部分项工程。分析的方法是：进行预算成本、目标成本和实际成本的"三算"对比，分别计算实际偏差和目标偏差，分析偏差产生的原因，为今后的分部分项工程成本寻求节约途径。

分部分项工程成本分析的资料来源是：预算成本来自投标报价成本，目标成本来自施工预算，实际成本来自施工任务单的实际工程量、实耗人工和限额领料单的实耗材料。

由于施工项目包括很多分部分项工程，不可能也没有必要对每一个分部分项工程都进行成本分析。特别是一些工程量小、成本费用微不足道的零星工程。但是，对于那些主要分部分项工程则必须进行成本分析，而且要做到从开工到竣工进行系统的成本分析。这是一项很有意义的工作，因为通过主要分部分项工程成本的系统分析，可以基本上了解项目成本形成的全过程，为竣工成本分析和今后的项目成本管理提供一份宝贵的参考资料。

2）月（季）度成本分析

月（季）度成本分析，是施工项目定期的、经常性的中间成本分析。对于具有一次性特点的施工项目来说，有着特别重要的意义。因为通过月（季）度成本分析，可以及时发现问题，以便按照成本目标指定的方向进行监督和控制，保证项目成本目标的实现。月（季）度成本分析的依据是当月（季）的成本报表。分析的方法，通常有以下几个方面。

① 通过实际成本与预算成本的对比，分析当月（季）的成本降低水平；通过累计实际成本与累计预算成本的对比，分析累计的成本降低水平，预测实现项目成本目标的前景。

② 通过实际成本与目标成本的对比，分析目标成本的落实情况，以及目标管理中的问题和不足，进而采取措施，加强成本管理，保证成本目标的落实。

③ 通过对各成本项目的成本分析，可以了解成本总量的构成比例和成本管理的薄弱环节。例如：在成本分析中，发现人工费、机械费和间接费等项目大幅度超支，就应该对这些费用的收支配比关系认真研究，并采取对应的增收节支措施，防止今后再超支。如果是属于规定的"政策性"亏损，则应从控制支出着手，把超支额压缩到最低限度。

④ 通过主要技术经济指标的实际与目标对比，分析产量、工期、质量、"三材"节约率、机械利用率等对成本的影响。

⑤ 通过对技术组织措施执行效果的分析，寻求更加有效的节约途径。

⑥ 分析其他有利条件和不利条件对成本的影响。

3）年度成本分析

企业成本要求一年结算一次，不得将本年成本转入下一年度。而项目成本则以项目的寿命周期为结算期，要求从开工到竣工到保修期结束连续计算，最后结算出成本总量及其盈亏。由于项目的施工周期一般较长，除进行月（季）度成本核算和分析外，还要进行年度成本的核算和分析。这不仅是为了满足企业汇编年度成本报表的需要，同时也是项目成本管理的需要。因为通过年度成本的综合分析，可以总结一年来成本管理的成绩和不足，为今后的成本管理提供经验和教训，从而可对项目成本进行更有效的管理。

年度成本分析的依据是年度成本报表。年度成本分析的内容，除了月（季）度成本分析的六个方面以外，重点是针对下一年度的施工进展情况规划切实可行的成本管理措施，以保证施工项目成本目标的实现。

4）竣工成本的综合分析

凡是有几个单位工程而且是单独进行成本核算（即成本核算对象）的施工项目，其竣工成本分析应以各单位工程竣工成本分析资料为基础，再加上项目经理部的经营效益（如资金调度、对外分包等所产生的效益）进行综合分析。如果施工项目只有一个成本核算对象（单位工程），就以该成本核算对象的竣工成本资料作为成本分析的依据。

单位工程竣工成本分析，应包括以下三方面内容：

① 竣工成本分析；

② 主要资源节超对比分析；

③ 主要技术节约措施及经济效果分析。

通过以上分析，可以全面了解单位工程的成本构成和降低成本的来源，对今后同类工程的成本管理很有参考价值。

本 章 小 结

本章结合建筑工程项目成本管理实践，介绍了建筑工程项目成本管理的概念、计划编制、成本控制、成本核算与分析等知识。重点阐述了建筑工程项目成本计划的编制方法、成本控制的方法和措施、建筑工程项目成本分析的方法。以制订建筑工程项目成本计划为基础，依据目标成本计划，采用横道图法、S形曲线法、赢得值法分析成本偏差，依据因素分析法定量分析费用偏差引起的因素，实施成本核算与分析。

学生在学习过程中，应注意理论联系实际，通过解析案例，初步掌握理论知识，再通过有效地完成施工项目成本管理的实践，提高实践动手能力。

本 章 习 题

1. 何谓施工成本？
2. 试述建筑安装工程费用的组成项目。
3. 试述建筑安装工程成本项目的组成。
4. 试述施工成本管理的任务。
5. 试述施工成本管理的措施。
6. 试述施工成本计划的编制方法。

7. 列出施工成本的三种控制方法。

8. 何谓赢得值法？

9. 赢得值当中的三个费用是指？

10. 赢得值当中的两个偏差是指？

11. 赢得值当中的两个绩效是指？

12. 施工成本核算主要有哪些方法？

13. 何谓统计核算？

14. 施工成本分析的方法有哪些？

8 建设工程职业健康安全与环境管理

【案例导入】

某三期在建项目冷却塔施工平桥吊倒塌，造成 74 人遇难、2 人受伤。从初步掌握的情况看，与建设单位、施工单位压缩工期、突击生产、施工组织不到位、管理混乱等有关。

8.1 建筑工程职业健康安全与环境管理概述

由于建设工程规模大、周期长、技术复杂，作业环境局限、施工作业具有高空性等特点，存在较多的不稳定因素，导致建设工程安全生产的管理难度大，容易发生伤亡事故。因此，应根据现行法律法规建立起各项安全生产管理制度体系，规范建设工程各参与方的安全生产行为。

8.1.1 建筑工程职业健康安全管理概述

（1）安全生产管理概念

所谓建筑工程安全管理是对建筑活动过程中所涉及的安全进行的管理，包括建设行政主管部门对建设活动中的安全问题所进行的行业管理，以及从事建设活动的主体对自己建设活动的安全生产所进行的企业管理。

（2）安全生产管理体系

安全生产管理体系始终以"安全第一，预防为主，综合治理"作为主导思想建立一系列组织机构、程序、过程和资源以保障建筑工程的安全生产。安全生产管理体系是一个动态、自我调整和完善的管理系统，即通过计划（Plan）、实施（Do）、检查（Check）和处理（Action）四个环节构成一个动态循环上升的系统化管理模式。安全管理体系是项目管理体系中的一个子系统，其循环也是整个管理系统循环的一个子系统。

（3）安全生产管理的基本原则

1）"管生产必须管安全"的原则

从事生产管理和企业经营的领导者和组织者，必须明确安全和生产是一个有机的整体，生产工作和安全工作的计划、布置、检查、总结、评比要同时进行，决不能重生产轻安全。一切从事生产、经营活动的单位和管理部门都必须管安全，而且必须依照"安全生产是一切经济部门和生产企业的头等大事"的指示精神，全面负责安全生产工作。对于从事建筑产品生产的企业来说，就要求企业法人在各项经营管理活动中，把安全生产放在第一位来抓。

2）"安全具有否决权"的原则

安全具有否决权的原则是指安全工作是衡量企业经营管理工作好坏的一项基本内容，该原则要求，在对企业各项指标考核、评选先进时，必须要首先考虑安全指标的完成情况。安全生产指标具有一票否决的作用。

3）"三同时"原则

基本建设项目中的职业安全、卫生技术和环境保护等措施和设施，必须与主体工程同时设计、同时施工、同时投产使用的法律制度的简称。

4）"五同时"原则

企业的生产组织及领导者在计划、布置、检查、总结、评比生产工作的同时，安排计划、布置、检查、总结、评比安全工作。

5）"四不放过"原则

事故原因未查清楚不放过，当事人和群众没有受到教育不放过，事故责任人未受到处理不放过，没有制订切实可行的预防措施不放过。"四不放过"原则的支持依据是《国务院关于特大安全事故行政责任追究的规定》（国务院令第 302 号）。

6）"三个同步"原则

安全生产与经济建设、深化改革、技术改造同步规划、同步发展、同步实施。

8.1.2　建筑工程现场环境管理概述

施工现场环境管理是项目管理的一个重要部分，良好的现场环境管理使场容美观整洁、道路畅通，材料放置有序，施工有条不紊。安全、消防、保安、卫生均能得到有效的保障，并且使得与项目有关的相关方都能达到满意。相反，低劣的现场管理会影响施工进度、成本和质量，并且是产生事故的隐患。

（1）施工现场环境管理的概念

施工现场是用于进行该项目的施工活动，经有关部门批准占用的场地。这些场地可用于生产、生活或二者兼有，当该项工程施工结束后，这些场地将不再使用。施工现场包括红线以内或红线以外的用地，但不包括施工单位的自有场地或生产基地。施工项目现场环境管理是对施工项目现场内的活动及空间所进行的管理。

（2）建筑工程环境管理的特点

依据建设工程产品的特性，建设工程现场环境管理有以下特点：

1）复杂性

建设项目的职业健康安全和环境管理涉及大量的露天作业，受到气候条件、工程地质和水文地质、地理条件和地域资源等不可控因素的影响较大。

2）多变性

一方面是项目建设现场材料、设备和工具的流动性大；另一方面由于技术进步，项目不断引入新材料、新设备和新工艺，这都加大了相应的管理难度。

3）协调性

项目建设涉及的工种甚多，包括大量的高空作业、地下作业、用电作业、爆破作业、施工机械、起重作业等较危险的工程，并且各工种经常需要交叉或平行作业。

4）持续性

项目建设一般具有建设周期长的特点，从设计、实施直至投产阶段，诸多工序环环相扣。前一道工序的隐患，可能在后续的工序中暴露，酿成安全事故。

5）经济性

产品的时代性、社会性与多样性决定环境管理的经济性。

6）多样性

产品的时代性和社会性决定了环境管理的多样性。

（3）建设工程环境管理的要求

1）建设工程项目决策阶段

建设单位应按照有关建设工程法律法规的规定和强制性标准的要求，办理各种有关安全与环境保护方面的审批手续。对需要进行环境影响评价或安全预评价的建设工程项目，应组织或委托有相应资质的单位进行建设工程项目环境影响评价和安全预评价。

2）建设工程设计阶段

设计单位应按照有关建设工程法律法规的规定和强制性标准的要求，进行环境保护设施和安全设施的设计，防止因设计考虑不周而导致生产安全事故的发生或对环境造成不良影响。设计单位在进行工程设计时，应当考虑施工安全和防护需要，对涉及施工安全的重点部分和环节在设计文件中应进行注明，并对防范生产安全事故提出指导意见。

对于采用新结构、新材料、新工艺的建设工程和特殊结构的建设工程，设计单位应在设计中提出保障施工作业人员安全和预防生产安全事故的措施建议。

3）建设工程施工阶段

建设单位在申请领取施工许可证时，应当提供建设工程有关安全施工措施的资料。对于依法批准开工报告的建设工程，建设单位应当自开工报告批准之日起 15 日内，将保证安全施工的措施报送建设工程所在地的县级以上人民政府建设行政主管部门或者其他有关部门备案。

施工企业在其经营生产的活动中必须对本企业的安全生产负全面责任。企业的代表人是安全生产的第一负责人，项目经理是施工项目生产的主要负责人。施工企业应当具备安全生产的资质条件，取得安全生产许可证的施工企业应设立安全机构，配备合格的安全人员，提供必要的资源；要建立健全职业健康安全体系以及有关的安全生产责任制和各项安全生产规章制度。对项目要编制切合实际的安全生产计划，制定职业健康安全保障措施；实施安全教育培训制度，不断提高员工的安全意识和安全生产素质。

4）项目验收试运行阶段

项目竣工后，建设单位应向审批建设工程项目环境影响报告书、环境影响报告或者环境影响登记表的环境保护行政主管部门申请，对环保设施进行竣工验收。环保行政主管部门应在收到申请环保设施竣工验收之日起 30 日内完成验收。验收合格后，才能投入生产和使用。

对于需要试生产的建设工程项目，建设单位应当在项目投入试生产之日起 3 个月内向环保行政主管部门申请对其项目配套的环保设施进行竣工验收。

8.2 建筑工程职业健康安全管理

8.2.1 安全生产问题

要对建筑安全生产进行管理，首先需要明确建筑生产过程中的安全问题，现对安全生产中常见问题总结归纳（表 8-1）。

安全问题	内　　　容
作业环境局限场地狭小	建筑产品位置的固定，决定了施工是在有限的场地和空间上集中大量的人力、物资、机具进行交叉作业，因此容易发生物体打击事故
作业条件恶劣	建设工程施工大多是露天作业
高空作业多	建筑产品体积庞大，操作工人大多在 2m 以上甚至上百米进行高空作业，容易发生高处坠落事故
人员流动大	施工人员流动性大，人员素质不稳定，安全管理难度大
产品多样、工艺复杂	每个建筑产品都不相同，并且随着工程进度的推进，现场的不安全因素也随时在变化
体力消耗大、劳动强度高	由于劳动时间长和劳动强度大导致工人体力消耗大、容易疲劳产生疏忽，从而引发事故

8.2.2　安全生产管理的内容

（1）职责管理。安全生产职责管理见表 8-2。

安全生产职责管理	安全管理组织机构	项目部建立以项目经理为现场安全管理第一责任人的安全生产领导小组；明确安全生产领导小组的主要职责；明确现场安全管理组织机构网络
	安全管理目标	明确伤亡控制指标、安全目标、文明施工目标
	安全职责与权限	明确项目部主要管理人员的职责与权限，主要有项目经理、技术负责人、工长、安全员、质检员、材料员、保卫消防员、机械管理员、班组长、生产工人等的安全职责，并让责任人履行签字手续

（2）安全设施、材料、设备等的管理

1）现场所采购的钢管、扣件、安全网等安全防护用品等以及电气开关设备必须符合安全规范要求；

2）与公司长期合作、有较高质量信誉的合格供应商处采购；

3）采用的安全设施、材料必须具有合格的出厂证明、准用证、验收或复试手续等资料；

4）明确采购及验收控制点。

（3）分包方安全控制

《中华人民共和国建筑法》规定："施工现场安全由建筑施工企业负责。实行施工总承包，由总承包单位负责。分包单位向总承包单位负责，服从总承包单位对施工现场的安全生产管理。"由此可见对分包方进行安全及文明施工管理是必需的。

（4）教育和培训

明确现场管理人员及生产工人必需进行的安全教育和安全培训的内容及责任人。

（5）施工过程中的安全控制

1）对安全设施、设备、防护用品的检查验收。

2）持证上岗。施工现场的管理人员、特种作业人员必须持证上岗。

3）施工现场临时用电。明确施工现场安全用电的技术措施；明确施工现场安全用电的实施要点。

4）文明施工。明确文明施工专门管理机构，现场围挡与封闭管理，路面硬化，物料码放，建筑主体立网全封闭，施工废水排放，宿舍、食堂、厕所等生活设施，出入口做法，垃圾管理，施工不扰民，减少环境污染等方面的内容、实施要点及控制点。

5）基坑支护。明确工程基础施工所采取的基坑支护类型、实施要点及控制点。

6）模板工程。明确工程模板支撑体系的类型或方式；明确实施要点及控制点。

7）脚手架。明确适用于工程实际的脚手架的搭设类型，搭拆与使用维护的实施要点及关键重点部位的控制点。

8）施工机械。施工机械安全控制见表8-3。

施工机械安全控制 表8-3

项目	内　　容
塔吊、施工升降机管理	明确现场塔吊、施工升降机等大型机械的位置及规格型号、性能等事项；明确大型机械的装拆与使用管理的实施要点、关键部位或程序的控制点
中小型机械的使用	明确现场中小型机械的位置及规格型号、性能等事项；明确中小型机械安装、验收、使用的实施要点与关键部位的控制点

9）安全防火与消防。明确施工现场重点防火部位及消防措施，主体工程操作面消防措施，防火领导小组、义务消防队员名单。重点关键部位的防火安全责任到人，实行挂牌制度。

10）项目工会劳动保护。明确项目工会劳动保护的实施要点及控制点。

（6）检查、检验的控制。明确对现场安全设施进行安全检查、检验的内容、程序及检查验收责任人等问题。

（7）事故隐患控制。明确现场控制事故隐患所采取的管理措施。

（8）纠正和预防措施。根据现场实际情况制定预防措施；针对现场的事故隐患进行纠正，并制定纠正措施，明确责任人。

（9）内部审核。建筑业企业应组织对项目经理部的安全活动是否符合安全管理体系文件有关规定的要求进行审核，以确保安全生产管理体系运行的有效性。

（10）奖惩制度。明确施工现场安全奖惩制度的有关规定。

8.2.3　建筑工程安全生产管理制度

现阶段，施工企业的主要安全生产管理制度有：安全生产责任制度、安全生产许可证制度、政府安全生产监督检查制度、安全生产教育培训制度、安全措施计划制度、特种作业人员持证上岗制度、专项施工方案专家论证制度、严重危及施工安全的工艺、设备、材料淘汰制度、施工起重机械使用登记制度、安全检查制度、生产安全事故报告和调查处理制度、"三同时"制度、安全预评价制度、工伤和意外伤害保险制度。

其中，已经比较成熟的安全生产管理制度主要有：

（1）安全生产责任制度

安全生产责任制度是最基本的安全管理制度，是所有安全生产管理制度的核心。具体来说，就是将安全生产责任分解到施工单位的主要负责人、项目负责人、班组长以及每个岗位的作业人员身上。安全生产责任制的主要内容如下：

1）安全生产责任制主要包括施工企业主要负责人的安全责任，负责人或其他副职的安全责任，项目负责人的安全责任，生产、技术、材料等各职能管理负责人及其工作人员的安全责任，技术负责人的安全责任，专职安全生产管理人员的安全责任，施工员的安全责任，班组长的安全责任和岗位人员的安全责任等。

2）项目对各级、各部门安全生产责任制应规定检查和考核办法，并定期进行考核，对考核结果及兑现情况应有记录。

3）项目独立承包的工程在签订承包合同中必须有安全生产工作的具体指标和要求。工地由多家施工单位施工时，总承包单位在签订分包合同的同时要签订安全生产合同。分包单位的资质应与工程要求相符，在安全合同中应明确总分包单位各自的职责，原则上，实行总承包的由总承包单位负责，分包单位向总包单位负责，服从总包单位对施工现场的安全管理。

4）项目主要工种应有相应的安全技术操作规程，一般包括：砌筑、抹灰、混凝土、木工、钢筋等工种，特种作业应另行补充。应将安全操作规程列为日常安全活动和安全教育的主要内容，并应悬挂在操作岗位前。

5）工程项目部专职安全人员的配备应按住房和城乡建设部的规定，建筑面积 1 万 m^2 以下工程 1 人；1 万～5 万 m^2 的工程不少于 2 人；5 万 m^2 以上的工程不少于 3 人。

总之，企业实行安全生产责任制必须做到在计划、布置、检查、总结、评比生产的时候，同时进行计划、布置、检查、总结、评比安全工作。只有这样，才能建立健全安全生产责任制，做到群防群治。

（2）政府安全生产监督检查制度

政府安全监督检查制度是指国家法律、法规授权的行政部门，代表政府对企业的安全生产过程实施监督管理。《建设工程安全生产管理条例》第五章"监督管理"对建设工程安全监督管理的规定内容如下：

1）国务院负责安全生产监督管理的部门依照《中华人民共和国安全生产法》的规定，对全国建设工程安全生产工作实施综合监督管理。

2）县级以上地方人民政府负责安全生产监督管理的部门依照《中华人民共和国安全生产法》的规定，对本行政区域内建设工程安全生产工作实施综合监督管理。

3）国务院建设行政主管部门对全国的建设工程安全生产实施监督管理。国务院铁路、交通、水利等有关部门按照国务院规定的职责分工，负责有关专业建设工程安全生产的监督管理。

4）县级以上地方人民政府建设行政主管部门对本行政区域内的建设工程安全生产实施监督管理。县级以上地方人民政府交通、水利等有关部门在各自的职责范围内，负责本行政区域内的专业建设工程安全生产的监督管理。

5）县级以上人民政府负有建设工程安全生产监督管理职责的部门在各自的职责范围内履行安全监督检查职责时，有权纠正施工中违反安全生产要求的行为，责令立即排除检查中发现的安全事故隐患，对重大隐患可以责令暂时停止施工。建设行政主管部门或者其他有关部门可以将施工现场安全监督检查委托给建设工程安全监督机构具体实施。

政府安全生产监督检查制度具有特殊的法律地位。执行机构设在行政部门，设置原则、管理体制、职责、权限、监察人员任免均由国家法律、法规所确定。职业安全卫生监察机构与被监察对象没有上下级关系，只有行政执法机构和法人之间的法律关系。监察活动既不受行业部门或其他部门的限制，也不受用人单位的约束。

（3）安全生产教育培训制度

企业安全生产教育培训一般包括对管理人员、特种作业人员和企业员工的安全教育。

1）管理人员的安全教育

① 企业领导的安全教育

企业法定代表人安全教育的主要内容包括：国家有关安全生产的方针、政策、法律、法规及有关规章制度；安全生产管理职责、企业安全生产管理知识及安全文化；有关事故案例及事故应急处理措施等。

② 项目经理、技术负责人和技术干部的安全教育

项目经理、技术负责人和技术干部安全教育的主要内容包括：安全生产方针、政策和法律、法规；项目经理部安全生产责任；典型事故案例剖析；本系统安全及其相应的安全技术知识。

③ 行政管理干部的安全教育

行政管理干部安全教育的主要内容包括：安全生产方针、政策和法律、法规；基本的安全技术知识；本职的安全生产责任。

④ 企业安全管理人员的安全教育

企业安全管理人员安全教育内容应包括：国家有关安全生产的方针、政策、法律、法规和安全生产标准；企业安全生产管理、安全技术、职业病知识、安全文件；员工伤亡事故和职业病统计报告及调查处理程序；有关事故案例及事故应急处理措施。

⑤ 班组长和安全员的安全教育

班组长和安全员的安全教育内容包括：安全生产法律、法规、安全技术及技能、职业病和安全文化的知识；本企业、本班组和工作岗位的危险因素、安全注意事项；本岗位安全生产职责；典型事故案例；事故抢救与应急处理措施。

2）特种作业人员的安全教育

特种作业人员，是指直接从事特种作业的从业人员。特种作业的范围主要有：电工作业、焊接与热切割作业、高处作业、制冷与空调作业、煤矿安全作业、金属非金属矿山安全作业、石油天然气安全作业、冶金（有色）生产安全作业、危险化学品安全作业、烟花爆竹安全作业、安全监管总局认定的其他作业。

① 特种作业人员安全教育要求

特种作业人员必须经专门的安全技术培训并考核合格，取得《中华人民共和国特种作业操作证》后，方可上岗作业。特种作业人员应当接受与其所从事的特种作业相应的安全技术理论培训和实际操作培训。

② 取得操作证的特种作业人员，必须定期进行复审。复审期限除机动车辆驾驶按国家有关规定执行外，其他特种作业人员两年进行一次。凡未经复审者不得继续独立作业。

3）企业员工的安全教育

企业员工的安全教育主要有新员工上岗前的三级安全教育、改变工艺和变换岗位安全教育、经常性安全教育三种形式。

（4）安全检查制度

1）安全检查的目的

安全检查制度是清除隐患、防止事故、改善劳动条件的重要手段，是企业安全生产管理工作的一项重要内容。通过安全检查可以发现企业及生产过程中的危险因素，以便有计划地采取措施，保证安全生产。

2）安全检查的方式

检查方式有企业组织的定期安全检查，各级管理人员的日常巡回检查，专业性检查，季节性检查，节假日前后的安全检查，班组自检、交接检查，不定期检查等。

3）安全检查的内容

安全检查的主要内容包括：查思想、查制度、查管理、查隐患、查整改、查伤亡事故处理等。安全检查的重点是检查"三违"和安全责任制的落实。检查后应编写安全检查报告，报告应包括以下内容：已达标项目，未达标项目，存在问题，原因分析，纠正和预防措施。

4）安全隐患的处理程序

对查出的安全隐患，不能立即整改的要制定整改计划，定人、定措施、定经费、定完成日期，在未消除安全隐患前，必须采取可靠的防范措施，如有危及人身安全的紧急险情，应立即停工。应按照"登记—整改—复查—销案"的程序处理安全隐患。

（5）安全措施计划制度

安全措施计划制度是指企业进行生产活动时，必须编制安全措施计划，它是企业有计划地改善劳动条件和安全卫生设施、防止工伤事故和职业病的重要措施之一，对企业加强劳动保护、改善劳动条件、保障职工的安全和健康、促进企业生产经营的发展都起着积极作用。

1）安全措施计划的范围

安全措施计划的范围应包括改善劳动条件、防止事故发生、预防职业病和职业中毒等内容，具体包括：

① 安全技术措施

安全技术措施是预防企业员工在工作过程中发生工伤事故的各项措施，包括防护装置、保险装置、信号装置和防爆炸装置等。

② 职业卫生措施

职业卫生措施是预防职业病和改善职业卫生环境的必要措施，包括防尘、防毒、防噪声、通风、照明、取暖、降温等措施。

③ 辅助用房间及设施

辅助用房间及设施是为了保证生产过程安全卫生所必需的房间及一切设施，包括更衣室、休息室、淋浴室、消毒室、妇女卫生室、厕所和冬期作业取暖室等。

④ 安全宣传教育措施

安全宣传教育措施是为了宣传普及有关安全生产法律、法规、基本知识所需要的措施，其主要内容包括安全生产教材、图书、资料，安全生产展览，安全生产规章制度，安全操作方法训练设施，劳动保护和安全技术的研究与实验等。

2）编制安全措施计划的依据

① 国家发布的有关职业健康安全政策、法规和标准；

② 在安全检查中发现的尚未解决的问题；

③ 造成伤亡事故和职业病的主要原因和所采取的措施；

④ 生产发展需要所应采取的安全技术措施；

⑤ 安全技术革新项目和员工提出的合理化建议。

3）编制安全技术措施计划的一般步骤

编制安全技术措施计划可以按照下列步骤进行：

① 工作活动分类；

② 危险源识别；

③ 风险确定；

④ 风险评价；

⑤ 制定安全技术措施计划；

⑥ 评价安全技术措施计划的充分性。

（6）生产安全事故报告和调查处理制度

关于生产安全事故报告和调查处理制度，我国《安全生产法》《建筑法》《建设工程安全生产管理条例》《生产安全事故报告和调查处理条例》《特种设备安全监察条例》等法律法规都对此作了相应的规定。

《安全生产法》第七十条规定："生产经营单位发生生产安全事故后，事故现场有关人员应当立即报告本单位负责人"；"单位负责人接到事故报告后，应当迅速采取有效措施，组织抢救，防止事故扩大，减少人员伤亡和财产损失，并按照国家有关规定立即如实报告当地负有安全生产监督管理职责的部门，不得隐瞒不报、谎报或者拖延不报，不得故意破坏事故现场、毁灭有关证据。"

《建筑法》第五十一条规定："施工中发生事故时，建筑施工企业应当采取紧急措施减少人员伤亡和事故损失，并按照国家有关规定及时向有关部门报告。"

《建设工程安全生产管理条例》第五十条对建设工程生产安全事故报告制度的规定为："施工单位发生生产安全事故，应当按照国家有关伤亡事故报告和调查处理的规定，及时、如实地向负责安全生产监督管理的部门、建设行政主管部门或者其他有关部门报告；特种设备发生事故的，还应当同时向特种设备安全监督管理部门报告。接到报告的部门应当按照国家有关规定，如实上报。"本条是关于发生伤亡事故时的报告义务的规定。一旦发生安全事故，及时报告有关部门是及时组织抢救的基础，也是认真进行调查分清责任的基础。因此，施工单位在发生安全事故时，不能隐瞒事故情况。

2007年6月1日起实施的《生产安全事故报告和调查处理条例》对生产安全事故报告和调查处理制度作了更加明确的规定。

（7）"三同时"制度

"三同时"制度是指凡是我国境内新建、改建、扩建的基本建设项目，技术改建项目和引进的建设项目，其安全生产设施必须符合国家规定的标准，必须与主体工程同时设计、同时施工、同时投入生产和使用。

新建、改建、扩建工程的初步设计要经过行业主管部门、安全生产管理部门、卫生部门和工会的审查，同意后方可进行施工；工程项目完成后，必须经过主管部门、安全生产管理行政部门、卫生部门和工会的竣工检验；建设工程项目投产后，不得将安全设施闲置不用，生产设施必须和安全设施同时使用。

（8）安全预评价制度

安全预评价是在建设工程项目前期，应用安全评价的原理和方法对工程项目的危险性、危害性进行预测性评价。

开展安全预评价工作，是贯彻落实"安全第一，预防为主，综合治理"方针的重要手段，是企业实施科学化、规范化安全管理的工作基础。科学、系统地开展安全评价工作，不仅直接起到了消除危险有害因素、减少事故发生的作用，有利于全面提高企业的安全管理水平，而且有利于系统地、有针对性地加强对不安全状况的治理、改造，最大限度地降低安全生产风险。

8.2.4　施工安全技术措施

（1）施工安全控制

安全控制是生产过程中涉及的计划、组织、监控、调节和改进等一系列致力于满足生产安全所进行的管理活动。

1）安全控制的目标

安全控制的目标是减少和消除生产过程中的事故，保证人员健康安全和财产免受损失。具体应包括：

① 减少或消除人的不安全行为的目标；

② 减少或消除设备、材料的不安全状态的目标；

③ 改善生产环境和保护自然环境的目标。

2）施工安全的控制程序

① 确定每项具体建设工程项目的安全目标

按"目标管理"方法在以项目经理为首的项目管理系统内进行分解，从而确定每个岗位的安全目标，实现全员安全控制。

② 编制建设工程项目安全技术措施计划

工程施工安全技术措施计划是对生产过程中的不安全因素，用技术手段加以消除和控制的文件，是落实"预防为主"方针的具体体现，是进行工程项目安全控制的指导性文件。

③ 安全技术措施计划的落实和实施

安全技术措施计划的落实和实施包括建立健全安全生产责任制，设置安全生产设施，采用安全技术和应急措施，进行安全教育和培训，安全检查，事故处理，沟通和交流信息，通过一系列安全措施的贯彻，使生产作业的安全状况处于受控状态。

④ 安全技术措施计划的验证

安全技术措施计划的验证是通过施工过程中对安全技术措施计划实施情况的安全检查，纠正不符合安全技术措施计划的情况，保证安全技术措施的贯彻和实施。

⑤ 持续改进根据安全技术措施计划的验证结果，对不适宜的安全技术措施计划进行修改、补充和完善。

（2）施工安全技术措施的一般要求

1）开工前制定

施工安全技术措施是施工组织设计的重要组成部分，应在工程开工前与施工组织设计一同编制。为保证各项安全设施的落实，在工程图纸会审时，就应特别注意考虑安全施工的问题，并在开工前制定好安全技术措施，使得用于该工程的各种安全设施有较充分的时间进行采购、制作和维护等准备工作。

2）全面性

按照有关法律法规的要求，在编制工程施工组织设计时，应当根据工程特点制定相应的施工安全技术措施。对于大中型工程项目、结构复杂的重点工程，除必须在施工组织设计中编制施工安全技术措施外，还应编制专项工程施工安全技术措施，详细说明有关安全方面的防护要求和措施，确保单位工程或分部分项工程的施工安全。对爆破、拆除、起重吊装、水下、基坑支护和降水、土方开挖、脚手架、模板等危险性较大的作业，必须编制专项安全施工技术方案。

3）针对性

施工安全技术措施是针对每项工程的特点制定的，编制安全技术措施的技术人员必须掌握工程概况、施工方法、施工环境、条件等一手资料，并熟悉安全法规、标准等，才能制定有针对性的安全技术措施。

4）全面、具体、可靠

施工安全技术措施应把可能出现的各种不安全因素考虑周全，制定的对策措施方案应力求全面、具体、可靠，这样才能真正做到预防事故的发生。但是，全面具体不等于罗列一般通常的操作工艺、施工方法以及日常安全工作制度、安全纪律等。这些制度性规定，安全技术措施中不需要再作抄录，但必须严格执行。

对大型群体工程或一些面积大、结构复杂的重点工程，除必须在施工组织总设计中编制施工安全技术总体措施外，还应编制单位工程或分部分项工程安全技术措施，详细地制定出有关安全方面的防护要求和措施，确保该单位工程或分部分项工程的安全施工。

5）应急预案

由于施工安全技术措施是在相应的工程施工实施之前制定的，所涉及的施工条件和危险情况大都是建立在可预测的基础上，而建设工程施工过程是开放的过程，在施工期间的变化是经常发生的，还可能出现预测不到的突发事件或灾害（如地震、火灾、台风、洪水等）。所以，施工技术措施计划必须包括面对突发事件或紧急状态的各种应急设施、人员逃生和救援预案，以便在紧急情况下，能及时启动应急预案，减少损失，保护人员安全。

6）可行性和可操作性

施工安全技术措施应能够在每个施工工序之中得到贯彻实施，既要考虑保证安全要求，又要考虑现场环境条件和施工技术条件。

结构复杂、危险性大、特性较多的分部分项工程，应编制专项施工方案和安全措施。如基坑支护与降水工程、土方开挖工程、模板工程、起重吊装工程、脚手架工程、拆除工程、爆破工程等，必须编制单项的安全技术措施，并要有设计依据、有计算、有详图、有文字要求。此外，对于危险性大、高温期长的工程，应单独编制季节性的施工安全措施。

（3）施工主要安全技术措施

1）按规定使用"三宝"。

2）机械设备防护装置一定要齐全有效。

3）塔吊等起重设备必须有限位装置，不准带病运转，不准超负荷作业，不准在运转中维修保养。

4）架设电线，线路必须符合当地电业局的规定，电气设备全部接地接零。

5）电动机械和电动手持工具要设漏电掉闸装置。

6）脚手架材料及脚手架的搭设必须符合规程要求。

7）各种缆风绳及其设备必须符合规程要求。

8）在建工程的楼梯口，电梯口，预留洞口及通道口必须有防护设施。

9）严禁穿高跟鞋，拖鞋，赤脚进入施工场地。高空作业不准穿硬底和带钉易滑的鞋靴。

10）施工现场的悬崖，陡坎等危险地区应有警戒标志，夜间要设红灯示警。

（4）安全技术交底

1）安全技术交底的要求

① 项目经理部必须实行逐级安全技术交底制度，纵向延伸到班组全体作业人员；

② 技术交底必须具体、明确，针对性强；

③ 技术交底的内容应针对分部分项工程施工中给作业人员带来的潜在危险因素和存在问题；

④ 应优先采用新的安全技术措施；

⑤ 对于涉及"四新"项目或技术含量高、技术难度大的单项技术设计，必须经过两阶段技术交底，即初步设计技术交底和实施性施工图技术设计交底；

⑥ 应将工程概况、施工方法、施工程序、安全技术措施等向工长、班组长进行详细交底；

⑦ 定期向由两个以上作业队和多工种进行交叉施工的作业队伍进行书面交底；

⑧ 保存书面安全技术交底签字记录。

2）安全技术交底的内容

安全技术交底是一项技术性很强的工作，对于贯彻设计意图、严格实施技术方案、按图施工、循规操作、保证施工质量和施工安全至关重要。

安全技术交底主要内容主要包括：本施工项目的施工作业特点和危险点；针对危险点的具体预防措施；应注意的安全事项；相应的安全操作规程和标准；发生事故后应及时采取的避难和急救措施。

3）认真做好安全技术交底和检查落实

① 工程开工前，工程负责人应向参加施工的各类人员认真进行安全技术措施交底，使大家明白工程施工特点及各时期安全施工的要求，这是贯彻施工安全技术措施的关键。施工单位安全负责人核对现场安全技术措施是否符合施工方案的要求，若存在漏洞不可开工，应对措施进行完善，直至符合要求方可开工。

② 施工过程中，现场管理人员应按施工安全措施要求，对操作人员进行详细的工作程序中安全技术措施交底，使全体施工人员懂得各自岗位职责和安全操作方法，这是贯彻施工方案中安全措施的规范的过程。

③ 安全技术交底要结合规程及安全施工的规范标准进行，避免口号式、无针对性的交底。并认真履行交底签字手续，以提高接受交底人员的责任心。同时要经常检查安全措施的贯彻落实情况，纠正违章，使措施方案始终得到贯彻执行，达到既定的施工安全

目标。

做好安全技术交底，让一线作业人员了解和掌握该作业项目的安全技术操作规程和注意事项，减少因违章操作而导致的事故。同时，做好安全技术交底也是安全管理人员自我保护的手段。

8.2.5 安全生产事故的预防与处理

（1）安全生产事故原因

在分析事故时，应从直接原因入手，逐步深入到间接原因，从而掌握事故的全部原因。再分清主次，进行责任分析。事故的直接原因主要有两大方面。

1）人的行为因素。由于主观上的不重视和知识缺乏，造成安全事故的发生，即违章指挥、违章作业、违反劳动纪律的"三违"现象，引发事故。这种情况往往发生在施工现场，由于施工者本人和现场管理人员自身，安全防护意识和自我保护意识淡薄、职业技能低下、行为不规范等，导致在安全设施完备的情况下发生了安全事故。

2）物的状态因素。主要表现是施工现场的防护设施设置不到位；安全投入严重不足；技术装备水平陈旧不规范，安全技术措施不能完全到位等。

（2）安全事故的预防

通过以上对安全事故原因归纳和分析，安全事故的预防可以从以下几个方面入手：

1）控制人的行为。企业要严格执行三级教育制度，使人的行为符合安全规范。根据不同层次和对象，采取多种多样的教育培训方式，制定相应的教育培训措施，提高施工者和安全管理人员的安全素质。对全体从业人员要定期和不定期地组织学习安全方面的有关标准及常用知识，强化全体从业人员安全生产的教育培训，职业技能培训和安全意识，使从业人员提高安全操作和施工水平，提高全体从业人员安全意识，提高企业管理人员的安全管理水平，从根本上解决人的行为的不安全因素，保证生产安全，降低事故的发生。

2）加强建筑施工企业安全保障体系。只有建筑施工企业拥有健全的安全保障体系，才能保证物的安全状态。安全生产现场管理的目的，是保护施工现场的人身安全和设备安全。要达到这个目的，就必须强调按规定的标准去管理，逐步建立起自我约束、不断完善的安全生产管理体制。禁止使用危及安全生产的落后工艺和设备，依靠科技进步用先进技术改造传统产业。同时，主动加强与规划、设计、监理等机构的联系与沟通，及时排除可能出现的每一个隐患，使现场安全防护的各个重点环节和部位都有技术作保障，有效地控制事故的发生。

3）加强法制管理。要强化政府部门安全监管，按照建设工程安全生产管理条例，通过建立安全生产行政许可制度，从根本上严格市场准入制度。各级建设行政主管部门要加强检查和监管的力度，针对安全监管薄弱环节和管理漏洞进行重点检查，督促建筑施工企业制定有利于加强安全生产工作的各项规章制度和政策措施，发现违法违规行为和安全事故隐患要限期整改，对违反安全生产法律法规的企业和发生重大安全事故的企业要实行严肃查处，并落实到主要负责人，加大责任追究力度，提高其违法成本。设计单位必须根据有关法律规定和工程建设强制性标准进行设计，以防由于设计不合理而导致的安全生产事故。

4）成立建筑安全研究机构。把科技进步纳入安全工作的范畴之中，全面提升施工安全的现代化水平。针对有关安全生产的关键性、综合性的科技问题开展科技攻关，研究并开发新的安全用具、施工工艺、方法等，推广科技成果，对研发、推广新的安全技术、新的工艺、新的材料、新的设备的单位，在政策上给予支持，最终使得主管部门的安全管理水平和施工企业的安全操作水平全面提高，从而全面提升施工安全的技术水平，减少安全事故的发生。

（3）安全事故的处理要求

1）处理时效要求。伤亡事故处理工作应当在90日内结案，特殊情况不应超过180日。伤亡事故处理结案后，应当公开宣布处理结果。

2）隐瞒不报、谎报处理要求。在伤亡事故发生后隐瞒不报、谎报、故意推迟不报、故意破坏事故现场，或者以不正当理由拒绝接受调查以及拒绝提供有关情况和资料的，由有关部门按照国家有关规定，对有关单位负责人和直接责任人员给予行政处分；构成犯罪的，由司法机关依法追究其刑事责任。

3）责任追究要求。事故调查组提出的事故处理意见和防范措施建议，由发生事故的企业和主管部门负责处理。因忽视安全生产、违章指挥、违章作业、玩忽职守或发现事故隐患、危害情况而不采取有效措施抑制而造成伤亡事故的，由企业主管部门或者企业按照国家有关规定，对企业负责人和直接责任人员给予行政处分；构成犯罪的，由司法机关依法追究其刑事责任。

（4）安全事故处理的程序

安全事故处理的程序见表8-4。

安全事故处理程序   表8-4

安全事故处理程序	事故上报	事故发生后，事故现场有关人员应当立即向本单位负责人报告；单位负责人接到报告后，应当于1小时内向事故发生地县级以上人民政府安全生产监督管理部门和负有安全生产监督管理职责的有关部门报告。报告内容应包括：事故发生单位概况；事故发生时间、地点以及事故现场情况；事故发生的简要经过；事故已经造成或可能造成的伤亡人数和初步估计的直接经济损失；已经采取的措施；其他应当报告的情况
	事故调查	事故发生单位的负责人和有关人员在事故调查期间不得擅离职守，并应当随时接受事故调查组的询问，如实反映有关情况
	事故处理	重大事故、较大事故、一般事故，负责事故调查的人民政府应当自收到事故调查报告之日起15日内做出批复；特别重大事故，30日内做出批复，特殊情况下，批复时间可以适当延长，但延长时间最长不超过30日。事故处理的情况由负责事故调查的人民政府或者其授权的有关部门、机构向社会公布，依法应当保密的除外
	责任人处理	有关机关应当按照人民政府的批复，依照法律、行政法规规定的权限和程序，对事故发生单位和有关人员进行行政处罚，对负有事故责任的国家工作人员进行处分；事故发生单位应当按照负责事故调查的人民政府的批复，对本单位负有事故责任的人员进行处理，负有事故责任的人员涉嫌犯罪的，依法追究其刑事责任

8.3 建筑工程施工现场环境管理

8.3.1 施工现场管理的意义

施工现场管理是指对批准占用的施工场地进行科学安排、合理使用，并与周围环境保持和谐关系。该场地既包括红线以内占用的建筑用地和施工用地，又包括红线以外现场附近经批准占用的临时施工用地。

施工现场管理好坏直接影响施工活动能否正常进行，因此，加强施工现场管理具有重要意义。任何与施工现场管理发生联系的单位都应注重工程施工现场管理。每一个在施工现场从事施工和管理的工作人员，都应当有法制观念，执法、守法、护法，不能有半点疏忽。

8.3.2 施工现场管理的内容

建筑施工现场管理主要包括以下几个方面的内容：

（1）施工用地

首先要保证场内占地的合理使用。当场内空间不充分时，应会同建设单位按规定向规划部门和公安交通部门申请，经批准后才能获得并使用场外临时施工用地。

（2）施工总平面设计

施工组织设计是工程施工现场管理的重要内容和依据，尤其是施工总平面设计，目的就是施工现场进行科学规划，以合理利用空间。在施工总平面图上，临时设施、大型机械、材料堆场、物资仓库、构件堆场、消防设施、道路及进出口、加工场地、水电管线、周转使用场地等，都应各得其所，关系合理合法，从而呈现出现场文明，有利于安全和环境保护，有利于节约，方便工程施工。

（3）施工现场的平面布置

不同的施工阶段，施工的需要不同，现场的平面布置亦应进行调整。当然，施工内容变化是主要原因；另外分包单位也随之变化，他们也对施工现场提出新的要求。因此，不应当把施工现场当成一个固定不变的空间组合，而应当对它进行动态的管理和控制，但是调整也不能太频繁，以免造成浪费。一些重大设施应基本固定，调整的对象应是耗费不大的规模小的设施，或失去作用的设施，代之以满足需要的设施。

（4）施工现场使用现场管理人员应经常检查现场布置是否按平面布置图进行，是否符合各项规定，是否满足施工需要，还有哪些薄弱环节，从而为调整施工现场布置提供有用的信息，也使施工现场保持相对稳定，不被复杂的施工过程打乱或破坏。

（5）文明施工

施工现场和临时占地范围内秩序井然，文明安全，环境得到保持，绿地树木不被破坏，交通畅达，文物得以保存，防火设施完备，居民不受干扰，场容和环境卫生均符合要求。建筑工地的主要出入口处应设置醒目的"五牌一图"。并公示：工程概况、安全生产与文明施工、安全纪律、施工平面图、防火须知、项目经理部组织机构及主要管理人员名单等内容。

建筑工地周围须设置遮挡围墙。围墙应用混凝土预制板或砖砌筑，封闭严密，并粉刷涂白，保持整洁完整。施工现场的场区应干净整齐，施工现场的楼梯口、电梯井口、预留洞口、通道口和建筑物临边部位应当设置整齐、标准的防护装置，各类警示标志设置明显。施工作业面应当保持良好的安全作业环境，余料及时清理、清扫，禁止随意丢弃。

施工现场的施工区、办公区、生活区应当分开设置，实行区划管理。生活、办公设施应当科学合理布局，并符合城市环境、卫生、消防安全及安全文明施工标准化管理的有关规定。

此外，施工现场材料的应文明堆放；临时宿舍、食堂、厕所及排水设置应符合卫生和居住等相关要求；临街或人口密集区的建筑物，应设置防止物体坠落的防护性设施；在施工现场应当配备符合有关规定要求的急救人员、保健医药箱和急救器材。

建立文明施工现场有利于提高工程质量和工作质量，提高企业信誉。为此，应当做到主管挂帅，系统把关，普遍检查，建章建制，责任到人，落实整改，严明奖惩。

8.3.3 施工现场文明施工

（1）文明施工的意义

文明施工是指保持施工现场良好的作业环境、卫生环境和工作秩序。因此，文明施工也是保护环境的一项重要措施。

1）文明施工可以适应现代化施工的客观要求，遵守施工现场文明施工的规定和要求，有利于员工的身心健康。

2）文明施工有利于培养和提高施工队伍的整体素质，促进企业综合管理水平的提高，提高企业的知名度和市场竞争力。

3）文明施工，规范施工现场的场容，保持作业环境的整洁卫生，可以减少施工对周围居民和环境的影响。

（2）文明施工的措施

文明施工的要求主要包括对现场围挡、封闭管理、施工场地、材料堆放、现场住宿、现场防火、治安综合治理、施工现场标牌、生活设施、保健急救、社区服务十一个方面。针对以上要求，施工现场通常从以下几个方面分别采取一定的措施来保证文明施工。

1）施工平面布置

施工总平面图是现场管理、实现文明施工的依据。施工总平面图应对施工机械设备、材料和构配件的堆场、现场加工场地以及现场临时运输道路、临时供水供电线路和其他临时设施进行合理布置，并随工程实施的不同阶段进行场地布置和调整。

2）现场围挡、标牌

①施工现场必须实行封闭管理，设置进出口大门，制定门卫制度，严格执行外来人员进场登记制度。沿工地四周连续设置围挡，市区主要路段和其他涉及市容景观路段的工地设置围挡的高度不低于2.5m，其他工地的围挡高度不低于1.8m，围挡材料要求坚固、稳定、统一、整洁、美观。

②施工现场必须设有"五牌一图"，即工程概况牌、管理人员名单及监督电话牌、消防保卫（防火责任）牌、安全生产牌、文明施工牌和施工现场总平面图。

③施工现场应合理悬挂安全生产宣传和警示牌，标牌悬挂牢固可靠，特别是主要施工部位、作业点和危险区域以及主要通道口都必须有针对性地悬挂醒目的安全警示牌。

3）施工场地

施工现场应积极推行硬地坪施工，作业区、生活区主干道地面必须用一定厚度的混凝土硬化，场内其他道路地面也应硬化处理；施工现场道路畅通、平坦、整洁，无散落物；施工现场设置排水系统，排水畅通，不积水；严禁泥浆、污水、废水外流或未经允许排入河道，严禁堵塞下水道和排水河道；施工现场适当地方设置吸烟处，作业区内禁止随意吸烟；积极美化施工现场环境，根据季节变化，适当进行绿化布置。

4）材料堆放、周转设备管理

建筑材料、构配件、料具必须按施工现场总平面布置图堆放，布置合理；建筑材料、构配件及其他料具等必须做到安全、整齐堆放（存放），不得超高；堆料分门别类，悬挂标牌，标牌应统一制作，标明名称、品种、规格数量等；建立材料收发管理制度，仓库、工具间材料堆放整齐，易燃易爆物品分类堆放，专人负责，确保安全；施工现场建立清扫制度，落实到人，做到工完料尽场地清，车辆进出场应有防泥带出措施。建筑垃圾及时清运，临时存放现场的也应集中堆放整齐、悬挂标牌。不用的施工机具和设备应及时出场；施工设施、大模板、砖夹等，集中堆放整齐，大模板成对放稳，角度正确。钢模及零配件、脚手扣件分类分规格，集中存放。竹木杂料，分类堆放、规则成方，不散不乱，不作他用。

　　5）现场生活设施

　　① 施工现场作业区与办公、生活区必须明显划分，确因场地狭窄不能划分的，要有可靠的隔离栏防护措施。

　　② 宿舍内应确保主体结构安全，设施完好。宿舍周围环境应保持整洁、安全。

　　③ 宿舍内应有保暖、消暑、防煤气中毒、防蚊虫叮咬等措施。严禁使用煤气灶、煤油炉、电饭煲、热得快、电炒锅、电炉等器具。

　　④ 食堂应有良好的通风和洁卫措施，保持卫生整洁，炊事员持健康证上岗。

　　⑤ 建立现场卫生责任制，设卫生保洁员。

　　⑥ 施工现场应设固定的男、女简易淋浴室和厕所，并要保证结构稳定、牢固和防风雨。并实行专人管理、及时清扫，保持整洁，要有灭蚊蝇滋生措施。

　　6）现场消防、防火管理

　　① 现场建立消防管理制度，建立消防领导小组，落实消防责任制和责任人员，做到思想重视、措施跟上、管理到位。

　　② 定期对有关人员进行消防教育，落实消防措施。

　　③ 现场必须有消防平面布置图，临时设施按消防条例有关规定搭设，做到标准规范。

　　④ 易燃易爆物品堆放间、油漆间、木工间、总配电室等消防防火重点部位要按规定设置灭火器和消防沙箱，并有专人负责，对违反消防条例的有关人员进行严肃处理。

　　⑤ 施工现场用明火做到严格按动用明火规定执行，审批手续齐全。

　　7）医疗急救的管理

　　展开卫生防病教育，准备必要的医疗设施，配备经过培训的急救人员，有急救措施、急救器材和保健医药箱。在现场办公室的显著位置张贴急救车和有关医院的电话号码等。

　　8）社区服务的管理

　　建立施工不扰民的措施。现场不得焚烧有毒、有害物质等。

　　9）治安管理

　　建立现场治安保卫领导小组，有专人管理；新入场的人员做到及时登记，做到合法用工；按照治安管理条例和施工现场的治安管理规定搞好各项管理工作；建立门卫值班管理制度，严禁无证人员和其他闲杂人员进入施工现场，避免安全事故和失盗事件的发生。

　　（3）施工现场环境保护措施

　　保护和改善作业现场的环境，控制现场的各种粉尘、废水、废气、固体废弃物、噪声、振动等对环境的污染和危害，对企业发展、员工健康和社会文明有重要意义。《中华人民共和国环境保护法》和《中华人民共和国环境影响评价法》针对建设工程项目中环境保护的基本要求做出了相关规定；此外，《中华人民共和国海洋环境保护法》针对海岸工程建设和海洋石油勘探开发也要求必须依照法律的规定，防止对海洋环境的污染损害。

工程建设过程中的污染主要包括对施工场界内的污染和对周围环境的污染。对施工场界内的污染防治属于职业健康安全问题，而对周围环境的污染防治是环境保护的问题。

建设工程环境保护措施主要包括大气污染的防治、水污染的防治、噪声污染的防治、固体废弃物的处理以及文明施工措施等。

1）施工现场空气污染的防治措施

① 施工现场垃圾渣土要及时清理出现场。

② 高大建筑物清理施工垃圾时，要使用封闭式的容器或者采取其他措施处理高空废弃物，严禁凌空随意抛撒。

③ 施工现场道路应指定专人定期洒水清扫，形成制度，防止道路扬尘。

④ 对于细颗粒散体材料（如水泥、粉煤灰、白灰等）的运输、储存要注意遮盖、密封，防止和减少扬尘。

⑤ 车辆开出工地要做到不带泥沙，基本做到不洒土、不扬尘，减少对周围环境污染。

⑥ 除设有符合规定的装置外，禁止在施工现场焚烧油毡、橡胶、塑料、皮革、树叶、枯草、各种包装物等废弃物品以及其他会产生有毒、有害烟尘和恶臭气体的物质。

⑦ 机动车都要安装减少尾气排放的装置，确保符合国家标准。

⑧ 工地茶炉应尽量采用电热水器。若只能使用烧煤茶炉和锅炉时，应选用消烟除尘型茶炉和锅炉，大灶应选用消烟节能回风炉灶，使烟尘降至允许排放范围为止。

⑨ 大城市市区的建设工程已不容许搅拌混凝土。在容许设置搅拌站的工地，应将搅拌站封闭严密，并在进料仓上方安装除尘装置，采用可靠措施控制工地粉尘污染。

⑩ 拆除旧建筑物时，应适当洒水，防止扬尘。

2）施工过程水污染的防治措施

① 禁止将有毒有害废弃物作土方回填。

② 施工现场搅拌站废水，现制水磨石的污水，电石（碳化钙）的污水必须经沉淀池沉淀合格后再排放，最好将沉淀水用于工地洒水降尘或采取措施回收利用。

③ 现场存放油料，必须对库房地面进行防渗处理，如采用防渗混凝土地面、铺油毡等措施。使用时，要采取防止油料跑、冒、滴、漏的措施，以免污染水体。

④ 施工现场 100 人以上的临时食堂，污水排放时可设置简易有效的隔油池，定期清理，防止污染。

⑤ 工地临时厕所、化粪池应采取防渗漏措施。中心城市施工现场的临时厕所可采用水冲式厕所，并有防蝇灭蛆措施，防止污染水体和环境。

⑥ 化学用品、外加剂等要妥善保管，库内存放，防止污染环境。

3）施工现场噪声的控制措施

噪声控制技术可从声源、传播途径、接收者防护等方面来考虑。

① 声源控制

尽量采用低噪声设备和加工工艺代替高噪声设备与加工工艺，如低噪声振捣器、风机、电动空压机、电锯等；在声源处安装消声器消声，即在通风机、鼓风机、压缩机、燃气机、内燃机及各类排气放空装置等进出风管的适当位置设置消声器。

② 传播途径的控制

主要从吸声材料、隔声结构、消声器及减振降噪三个方面来阻止噪声的传播。

③ 接收者的防护

首先，尽量减少相关人员在噪声环境中的暴露时间；其次，让处于噪声环境下的人员使用耳塞、耳罩等防护用品，以减轻噪声对人体的危害。

④ 严格控制人为噪声

进入施工现场不得高声喊叫、无故甩打模板、乱吹哨，限制高音喇叭的使用，最大限度地减少噪声扰民；凡在人口稠密区进行强噪声作业时，须严格控制作业时间，一般晚10点到次日早6点之间停止强噪声作业。

4）固体废物的处理和处置

固体废物处理的基本思想是：采取资源化、减量化和无害化的处理，对固体废物产生的全过程进行控制。固体废物的主要处理方法包括：回收利用、减量化处理、焚烧、稳定和固化、填埋。

本 章 小 结

本章介绍了建筑工程职业健康安全的基本理论知识，重点阐述了安全生产管理的内容、安全生产管理制度，总结了施工安全技术措施；介绍了施工现场管理的一般要求、施工现场管理的内容及施工现场的文明施工。

学生在学习过程中，应注意理论联系实际，通过解析案例，初步掌握理论知识，提高实践动手能力。

本 章 习 题

1. 何谓安全生产管理？安全生产管理涉及哪些内容？
2. 建立安全生产管理体系的原则有哪些？
3. 简述施工安全生产管理的内容。
4. 简述项目环境管理的内容。
5. 简述现场文明施工管理的内容。
6. 施工现场生产各级安全责任有哪些？
7. 施工现场的不安全因素有哪些？
8. 施工现场的安全教育形式有哪些？
9. 简述施工现场安全检查的主要内容。
10. 施工临时用电安全管理要求有哪些？
11. 现场防火安全管理要求有哪些？
12. 试述安全事故处理的程序。
13. 试述施工现场事故应急救援措施。

9　建设工程项目信息化管理

【案例导入】

随着建筑市场的发展，工程项目的规模越来越大，功能越来越复杂、专业分工越来越细，参与的单位和人员构成也越来越庞杂，建筑企业越来越重视信息化管理。

在此形势下为了提高工程项目信息管理的现代化水平，建设工程项目经理部应采取哪些应对措施？建设工程项目管理者应该具备哪些方面的项目管理信息基础知识？

9.1　建设工程项目信息化管理概述

近年来，由于计算机技术发展得越来越迅速，建设工程项目中信息技术的应用也变得广泛起来。尤其是针对施工项目的管理，工程资料管理软件、施工进度计划管理软件等各类专业管理软件受到广泛青睐，越来越多的施工单位已经开始使用集成化的施工项目信息化管理系统实施施工项目的管理。在激烈竞争的市场压力下，建设工程项目的管理更要与时代接轨，与国际接轨，向新时代的信息化管理转型，建设规范化、科学化、系统化、自动化的建设工程项目管理势在必行。

9.1.1　建设工程项目信息化管理的概念及特点

（1）建设工程项目信息的概念

通常所说的建设工程项目，一般都是有着数额较大的资金投入，在特定的条件下经过一系列相关程序，包括立项、决策、实施等，其目标一般为形成一种预计的固定资产。这是一个一次性的过程，一个项目从生命周期来看，主要可以分为决策、实施和运营三个阶段。而通常所谓的建设工程项目信息，则包括在这个一次性的项目整个生命周期内所涉及的所有与工程项目管理有关的管理制度、组织机构、技术开发、经济形势等各种信息，这些信息是项目是否可以进行投资、生产、决策的最重要的基础依据，可以表现为不同的文本、图像、报表、数字等形式。项目相关的各组织之间也通过这些信息进行相互联系，从而协调各自的工作实现项目的最终预期效益。

（2）建设工程项目信息化管理的特点

建设工程项目信息有着一般信息所拥有的普遍性特点，还有着一些特殊的性质，包括以下五个方面。

1）信息量巨大

建设工程项目随着施工的进行，特别是一些大型建设工程项目，所涉及的信息量会越来越大。这样处理这些工程信息的工作也就越来越难，同时，要实现优秀的工程管理也会变得更有挑战。

2）多信息源、多存储点

多信息源主要指建设工程项目所涉及的信息，其来源非常广泛，有项目本身的各阶段、各利益方、各环节以及外界的诸多直接或间接的影响因素和不同的各种评价标准等，导致了在信息的收集和整理都存在很大的困难。因此，如何科学、全面、精确、适时地收集到各方面的建设工程项目信息，进而能否进行有效处理，直接影响到管理者是否能够做出最优化的决策，故这是管理者和利益方要解决的首要问题。多存储点主要是因为不同信息的使用者各不相同，所以这些巨量的信息又是由不同的人员分散存储的。因此，不可避免地会产生"信息不对称"和"信息孤岛"现象，这也不利于对建设工程项目进行信息化管理。

3）非结构化信息比例大

在建设工程项目中所涉及的信息里，除了少量诸如描述工程进度、项目资金等这些结构化数据外，绝大多数以上为非结构化信息，这些信息不能像结构化信息那样可以通过设计关系型数据库并进行简捷的保存和运用，绝大部分信息是难以管理的，却对整个建设工程项目有着至关重要的作用。

4）信息动态持续变化

建设工程项目信息属于应用类信息，也具备其独特的生命周期性特点。另外，建设工程项目，特别是在施工的时候，不确定性的影响因素较多，从而导致信息总是处于持续变化的状态。因此，必须对建设工程项目信息进行全程监控。

5）信息时空差异大

信息所属的时间、空间取决于建设工程项目的活动所在的时空。所有的信息，其从产生、收集、整理、传送、处理、反馈到新信息的产生，都是一个闭合的循环，是一个完整的系统。在建设工程项目中，各个环节上都会在不同的地点产生大量有着相互潜在影响作用的信息，进而在处理这些信息的过程中，不可避免地会导致各个信息的处理时间不协调。

（3）建设工程项目信息化管理

对于建筑工程的管理在现代管理理论和实践中占据了非常重要的位置，其具有非常独特的管理特征。首先，对于建筑工程的管理所需要涉及的方面更加广泛；其次，对于建筑工程的管理是一个完整的管理周期，复杂度更高，所需要的管理技术水平更高。因此，对于建筑工程的管理必须抛弃传统的模式化管理，尽量运用有着很强灵活性的信息化管理方式，这样才能持续改善和提高建筑工程的管理质量。

1）规范建筑工程的交易活动，实行信息公开制度。

当今社会，建筑工程领域的交易和管理也还处于相对混乱的状态，没有建立起一个正式的交流平台或者是信息发布渠道，使得建筑工程的各利益方和监管方都难以进行信息共享，从而导致信息获取的有效性降低，进而会造成建设工程项目过程中的问题大量出现。这样不仅会让项目的参与方在施工过程中难度加大，并且也容易产生不良的社会风气，滋生腐败等。通过建立信息共享平台，制定信息公开制度，不仅仅是能够更好地规范建筑工程的交易活动，还能够对社会带来正面意义，帮助市场更加规范化，有利于国家的反腐廉洁工作。

2）鼓励企业正当竞争行为，建立信用数据库

如果政府主管部门建立信用数据库，建立企业的详细信用档案，特别是将一些不遵守法律法规和不按照有利于市场正当竞争的企业活动记录进信用数据库，通过透明的信息公

开平台，所有建设工程项目参与方都可以在网络上查询到相关信息，这样可以更好地改善建筑工程市场的秩序，实现建设工程项目的质量目标，从而保障建筑工程的施工安全。

3）提高建筑工程的管理效率，应用信息系统进行招投标

传统的信息传播主要为电台、报纸和电视等三种形式，其中电台主要为声音方式的传播，报纸主要为文字方式的传播，电视主要为视觉方式的传播。而信息系统是这三者相结合的新型多媒体模式，比传统的信息传播方式有着非常显著的优势。为提高建筑工程的管理效率，在建筑工程的招标投标过程中应用高效的信息系统，能够更好地促进市场的规划化和公平竞争环境养成。这也是以后电子商务平台发展的趋势之一，可以很好地提高建筑工程的管理效率和工作效率。

4）促进建筑工程市场的公平公正性，建立专家匿名随机咨询系统

建立专家匿名随机咨询系统，这是一种非常智能化的信息系统软件，首先将可以进行咨询的专家联系方式都输入通过专家匿名随机咨询系统，然后将可能需要进行咨询的项目情况也进行分类编号输入系统，由系统自动随机抽取专家的编号和项目的编号，并按照预设的选择规则，配对选择专家和需要咨询的操作项目，然后系统会自动联系对应的专家，让专家进行按键选择，从而进行评价。整个联系过程全部由系统语音进行，相关评价建议过程只有系统项目信息输入者和专家本人知道相关项目信息，这样可以很好地确保对相关信息的保密，也有效地减少了违规活动的可能，尤其是可以减少内部交易和贿赂等违规活动。

5）规范建设工程项目的招标投标活动，对招标结果进行网络公示

建立招标结果网络公示制度，通过网络对外公示平台公布招标结果，更好地规范建设工程项目的招标投标活动。可以规定公示时间，一般为一周时间，一周内若有人或企业对此招标结果表示不同意，则可以进行对应的申诉。招标结果网络公示制度可以很好地使得招标投标过程信息公开化，同时还能够在此基础上继续进行对项目执行建设情况的追踪公示，更好地实现信息共享。

6）进一步实现信息资源共享，建立统一建筑工程资源共享平台

在国家的信息化建设政策引导下，目前在建筑工程领域，我国已经建立起了覆盖全国各大城市的工程信息网。目前，各城市都建立了地市级信息平台，通过对各种建筑工程有关信息的收集、挖掘，帮助信息使用者进行深入的数据分析，极大地促进了各地在建设工程项目实施的信息资源共享。同时，数据的充分性和科学使用处理方式，也能更好地帮助各地的政府主管部门制定对应的决策，以更好地促进建筑工程建设市场的规划化和高效益。

7）加强服务市场的能力，提高先进信息技术服务水平

建设工程项目建设的各参与方进行有关交易活动时，其主要目的就是给对方提供满意的服务，以及提供合适的场所以进行建设工程项目交易活动，给国家各级政府监管部门或者第三方监理单位提供所必需的标准条件，给信息的收集、处理、发布等提供共享交流平台。但是，目前我国的建筑工程市场还是以传统的、有形的服务为主要形式，远远没有到达节约高效的状态，两方都要在财力、人力、物力三方面都投入大量资源。因此，为进一步加强建设工程项目服务市场的能力，提高先进信息技术服务水平，建立电子招投标及评标等电子信息平台势在必行。

9.1.2 建设工程项目信息化管理体系建立

（1）建立统一的建筑工程信息系统

对于大型的建筑工程建设项目的管理，本质上即是要合理地利用现有人、机、料和资金，在规定的时间内，达成预定的质量和效益目标，为以最小的资源获取最多的收益，项目管理者必须进行定量分析和计划，并进行动态的优化调整。在此过程中，信息的获取和处理能力至关重要，为进一步加强建设工程项目服务市场的能力，提高先进信息技术服务水平，建立统一的建筑工程电子信息系统势在必行。

在国家的信息化建设政策引导下，目前我国已经在建筑工程领域，建立起了覆盖全国各大城市的工程信息网。我国的工程信息网建设中，尤为重要是监管系统的建设。通过对重要的信息数据的在线监管，我国的工程信息网给建筑工程领域提供了一个有效优良的电子数据平台。在此基础上，工程信息网建设不仅应用于建筑工程的信息发布，更是一个可以进行信息的收集和分析处理等应用功能的强大的信息处理平台，更好地为全社会提供信息服务。

（2）建立信息化建筑工程管理三大子系统

建筑工程行业涉及的门类、企业众多，构成了庞大而复杂的行业信息集合，其信息量非常大。没有一个规范有效的行业管理系统和高效的运作机制，将难以保证这个行业的各项工作健康、有序、高效地发展。应用现代信息技术建立高效的行业管理、工程项目管理、企业管理方面的信息管理系统，可以方便有效地对行业的有关情况进行统计分析，为制定合理的产业发展政策、产业技术政策、产业发展规划和发展战略提供了全新的条件和可能。建筑工程信息化建设应该着手建设三大系统：一是建筑工程设计、施工的技术和控制系统；二是建筑工程标准、行业管理、工程管理、企业管理的信息系统；三是建筑工程基于互联网的方案优选、施工招标投标、材料设备采购、人才招聘的企业商务贸易信息系统。

（3）建设工程项目信息化的准备工作

1）提高对信息化管理的认识

要加强建筑工程管理信息化建设，首先应提高建筑工程管理人员对信息化的认知，使其了解到建筑工程管理信息化建设可以将许多有价值的信息，便于管理决策及建设工程项目运作过程中的各个环节的实施。只有提高建筑工程管理人员对信息化的认识，才能促使其运用计算机等信息技术方法提高建筑工程管理的水平和效率。建筑工程企业的领导也应更新观念，充分认识到只有抓好建筑工程管理信息化建设，才能提高建筑工程管理的工作效率，企业应争取给予政策、资金、技术方面的支持，与专业的公司共同努力开发出方便实用的管理软件，充分协调网络建设步伐，满足建筑工程管理人员的需求。

2）构建工程管理信息化系统平台

工程管理信息化系统平台指的是在建筑项目施工现场建立项目工程部、施工单位、监理单位和勘察设计院为代表的计算机局域网络和联结上级领导部门、兄弟单位和互联网的广域网，以此来保证各个参与建筑工程的单位之间，及上下级之间实现信息的传输和共享，从而提高管理的效率。管理信息化平台可帮助实现建筑企业管理的信息化、规范化、流程化、现代化。该系统应包括建筑设计、施工、制造、安装、调试、运营等过程，涉及办公、合同、财务、设备、物资、计划等环节，是一个需要企业各部门密切配合的系统工程。

3）采用相应的建筑工程管理软件

采用建筑工程管理软件管理过程中采用相应的建筑工程管理软件，能优化管理过程，提高管理水平。建筑工程管理软件包含了对人、材、机、资金等生产要素的管理，可以实时跟踪并控制建筑工程的成本、资金、合同、进度、分包、材料等各项环节，建筑工程管理软件的有效运用，是实现建筑工程信息化管理的最佳方案，有效实现了工程数据信息化，施工流程规范化和领导决策科学化。建筑企业可以选用包含着人员、材料、机械、承包、分包、财务等内容的管理模块，有计划、合同、进度、结算等内容的项目控制模块，以及有施工日志等功能的软件，来进行实时准确的工程核算，做好计划与实际的盈亏分析工作，保证建筑施工过程的权责明确，明确资金的来龙去脉。

4）发展工程管理信息化人才队伍

人力资源是企业经营管理的基础，建筑工程管理信息化建设同样也需要大量人才作为后盾。建筑工程管理信息化建设的加强迫切发展一大批既懂得建筑工程管理，又掌握信息技术的复合型人才队伍，企业可以通过制定相应的政策，采取各种有效的措施，组织相关培训，提高工作人员的计算机应用水平，培养出适应建筑工程管理信息化发展所需的人才，成立相关的信息技术开发和应用团队，以满足建筑工程管理信息化的需要。

9.1.3 工程项目信息化管理系统构建原则

（1）安全性

网络运行安全可靠是整个网络建设的基础。工程建设管理的大部分业务都在统一的信息平台上运行，这就要求网络系统应具有非常高的安全性，必须具有网络监督和管理的能力。

（2）通用性

双方共建的网络管理信息系统不仅具备实用性，安全性，而且为了能够更好地同住房和城乡建设部的有关标准、规范协调一致，同国际工程建设的 FIDIC 条款相接轨，更快地向市场化、国际化过渡。同时，网络所采用的硬件平台、软件平台、网络协议等均是国内外厂商都支持的国际标准协议。网络选用的协议和设备均符合国际标准或工业标准、将不同应用环境和不同的网络优势有机地结合起来。

（3）先进性

网络采用国际先进的技术，确保本网络达到国内同行业的领先水平。因此可以保证开发软件的平台与使用软件的平台能适应计算机应用的发展，具备跨平台性和可移植性。

（4）拓展性

为了保证用户已有的其他应用管理软件可以不因应用此网络而废弃，同时为了保证用户今后应用其他软件而不与本网络相冲突，本网络在设计时充分考虑了网络对已有软件的兼容与综合，因此本网络具备开放性与扩充性以保证系统对用户已购置资源的支持。网络所采用的硬件平台、软件平台，网络协议等符合开放系统的标准，并能够与其他系统实现互联。在总体设计中，采用开放式的体系结构，使系统易于扩充，使相对独立的子系统易于进行组合调整。具有适应外界环境变化的能力，即在外界环境改变时，网络可以不作修改或作少量设置修改就能在新环境下运行。同时建立开放式的数据接口，支持其他厂商的工程应用软件在网络化工程管理系统中运行。

（5）可维护性

整个网络运行稳定、易于维护。网络的执行文件与数据文件分离。网络能检测文件系统的完备性，并提供数据库文件备份及恢复的功能模块。

（6）经济性

企业管理信息网络的建设，要从经济方面着眼。由于网络是一个通用的集成系统信息平台，能够在最大限度上减少投入，具有最佳的性价比，能够在完成系统目标的基础上，力争用最少的投资办好最多的事情，充分利用现有资源，使各部门已有的各种软件、硬件资源，在本网络中得到充分利用，以保护原有投资。

9.2 建设工程项目信息化管理

在建设工程项目建设过程中，所发生并经过收集和整理的信息、资料，内容和数量相当多。而在工程项目管理的过程中，可能随时需要使用其中的某些资料，为了便于管理和使用，必须对所收集到的信息、资料进行处理。建设工程项目经理部应根据项目实际情况和实际需要，在各工作部门设立专职或兼职的信息管理员，也可在项目经理部中单设信息管理员，在组织信息管理部门的指导下开展工作。

9.2.1 信息处理要求及方式

（1）信息处理要求

要使信息能有效地发挥作用，在处理它的过程中就必须做到快捷、准确、适用、经济。

1）快捷。就是信息的处理速度要快，要能够及时处理完对工程项目进行动态管理所需要的大量信息。

2）准确。就是在信息处理的过程中，必须做到去伪存真，使经处理后的信息能客观、如实地反映实际情况。

3）适用。就是经处理后的信息必须能满足工程项目管理工作的实际需要。也就是说，信息经过处理后，各级管理人员在三大控制上，或在管理决策上，或在协调工作上都能得心应手地随时使用。

4）经济。就是指信息处理采取什么样的方式，才能达到取得最佳的经济效果的目的。

（2）信息处理的方式

信息处理的方式一般有三种，即手工处理方式、机械处理方式和计算机处理方式。

1）手工处理方式

手工处理方式是一种最为简单和最原始的信息处理方式。它对信息单纯依靠人力进行手工处理。例如，信息的收集是由人来填写收集原始数据；信息的加工是由人进行比较、分类和计算；信息的存储是通过人建立起档案并保存；信息的输出是由人来编制报表和文件，并以各种形式发出去。手工处理方式适用于工程量不大、内容比较单一、信息量较少，尤其是固定信息较多时适用。

2）机械处理方式

机械处理方式是利用机械或简单的电动机械、工具进行数据加工和信息处理的一种方式。例如，用条码识别仪器对进场建筑材料、构配件的有关数据进行自动采集，利用可编程计算器等进行数据加工等。相对手工处理方式，机械处理方式大大提高了信息数据处理效率，应用比较广泛。但是，这种方式并没有改变信息处理的过程，也就是说，对信息处理依然没有实质性的改进。

3）计算机处理方式

计算机处理方式是利用计算机进行信息处理的方式。计算机不仅可以接受、存储大量的信息资料，而且可以按照人们事先编好的程序，自动、快速地对信息进行深度处理和综合加工，并能够输出多种满足不同管理层次需要的处理结果，同时也可以根据需要对信息进行快速检索和传输。在工程项目管理中，特别是进行工程项目目标控制时，需要对工程上发生的大量动态信息及时进行快速、准确的处理，此时，仅靠手工处理方式或机械处理方式将无法满足管理工作的要求。

因此，要做好工程项目管理工作中的信息处理工作，必须借助于计算机这一现代化工具来完成。建设工程信息管理贯穿于建设工程全过程，衔接建设工程的各个阶段、各个参与单位和各个方面。其基本的环节有：信息的收集、传递、整理、检索、分发、存储。

9.2.2 建设工程信息的收集及加工整理

（1）建设工程信息的收集

建设工程的信息根据所处阶段，收集的内容主要包括以下几个方面：

1）项目决策阶段的信息收集

项目决策阶段信息的收集主要包括：与项目相关市场方面的信息；与项目资源相关方面的信息；自然环境方面；新技术、新设备、新工艺、新材料、专业配套能力方面的信息及政治环境、社会治安状况，当地法律、政策、教育方面的信息。

2）设计阶段的信息收集

设计阶段信息的收集主要包括：可行性研究报告、前期相关的文件资料、存在的疑点、建设单位的意图、建设单位的前期准备和项目审批完成情况；同类工程相关信息，包括建设规模、结构形式、造价构成，工艺设备的选型，地质处理方式以及效果，建设工期，采用新材料、新工艺、新设备、新技术的实际效果以及存在的问题，技术经济指标；拟建工程所在地的相关信息，包括地质、水文、地形、地貌、地下埋设和人防设施，城市拆迁政策和拆迁户数，青苗补偿，水、电、气的接入点，周围建筑、交通、学校、医院、商业、绿化、消防、排污等；勘察、测量、设计单位的信息，包括同类工程的完成情况，实际效果，完成该工程的能力，人员构成，设备投入，质量管理体系完善情况，创新能力，收费情况，施工期技术服务主动性，处理发生问题的能力，设计深度和技术文件的质量，专业配套能力，设计概算和施工图预算的编制能力，合同履约的情况，采用新技术、新设备的情况；工程所在地政府相关信息，包括国家和地方政策、法律、法规、规范、规程、环保政策、政府服务情况和限制等；设计进度计划、质量保证体系，合同执行情况，偏差产生的原因，纠偏措施，专业设计交接情况，执行规范、规程、技术标准，特别是强制性条文执行情况，设计概算和施工图预算的编制和执行情况，设计超限额的原因，各设计工序对投资的控制情况等。

3）施工招标投标阶段的信息收集

施工招标阶段信息的收集主要包括：工程地质、水文地质勘察报告，审批报告，设计概算，施工图设计及施工图预算，该建设工程有别于其他工程的技术要求、材料、设备、工艺、质量等有关方面的信息；建设单位前期工作的有关文件，包括立项文件，建设用地、征地、拆迁许可文件等；工程造价信息；施工单位的技术、管理水平、质量保证体系；本工程使用的规范、规程、技术标准；工程所在地有关招投标的规定，国际招标、国际贷款制定的适用范本、合同条件等；工程所在地招标代理机构的能力、特点，招标管理机构以及管理程序；本工程采用的新技术、新材料、新设备、新工艺，投标单位对这"四新"的了解程度、经验、措施和处理能力。

4）施工阶段的信息收集

施工阶段的信息收集，可以分为施工准备阶段、施工阶段和竣工保修阶段。

① 施工准备阶段

施工准备阶段信息的收集主要包括：监理大纲，施工图设计及施工图预算，工程结构特点，工艺流程特点，设备特点，施工合同体系等；施工单位项目部的组成情况，进场设备的规格、型号、保修记录，施工场地的准备情况，施工单位的质量保证体系，施工组织设计，特殊工程的技术方案，承包单位和分包单位情况等；建设工程场地的工程地质、水文、气象情况，地上、地下管线，地上、地下原有建筑物情况，建筑红线、标高、坐标，水、电、气的引入标志等；施工图会审记录以及技术交底资料，开工前监理交底记录，对施工单位提交的开工报告的批准情况；与本工程有关的建筑法律、法规、规范、规程等。

②施工阶段

施工阶段信息的收集主要包括：施工单位人员、设备、水、电、气等能源的动态信息；施工阶段气象的中长期趋势以及历史同期的数据；建筑原材料、半成品、成品、构配件等工程物资进场、加工、保管、使用信息；项目经理部的管理资料，质量、进度、投资的控制措施，数据采集、处理、存储、传递方式，工序交接制度，事故处理制度，施工组织设计执行情况，工地文明施工及安全措施；施工中需要执行的国家和地方规范、规程、标准，施工合同执行情况；施工中地基验槽及处理记录，工序交接记录，隐蔽工程检查记录等；建筑材料试验的相关信息；设备安装试运行和测试的相关信息；施工索赔的相关信息，包括索赔程序、索赔依据、索赔处理意见等。

③竣工保修阶段

竣工保修阶段信息的收集主要包括：工程准备阶段的有关文件，如立项文件，建设用地、征地、拆迁文件，开工审批文件；监理文件，包括监理规划，监理实施细则，有关质量问题和质量事故处理的相关记录，监理工作总结以及监理过程中的各种控制和审批文件；施工资料；竣工图；竣工验收资料等。

以上信息收集一般可采取现场记录、会议记录、计量与支付记录、实验记录、现场照片和录像等方法。

（2）信息的加工整理

信息的加工整理是对收集的大量原始信息进行筛选、分类、排序、压缩、分析、比较、计算使用的过程。面对收集来的大量信息，首先应对建设工程项目信息进行归类。

1）按照建设工程项目管理工作的任务划分

① 成本控制信息。如项目的成本计划、施工任务单、限额领料单、施工定额、对外分包经济合同、成本统计报表、原材料价格、机械设备台班费、人工费、运杂费等。

② 质量控制信息。如国家或地方政府部门颁布的有关质量政策、法令、法规和标准

等，质量目标的分解图表、质量控制的工作流程和工作制度、质量管理体系的组成、质量抽样检查的数据、各种材料设备的合格证、质量证明书、检测报告等。

③ 进度控制信息。如项目进度计划、进度控制的工作流程和工作制度、进度目标的分解图表、材料和设备的到货计划、各分项分部工程的进度计划、进度记录等。

④ 合同管理信息。如合同文件、补充协议、变更记录、工程签证、往来函件、会议纪要、书面指令及通知、验收报告等。

2）按建设工程项目管理的工作流程划分

① 计划信息。如要完成的各项指标、上级组织的有关计划、项目管理实施规划等。

② 执行信息。如计划交底、指示、命令等。

③ 检查信息。如工程的实际进度，成本、质量等的实施状况。

④ 处置信息。如各项调整措施、意见、改进的办法和方案等。

3）按建设工程项目管理的信息来源划分

① 内部信息。内部信息取自工程项目本身，如工程概况、项目的成本目标、质量目标和进度目标、施工方案、施工进度、施工完成的各项技术经济指标、资料管理制度、项目经理部的组织等。

② 外部信息。来自工程项目外部其他单位及外部环境的信息、称为外部信息。如国家有关的政策及法规、国内及国际市场上原材料及设备价格、物价指数、类似工程的进度计划等。

4）按照建设工程项目信息的稳定程度划分

① 固定信息。固定信息是指在一定的时间内相对稳定的信息，分为标准信息（如各种定额和标准）、计划信息、查询信息（如各项施工现场管理制度）三种。

② 动态信息。动态信息是指在不断变化的信息。如质量、成本、进度的统计信息，反映在某一时刻项目的实际进展及计划完成的信息等。再如原材料消耗量，机械台班数、人工工日数等，也属于动态信息。

③ 按照信息范围的不同，可以把信息划分为精细的信息和摘要的信息。

④ 按照信息的时间不同，可以把信息划分为历史性信息、即时性信息和预测性信息。

⑤ 按照对信息的期待性不同，可以把信息划分为可预知信息和突发信息。

通过对信息进行加工整理，将信息聚集分类，使之标准化、系统化，经过对收集资料真实程度、准确程度的比较、鉴别，剔除错误的信息，获得正确的信息，便于存储、检索、传递。因此，信息加工整理要本着标准化、系统化、准确性、时间性的原则进行。

（3）信息的储存和传递

1）信息的储存

经过加工处理的信息，按照一定的规定，记录在相应的信息载体上，并把这些记录的信息载体，按照一定的特征和内容，组织成为系统的、有机的、可供人们检索的集合体，这个过程称为信息的储存。

信息储存的主要载体是文件、报告报表、图纸、音像资料等。信息的储存，主要就是将这些材料按照不同的类别，进行详细地登录、存放，建立资料归档系统。

资料的归档，一般按以下几类进行：一般函件、管理报告、计量与支付资料、合同管理资料、图纸、技术资料、试验资料、工程照片等。

2）信息的传递

信息的传递是指信息借助于一定的载体从信息源传递到使用者的过程。

信息在传递的过程中，通常形成各种信息流，常见的有：自上而下的信息流；自下而上的信息流；内部横向的信息流；外部环境信息流。

9.2.3 基于 BIM 技术的项目信息管理平台

在建设项目中，需要记录和处理大量的图形和文字信息。串通的数据集成是以二维图纸和书面文字进行记录的，但当引入 BIM 技术后，将原本二维图形和书面信息进行了集中收录与管理。在 BIM 中"I"是 BIM 的核心理念，也就是"Information"，它将工程中庞杂的数据进行了行之有效的分类与归总，使工程建设变得顺利，减少和消除了工程中出现的问题。

BIM 技术的核心是建筑信息的共享与转换，而当前，较为成熟的 BIM 软件只能满足相应几个专业之间的信息传递。为了方便多部门多专业的人员都可以利用信息的共享和转换来完成自己的专业工作，需要构建基于 BIM 技术的建筑信息平台，使每个专业人员在共同数据标准的基础上通过信息共享与转换，从而实现真正的协同工作。

1. 项目信息管理平台概述

项目信息管理平台，其内容主要涉及施工过程中的 5 个方面：施工人员管理、施工机具管理、施工材料管理、施工工法管理、施工环境管理，即人、机、料、法、环。

（1）施工人员管理

在一个项目的实施阶段，需要大量的人员进行合理的配合，包括业主方、设计方、勘察测绘、总包方、各分包方、监理方、供货方人员，甚至还有对设计、施工的协调管理人员。要想使在建工程顺利完成，就需要将各个方面的人员进行合理安排，保证整个工程的井然有序。引入项目管理平台后，通过对施工阶段各组成人员的信息、职责进行预先录入，在施工前就做好职责划分，能保证施工时施工现场的秩序和施工的效率。

施工人员管理包括施工组织管理和工作任务管理，方法为将施工过程中的人员管理信息集成到 BIM 模型中，并通过模型的信息化集成来分配任务。基于 BIM 的施工人员管理内容及相互关系如图 9-1 所示。随着 BIM 技术的引入，企业内部的团队分工必然发生根本改变，所以对配备 BIM 技术的企业人员职责结构的研究需要不断深入。

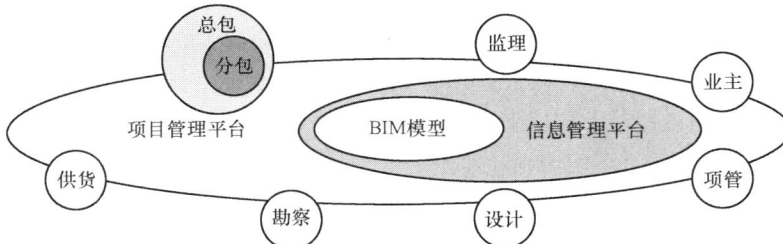

图 9-1 基于 BIM 的施工人员管理内容及相互关系

（2）施工机具管理

施工机具是指在施工中为了满足施工需要而使用的各类机械、设备、工具，如塔吊、内爬塔、爬模、爬架、施工电梯、吊篮等。仅仅依靠劳务作业人员发现问题并上报，很容易发生错漏，而好的机具管理能为项目节省很多资金。

施工机具在施工阶段需要进行进场验收、安装调试、使用维护等的管理，这也是施工企业质量管理的重要组成部分。对于施工企业来说，需对性能差异、磨损程度等技术状态导致的设备风险进行预先规划，并且还要策划对施工现场的设备进行管理，制定机具管理制度。

基于 BIM 的施工机具管理包括机具管理和场地管理，包括群塔防碰撞模拟、施工场地功能规划、脚手架设计等技术内容。

群塔防碰撞模拟：因施工需要塔机布置密集，相邻塔吊之间会出现交叉作业区，当相近的两台塔吊在同一区域施工时，有可能发生塔吊间的碰撞事故。利用 BIM 技术，通过 Time-liner 将塔吊模型赋予时间轴信息，对四维模型进行碰撞检测，逼真地模拟塔吊操作，导出的碰撞检测报告可用于指导修改塔吊方案。

（3）施工材料管理

在施工管理中还涉及对施工现场材料的管理。根据施工预算，材料部门要编制单位工程材料计划，报材料主管负责人审批后，作为物料器材加工、采购、供应的依据。在施工材料管理的物资入库方面，保管员要同交货人办理交接手续，核对清点物资名称、数量。物资入库时，应先入待验区，未经检验合格不准进入货位，更不准投入使用。对验收中发现的问题，如证件不齐全，数量、规格不符，质量不合格，包装不符合要求等，应及时报有关部门，按有关法律、法规及时处理。物资验收合格后，应及时办理入库手续，完成记账、建档工作，以便及时准确地反映库存物资的动态。在保管账上要列出金额，保管员要随时掌握储存金额状况。

基于 BIM 的施工材料管理包括物料跟踪、算量统计、数字化加工等，利用 BIM 模型自带的工程量统计功能实现算量统计，以及对 RFID 技术的探索来实现物料跟踪。施工资料管理，需要提前搜集整理所有有关项目施工过程中所产生的图纸、报表、文件等资料，对其进行研究，并结合 BIM 技术，经过总结，得出一套面向多维建筑结构施工信息模型的资料管理技术，应用于管理平台中。

物料跟踪：BIM 模型可附带构件和设备更全面、详细的生产信息和技术信息，将其与物流管理系统结合可提升物料跟踪的管理水平和建筑结构行业的标准化、工厂化、数字化水平。

算量统计：建设项目的设计阶段对工程造价起到了决定性的作用，其中设计图纸的工程量计算对工程造价的影响占有很大比例。对建设项目而言，预算超支现象十分普遍，而缺乏可靠的成本数据是造成成本超支的重要原因。作为一种变革性的生产工具将对建设工程项目的成本核算过程产生深远影响。

数字化加工：BIM 与数字化建造系统相结合，直接应用于建筑结构所需构件和设备的制造环节，采用精密机械技术制造标准化构件，运送到施工现场进行装配，实现建筑结构施工流程（装配）和制造方法（预制）的工业化和自动化。

（4）施工环境管理

绿色施工是建筑施工环境管理的核心，是可持续发展战略在工程施工中应用的主要体现，是可持续发展的建筑工业的重要组成。施工中应贯彻节水、节电、节材、节能，保护环境的理念。利用项目信息管理平台可以有计划、有组织地协调、控制、监督施工现场的环境问题，控制施工现场的水、电、能、材，从而使正在施工的项目达到预期环境目标。

在施工环境管理中可以利用技术手段来提高环境管理的效率，并使施工环境管理能收到良好的效果。在施工生产中，可以采用先进的污染治理技术来提高生产率，并把对环境的污染和生态的破坏控制到最小限度，以达到保护环境的目的。应用项目信息平台可以实现环境管理的科学化，并能通过平台进行环境监测、环境统计方法。

施工环境包括自然环境和社会环境。自然环境指施工当地的自然环境条件、施工现场的环境；社会环境包括当地经济状况、当地劳动力市场环境、当地建筑市场环境以及国家施工政策大环境。这些信息可以通过集成的方式保存在模型中，对于特殊需求的项目，可以将这些情况以约束条件的形式在模型中定义，进行对模型的规则制定，从而辅助模型的搭建。

（5）施工工法管理

施工工法管理包括施工进度模拟、工法演示、方案比选，通过基于 BIM 技术的数值模拟技术和施工模拟技术，实现施工工法的标准化应用。施工工法管理，需要提前收集整理有关项目施工过程中所涉及的单位和人员，对其间关系进行系统的研究；提前收集整理有关施工过程中所需要展示的工艺、工法，并结合 BIM 技术，经过总结，得出一套面向多维建筑结构施工信息模型的工法管理技术，应用于管理平台中。

施工进度模拟：将 BIM 模型与施工进度计划关联，实现动态的三维模式模拟整个施工过程与施工现场，将空间信息与时间信息整合在一个可视的 4D 模型中，直观、精确反映整个项目施工过程，对施工进度、资源和质量进行统一管理和控制。

施工方案比选：基于 BIM 平台，应用数值模拟技术，对不同的施工过程方案进行仿真，通过对结果数值的比对，选出最优方案。

2. 项目信息管理平台框架

项目信息管理平台应具备前台功能和后台功能。前台提供给大众浏览操作，如图形显示编辑平台、各专业深化设计、施工模拟平台等，其核心目的是把后台存储的全部建筑信息、管理信息进行提取、分析与展示；后台则应具备建筑工程数据库管理功能、信息存储和信息分析功能，如 BIM 数据库、相关规则等。一是保证建筑信息的关键部分表达的准确性、合理性，将建筑的关键信息进行有效提取；二是结合科研成果，将总结的信息准确地用于工程分析，并向用户对象提出合理建议；三是具有自学习功能，即通过用户输入的信息学习新的案例并进行信息提取。

一般来讲，基于 BIM 的项目信息管理平台框架由数据层、图形层及专业层构成，从而真正实现建筑信息的共享与转换，使得各专业人员可以得到自己所需的建筑信息，并利用其图形编辑平台等工具进行规划、设计、施工、运营维护等专业工作。工作完成后，将信息存储在数据库中，当一方信息出现改动时，与其有关的专业层会发生改变。

下面将分别介绍数据层、图形平台层及专业层。

（1）数据层

BIM 数据库为平台的最底层，用以存储建筑信息，从而可以被建筑行业的各个专业共享使用。该数据库的开发应注意以下三点：

① 此数据库用以存储整个建筑在全生命周期中所产生的所有信息。每个专业都可以利用此数据库中的数据信息来完成自己的工作，从而做到真正的建筑信息共享。

② 此数据库应能够储存多个项目的建筑信息模型。目前主流的信息储存是以文件为单位的储存方式，存在着数据量大、文件存读取困难、难以共享等缺点；而利用数据库对多个项目的建筑信息模型存储，可以解决此问题，从而真正做到快速、准确地共享建筑信息。

③ 数据库的储存形式，应遵循一定的标准。如果标准不同，数据的形式不同，就可能在文件的传输过程中出现缺失或错误等现象。目前常用的标准为 IFC 标准，即工业基础类，是 BIM 技术中应用比较成熟的一个标准。它是一个开放、中立、标准的用来描述建筑信息模型的规范，是实现建筑中各专业之间数据交换和共享的基础。

（2）图形层

第 2 层为图形显示编辑平台，各个专业可利用此显示编辑平台，完成建筑的规划、设计、施工、运营维护等工作。在 BIM 理念出现初期，其核心在于建模，在于完成建筑设计从 2D 到 3D 的理念转换。而现在，BIM 的核心已不是类似建模这种单纯的图形转换，而是建筑信息的共享与转换。同时，3D 平台的显示与 2D 相比，也存在着一些短处：如在显示中，会存在一定的盲区等。

（3）专业层

第 3 层为各个专业的使用层，各个专业可利用其自身的软件，对建筑完成如规划、设计、施工、运营维护等。首先，在此平台中，各个专业无须再像传统的工作模式那样，从其他专业人员手中获取信息，经过信息的处理后，才可以为己所用，而是能够直接从数据库中获取最新的信息。此信息在从数据库中提取出来时，会根据其工作人员的所在专业，自动进行信息筛选，能够供各专业人员直接使用。当原始数据发生改变时，其相关数据会自动随其发生改变，从而避免了因信息的更新而造成错误。

9.3　BIM 技术在信息化管理的应用

建筑信息模型（Building Information Modeling，简称 BIM）是以建设工程项目的各项相关信息数据作为模型的基础，进行模型的建立，通过数字信息仿真技术来模拟建筑物所具有的真实信息。BIM 不是简单地将数字信息进行集成，而是一种数字信息的应用，是利用数字模型对建筑进行规划、设计、建造和运营的全过程。采用 BIM 技术可使整个工程项目在设计、施工和运营维护等阶段都能够有效地实现建立资源计划、控制资金风险、节省能源、节约成本、降低污染和提高效率，从真正意义上实现工程项目的全生命周期管理。

9.3.1　BIM 国内发展现状

（1）政策环境

2015 年，住房和城乡建设部研究制定了《关于推进建筑信息模型应用的指导意见》（建质函［2015］159 号），意见要求，到 2020 年末，建筑行业甲级勘察、设计单位以及特级、一级房屋建筑工程施工企业应掌握并实现 BIM 与企业管理系统和其他信息技术的一体化集成应用。到 2020 年末，以下新立项项目勘察设计、施工、运营维护中，集成应用 BIM 的项目比率达到 90%：以国有资金投资为主的大中型建筑；申报绿色建筑的公共建筑和绿色生态示范小区。

2016 年，住房和城乡建设部组织编制了《2016—2020 年建筑业信息化发展纲要》（建质函〔2016〕183 号）（后简称"纲要"），纲要指出，施工类企业应加强信息化基础设施建设、推进管理信息系统升级换代、拓展管理信息系统新功能。施工总承包类企业应优化工程总承包项目信息化管理，提升集成应用水平、推进"互联网＋"协同工作模式，实现全过程信息化。纲要明确指出，普及项目管理信息系统，开展施工阶段的 BIM 基础应用。有条件的企业应研究 BIM 应用条件下的施工管理模式和协同工作机制，建立基于 BIM 的项目管理信息系统。

（2）BIM 技术国内应用案例

上海中心大厦于 2008 年 11 月开建，2009 年 7 月主楼桩基完成施工，整幢大厦于 2014 年竣工。大厦由地上 121 层主楼、5 层裙房和 5 层地下室组成，总高度达 632m，主楼高度达 580m。

武汉中心大厦地下 4 层，地上 88 层，高 438m，总建筑面积 36 万 ㎡，是一幢集智能办公、全球会议中心、白金五星级酒店、高端国际商业、360°高空观景台等多功能为一体的地标性国际 5A 级商务综合体。

上海中心大厦和武汉中心大厦都实现了施工全程三维化"可视"，有效提升了项目管理水平，实现了绿色科技与建筑融合，真正达到了信息互动和高效管理的有机结合，将理念、科技、品质与管理上升到了一个新的高度。此外，还有"中国尊""广州周大福金融中心（东塔）""上海迪士尼""望京 SOHO""武汉绿地中心"等。随着 BIM 技术的推广和广泛应用，相信 BIM 技术将会应用到越来越多的工程中，为推动中国建筑业的发展大放异彩。

9.3.2 BIM 技术在项目施工管理中的应用概述

据统计，全球建筑行业普遍存在生产效率低下的问题，其中 30％的施工过程需要返工，60％的劳动力被浪费，10％的损失来自材料的浪费。庞大的建筑行业被大量建筑信息的分离、设计的错误和变更、施工过程的反复进行而分解得支离破碎。

BIM 模型是一个包含了建筑所有信息的数据库，因此可以将 3D 建筑模型同时间、成本结合起来，从而对建设项目进行直观的施工管理。BIM 技术具有模拟性的特征，不仅能够模拟设计出的建筑物模型，还可以模拟不能够在真实世界中进行操作的事物，例如节能模拟、紧急疏散模拟、日照模拟、热能传导模拟等。在招标投标和施工阶段，利用 BIM 的模拟性可以进行 4D 模拟（三维模型加项目的发展时间），也就是根据施工的组织设计模拟实际施工，从而确定合理的施工方案来指导施工。同时还可以进行 5D 模拟（基于 3D 模型的造价控制），来实现成本控制。在后期运营阶段，利用 BIM 的模拟性可以模拟日常紧急情况的处理方式，例如地震时人员逃生模拟及火灾时人员疏散模拟等。

总的来说，施工方应用 BIM 技术可以带来以下好处：

（1）在施工阶段开展 BIM 技术的研究与应用，推进 BIM 技术从设计阶段向施工阶段的应用延伸，降低信息传递过程中的衰减。

（2）继续推广应用工程施工组织设计、施工过程变形监测、施工深化设计、大体积混凝土计算机测温等计算机应用系统。

（3）推广应用虚拟现实和仿真模拟技术，辅助大型复杂工程施工过程管理和控制，实现事前控制和动态管理。

（4）在工程项目现场管理中应用移动通信和射频技术，通过与工程项目管理信息系统结合实现工程现场远程监控和管理。

（5）研究基于 BIM 技术的 4D 项目管理信息系统在大型复杂工程施工过程中的应用，实现对建筑工程的有效可视化管理。

（6）研究工程测量与定位信息技术在大型复杂超高建筑工程以及隧道、深基坑施工中的应用，实现对工程施工进度、质量、安全的有效控制。

（7）研究工程结构健康监测技术在建筑及构筑物建造和使用过程中的应用。

BIM 在建筑结构施工中的应用主要包含三维碰撞检查、算量技术、虚拟建造和 4D 施工模拟等技术。

BIM 在施工项目管理中的应用可以分为十一大模块，分别为投标应用、深化设计、图纸和变更管理、施工工艺模拟优化、可视化交流、预制加工、施工和总承包管理、工程量应用、集成交付、信息化管理及其他应用。其中，基于 BIM 的信息化管理的应用主要包括：采购管理 BIM 的应用、造价管理 BIM 的应用、质量管理 BIM 的应用、安全管理 BIM 的应用、BIM 数据库在生产和商务上的应用、绿色施工、BIM 协同平台的应用以及基于 BIM 的管理流程再造。

9.3.3　BIM 技术在施工阶段中的应用

（1）基于 BIM 的施工方案与技术措施评审

与传统的施工方案编制及技术措施选取相比较，基于 BIM 的施工方案编制与技术措施选取的优点主要体现在它的可视性和可模拟性两个方面。

传统的施工方案通常采用文字叙述与结合施工设计图纸的方式，将施工的工艺流程和技术措施予以阐述，这样往往会造成因对文字的理解不充分而影响施工质量和施工进度，造成不必要的浪费。

采用 BIM 技术，通过 BIM 模型，不仅可以对建筑的结构构件及组成进行 360°的全方位观察和对构件的具体属性进行快速提取，还可以将施工方案与进度计划结合，在 Navisworks Manage 中进行施工过程模拟，直接将具体的施工方案以动画的形式予以展示，方便施工技术人员直接看出方案是否可行、实施过程中会出现哪些情况、实施的具体工艺流程、方案是否可优化，从而保证在方案实施前排除障碍，做到防患于未然，避免盲目施工、惯性施工等可能遇到的突发事件，从技术方案上保证一次成活，减少返工造成的材料浪费。

（2）基于 BIM 的质量管理

在工程质量管理体系的总领下，利用 BIM 技术，将质量管理从组织架构到具体工作分配，从单位工程到检验批逐层分解，层层落实。具体实施流程如下：

1）施工图会审

项目施工的主要依据是施工设计图纸，施工图会审则是解决施工图纸设计本身所存在问题的有效方法，在传统的施工图会审的基础上，结合 BIM 总包所建立的本工程 BIM 模型，对照施工设计图，相互排查，若发现施工图纸所表述的设计意图与 BIM 模型不相符合，则重点检查 BIM 模型的搭建是否正确；在确保 BIM 模型是完全按照施工设计图纸搭建的基础上，运用 Revit 运行碰撞检查，找出各个专业之间以及专业内部之间设计上发生冲突的构件，同样采用 3D 模型配以文字说明的方式提出设计修改意见和建议。在图纸会审阶段发现的设计图纸上的问题，运用 BIM 工作协作平台，能很好地与参与项目的各个单位进行快速交流沟通，减轻传统项目管理中的诸多繁杂工作。

2）技术交底

利用 BIM 模型庞大的信息数据库，不仅可以快速地提取每一个构件的详细属性，让参与施工的所有人员从根本上了解每一个构件的性质、功能和所发挥的作用，还可以结合施工方案和进度计划，生成 4D 施工模拟，组织参与施工的所有管理人员和作业人员，采用多媒体可视化交底的方式，对施工过程的每一个环节和细节进行详细讲解，确保参与施工的每一个人都要在施工前对施工的过程认识清晰。

例如，工程中冷热水泵站、空压站房间的管道安装前，组织施工管理人员和作业人员，先利用 Revit 软件提取各个管道、管件的构件属性，尤其是重要部件和特殊部件的属性。将所有管道及管件的构件属性进行整理汇总，结合相应三维模型编制成表，分发给施工人员作为施工管理和施工作业的依据。结合施工方案和进度计划，模拟安装施工并以 4D 动画输出，从而组织施工人员了解管道安装施工模拟情景。

3）材料质量管理

材料的质量直接关系到建筑的质量，把好材料质量关是保证施工质量的必要措施和有效措施，利用 BIM 模型快速提取构件基本属性的优点，将进场材料的各项参数整理汇总，并与进场材料进行一一比对，保证进场的材料与设计相吻合，检查材料的产品合格证、出厂报告、质量检测报告等相关材料是否符合要求并将其扫描成图片附给 BIM 模型中与材料使用部位相对于的构件。例如，在项目施工过程中，将门联窗所使用的钢化玻璃及其检测报告等资料经扫描附加到模型中，以便管理和读取。

4）设计变更管理

在施工过程中，若发生设计变更，应立即做出相关响应，修改原来的 BIM 模型并进行检查，针对修改后的内容重新制定相关施工实施方案并执行报批程序，同时为后面的工程量变更以及运营维护等相关工作打下基础。

5）施工过程跟踪

在施工过程中，施工员应当对各道工序进行实时跟踪检查，基于 BIM 模型可在移动设备终端上快速读取的优点，利用智能手机、平板电脑等设备，随时读取施工作业部位的详细信息和相关施工规范以及工艺标准，检查现场施工是否是按照技术交底和相关要求予以实施、所采用的材料是否是经过检查验收的材料以及使用部位是否正确等。若发现有不符合要求的，立即查找原因，制定整改措施和整改要求，签发整改通知单并跟踪落实，将整个跟踪检查、问题整改的过程采用拍摄照片的方式予以记录并将照片等资料反馈给项目 BIM 工作小组，由 BIM 工作小组将问题出现的原因、责任主体或责任人、整改要求、整改情况、检查验收人员等信息整理并附给 BIM 模型中相应构件或部位。

例如，在项目在主体施工阶段，施工员可以利用随身携带的移动设备根据 BIM 模型，对强弱电管线预埋进行检查，然后将检查的情况记录整理，并配以现场检查情况照片，给模型中添加相应的构件。

6）检查验收

在施工过程中，实行检查验收制度，从检验批到分项工程，从分项工程到分部工程，从分部工程到单位工程，再从单位工程到单项工程，直至整个项目的每一个施工过程都必须严格按照相关要求和标准进行检查验收，利用 BIM 庞大的信息数据库，将这一看似纷繁复杂，任务众多的工作具体分解，层层落实，将 BIM 模型和其相对应的规范及技术标准相关联，简化传统检查验收中需要带上施工图纸、规范及技术标准等诸多资料的麻烦，仅仅带上移动设备即可进行精准的检查验收工作，轻松地将检查验收过程及结果记录存档，大大地提高了工作质量和效率，减轻了工作负担。例如，房间开间、净空及净高的检查验收，以及管道安装位置的检查和验收中，可以利用移动设备，在 BIM 模型中对要检查的数据进行标注，即可立即得到精确的数据，避免从不同的施工图纸中去查阅、计算等，从而让工作变得简单轻松且准确无误。

7）成品保护

成品保护对施工质量控制同样起着至关重要的作用，每一道工序结束后，都应该采取有效的成品保护措施，对已经完成的部分进行保护，确保其不会被下一道工序或其他施工活动所破坏或污染。利用 BIM 模型，分析可能受到下一道工序或其他施工活动破坏或污染的部位，对其制定切实有效的保护措施并实施，保证成品的完好，从而保证施工的质量。

（3）基于 BIM 的安全管理

BIM 模型中集成了所有建筑构件及施工方案的信息，建筑本身的相关信息作为一个相对静态的基础数据库，为施工过程中危害因素和危险源识别提供了全面而详尽的信息平台。而施工方案配合进度计划则形成了一个相对动态的基础信息库，通过对施工过程的模拟，找出施工过程中的危险区域、施工空间冲突等安全隐患，提前制定相应安全措施，最大程度上排除安全隐患，保障施工人员的人身财产安全，降低损失产生的概率。

1）危险源识别

建立以 BIM 模型为基础的危险源识别体系，按照《重大危险源辨识标准》的相关规定，找出施工过程中的所有危险源并进行标识。

2）危险区域划分

将所有危险源按照损失量和发生概率划分为 4 个风险区（风险区 A，风险区 B，风险区 C，风险区 D），并依次采用红、橙、黄、绿 4 种颜色予以标出，在施工现场醒目的位置张贴告示，让施工人员清楚地了解哪些地方存在危险，危险性的大小。

3）安全可视化交底

施工作业前，不仅要对施工管理人员和施工作业人员进行技术交底，还要对参与施工的所有人员进行安全交底，同样利用 BIM 模型，分析施工过程中的各个危险因素，采用多媒体手段进行详细的讲解，让施工人员，尤其是施工作业人员了解危险因素的存在部位，掌握防范措施，从而保证每一个施工人员的人身财产安全。

4）安全管控

按照危险区的划分，对不同安全风险区制定相应等级的防控措施，尤其是针对损失量大、发生概率高的风险区 A 和发生概率虽然不大但一旦发生则会造成很大损失的风险区 B 这两种风险类型，不仅要制定有针对性的措施和应急预案，还要组织相关人员进行应急演练，确保类似安全事故尽量不发生，即使发生，也要把损失降到最低。在日常施工生产过程中，也要严格按照安全风险区的划分，有针对性地重点检查相关施工过程和施工部位，并做到绝不漏掉任何一个可能造成安全事故的隐患。

（4）基于 BIM 的环境管理

建筑施工过程中不可避免会产生很多固体废弃物、废水、有毒有害气体以及扬尘、噪声等，将 BIM 模型和数字地图结合起来，分析施工现场所处的地理环境和周边情况，采取相应措施，减少或排除污染，同时利用 BIM 模型的信息平台，分解出会造成环境污染的相关工序工作，统一进行管控，实现绿色施工。

对于固体废弃物，采取分类堆放，将能回收利用的和不能再利用的分开，不能利用的按照相关规范和相关部门规定，在指定地点有组织地采取填埋等方式予以处理。

对于废水，则在施工现场设置三级沉淀池和废水处理池，经处理和沉淀并检测符合相关规定后再排入市政排水管网。

在施工过程中，将产生有毒有害气体的工作集中在一个地方进行，并采取足够的通风等措施，保障施工人员的安全。

对于施工过程中容易产生扬尘的施工环节，采取洒水、覆盖、隔离等措施，减少扬尘的产生，尤其是对于洁净室的施工，采取分区隔离封闭的措施保证施工过程达到洁净度的要求，从而保证洁净室的洁净度达到相关要求。

对于施工中产生较大噪声污染的工作，则采取统一部署，避开午休和晚上等容易扰民的时间段。

（5）基于 BIM 的进度管理

与传统的进度管理相比较，基于 BIM 的进度管理的优势主要体现在 3 个方面。

1）进度计划可视化

无论是项目的施工总进度计划还是具体到每一天的施工进度计划，都可以通过 Project 编制或者直接在 Navisworks Manage 中直接编制进度计划，通过 Timeliner 将进度计划附加给模型中的各个构件进行 4D 施工模拟，清晰直观地了解各个时间节点完成的工程量和达到的效果，方便项目的各个参与方随时了解项目地施工进展情况。

2）施工过程跟踪，精细对比及偏差预警

在 timeliner 中将人、料、机消耗量以及资金计划等附加给相应施工任务，在施工过程中，将实际施工进度和实际发生的资源消耗对应录入生成 5D 动画，Timeliner 将自动进行精细化对比并显示结果，若实际进度发生偏差（包括进度滞后和进度提前），Timeliner 将根据发生偏差的部位和发生偏差的原因自动提出警示，方便管理人员根据警示有针对性地制定切实可行的纠偏措施。

3）纠偏措施模拟

根据 Timeliner 提出的进度偏差警示，针对发生偏差的原因采取相应的组织、管理、技术、经济等纠偏措施，但所制定的措施是否切实可行，是否能达到预期目标，通过 Timeliner 模拟功能进行纠偏措施预演，直接分析纠偏措施的可行性和预期效果，避免措施不力达不到预期结果和措施过当造成不必要的浪费。

（6）基于 BIM 的资源配置管理

在施工过程中，工程量计算、人料机管理、费用管理等都需要一个庞大的数据库做支撑。BIM 模型最大的特点就是将工程项目的所有信息集成在一套完整的模型中，并能够很好地兼容其他软件系统，为工程建设提供强大的数据支撑和信息保障。

1）工程量计算

① 利用 Revit 中"明细表/数量"工具或 Navisworks Manage 中"Quantification"工具，能够快速、准确、精细地计算并提取所选定施工任务的各项工程量信息，并以表格的形式输出，大大减轻了工程量计算的负担，方便工程量按照不同要求进行统计汇总与整理。

② 在施工过程中，将实际施工过程中的消耗量录入 BIM 模型中，并以日、周、旬、月、季度、半年、年等不同单位时间生成相应报表，方便各个管理部门进行统计和对比，掌握项目的实际进度等情况。

2）人料机管理

结合项目进度计划与工程量等相关信息，制定人力、材料、机械的需求量计划并组织落实，使施工过程中的劳动力和管理人员在满足需要的同时不出现冗余；使材料的采购数量和供应时间恰到好处，减少库存数量从而减少材料保管费用和资金积压，避免因材料短缺造成务工的现象，执行限额领料，减少材料损耗和不必要的浪费；使施工机具的配置刚好满足施工需要，调配使用有序，避免因闲置而造成浪费。

3）费用管理

将各种材料的合同单价相应录入 BIM 模型中，以分项工程为单位，将分部工程所消耗的人工工日和机械台班数量按照定额消耗量、计划消耗量、实际发生量、同类施工社会平均消耗量等分别录入并进行统计比较，找出其中的差别，对于费用结余的，找到产生结余的原因以作为降低施工成本的有效方法；对于费用超支的，找出超支的原因，分析并制定措施以控制施工成本在合理的范围内。在下一期施工任务开始前，可根据上一期或上几期的各项统计，准确地制定资金使用计划，降低资金使用费用。

在每个月的产值报表中，将附有各种材料价格和消耗量的 BIM 模型作为电子附件一并报于业主，这样不仅方便业主审核实际施工产值，更有利于业主方进行投资控制等相关工作。

（7）基于 BIM 的施工过程管理

1）土方施工

根据本工程的具体特点，在施工组织设计的总领下，按照施工进度安排，将土方开挖工作进行细化，具体到每一天、每一个机械台班应从什么地方开始挖，怎样挖，土方怎样运出、每台班挖方量等。

2）基础施工

因为基础起着承载建筑所有重量并将其传递给地基的重要作用，在基础施工过程中，测量定位的准确性至关重要。根据施工设计图纸，在 BIM 模型中提取轴线等相关信息，并根据需要，做出相应控制线作为施工放线及基础定位检查的依据。

3）模板工程

模板必须具有足够的刚度和稳定性才能保证混凝土构件在混凝土浇筑过程中成型良好，同时保证施工过程中施工人员的人身财产安全，因此，施工过程中，必须严格控制模板的制作和安装过程。运用 BIM 技术，将模板工程分为支撑体系和模板制安加固两个小分项分别建立模型进行分析及施工管理。

① 支撑体系

根据施工组织设计，按照其描述的立杆间距、水平杆步距等相关搭设参数，在 BIM

结构模型中进行支撑体系深化设计，按照 1∶1 的比例搭建支模架模型，检查可行性、安全性、经济性、合理性等。

②模板制安加固

在 BIM 结构模型中，根据施工组织设计文件等相关要求进行模板深化建模，根据模型中模板的种类、形状、尺寸准确的进行模板制作，模板制作应在木工加工房进行，制作好后经检查无误方可运至相应位置进行安装，安装时应先根据 BIM 模型中模板模型的位置进行精准放线，然后按照控制线、边线等控制模板安装的水平位置及标高，加固方式也应严格按照模型中所示加固方式和要求进行。

4）钢筋工程

施工过程中，钢筋分项工程的施工难点在于如何精确下料才能既满足设计及规范要求，又使钢材原料能得到最大限度的利用，减少余料、废料的产生，达到节约成本的目的。利用 Revit "明细表/数量" 工具，快速从模型中提取钢筋明细表，以此作为钢筋下料、制作的依据。

在钢筋绑扎施工时，钢筋的排布应严格按照 BIM 模型中钢筋的排布规则和排布方式进行排布，绑扎过程中，应随时将现场实际绑扎情况与 BIM 模型进行比对，若发现有与 BIM 模型中不相符合的，要立即停止绑扎并进行整改，确保所绑扎的钢筋始终保持一致。

将不同部位的钢筋的绑扎要求以注释的方式在 BIM 模型中标识出来，方便施工人员随时查看，以防出错。同时，将相关规范、图集等资料以链接的形式附加给模型相应部位。

在施工过程中，施工员及 BIM 技术员应随时跟踪检查，看现场是否是按照 BIM 模型进行绑扎，并随时拍摄照片予以记录，在分项工程验收时，更要按照模型中的钢筋排布和钢筋详细信息进行验收，将验收情况一一录入模型中进行存档备案。

5）混凝土工程

混凝土的浇筑标志着构件结构施工的完成，混凝土浇筑质量的好坏直接影响结构的受力，从而直接关系到结构的安全性，所以，控制好混凝土浇筑质量在工程施工中是极其重要的，混凝土施工的重点是控制混凝土自身的质量、保证浇筑时具有良好的和易性、控制好混凝土浇筑的密实度、控制裂缝的产生以及做好后期的养护。

本工程采用商品混凝土，从混凝土拌合料的质量控制抓起，施工时派出至少 1 名 BIM 技术员到商品混凝土供应商的混凝土生产基地，指导和监督商品混凝土的生产，保证所生产的混凝土能达到设计强度且具有良好的和易性，将生产过程照片和配合比报告扫描件以图片的形式录入 BIM 模型中。

施工时，现场材料员应对混凝土到场时间作详细记录，同时，施工员应对混凝土的浇筑时间、浇筑部位、浇筑方式、现场情况等作详细记录，最后将所作的所有记录汇总于 BIM 工作小组，BIM 技术员应如实将以上信息整理，连同混凝土图的测温记录、养护记录、强度检测报告、拆模时间等一系列资料一并录入 BIM 模型中进行归档。

6）砌体工程

砌体工程施工过程中，构造柱的设置应作为重点控制对象。根据相关规范和设计文件的要求，在 BIM 模型中进行构造柱深化设计，尤其是对构造柱的设置位置、马牙槎的构造措施等进行详细表述，有利于施工过程中清晰直观地查看相关做法并按其施工。

7）门窗工程

在门窗施工时，应首先根据 BIM 模型，提取相关明细表，根据明细表中描述的相关信息，定制相应的门窗，并根据施工进度模拟，制定采购计划。

门窗安装时，根据 BIM 模型中所描述的门窗种类、安装位置及尺寸选择相应的门窗进行安装。

8）外墙装饰

本工程中，外墙有半隐框玻璃幕墙，有岩棉夹心板等，施工时应先进行排版试铺，将玻璃幕墙的横梃和竖梃以及玻璃块材进行建模，尤其是在转角处、交接处等特殊部位，要明确其安装方法和材料的具体形状和尺寸以及怎样连接，注明施工方法和质量要求等详细信息；岩棉板施工则着重龙骨的附着方式以及岩棉板板材和龙骨的连接方式，同样应清晰地表现出转角处、交接处等特殊部位的材料形状和尺寸等相关信息。

9）其他分项工程

对于建设工程项目中的其他土建、装饰等施工，同样可以采用 BIM 技术，对施工方案进行 3D 建模并结合整个建筑模型进行方案实施论证和模拟，确保方案最优的情况下再经业主、BIM 总包、监理等单位审核批准后对参与施工的管理人员和作业人员进行多媒体可视化交底，以这样的方式避免返工浪费，节省工期，确保施工安全，达到质量优良的目的。

（8）基于 BIM 的运维管理

通过 BIM 模型，不仅可以看到建筑物的表面构造，还可以直接看到各个部位的隐蔽构造，在构件属性中还能对构件的各项物理性能、化学性能等进行深入地了解，在质量保修期和之后更长时间的运营期中，为建筑物各项功能的使用提供了详细的指导，也为建筑物的维护和维修提供了清晰的依据。

9.3.4 BIM 技术在进度、质量、成本、安全管理优势

（1）进度管理

1）传统进度管理的缺陷

传统的项目进度管理过程中事故频发，究其根本在于管理模式存在一定的缺陷，主要体现在以下几个方面：

① 二维 CAD 设计图形象性差。二维三视图作为一种基本表现手法，将现实中的三维建筑用二维的平、立、剖三视图表达。特别是 CAD 技术的应用，用电脑屏幕、鼠标、键盘代替了画图板、铅笔、直尺、圆规等手工工具，大大提高了出图效率。尽管如此，由于二维图纸的表达形式与人们现实中的习惯维度不同，所以要看懂二维图纸存在一定困难，需要通过专业的学习和长时间的训练才能读懂图纸。同时，随着人们对建筑外观美观度的要求越来越高，以及建筑设计行业自身的发展，异形曲面的应用更加频繁，如悉尼歌剧院、国家大剧院、鸟巢等外形奇特、结构复杂的建筑物越来越多。即使设计师能够完成图纸，对图纸的认识和理解也仍有难度。另外，二维 CAD 设计可视性不强，使设计师无法有效检查自己的设计成果，很难保证设计质量，并且对设计师与建造师之间的沟通形成障碍。

② 网络计划抽象，往往难以理解和执行。网络计划图是工程项目进度管理的主要工具，但也有其缺陷和局限性。首先，网络计划图计算复杂，理解困难，只适合于行业内部

使用，不利于与外界沟通和交流；其次，网络计划图表达抽象，不能直观地展示项目的计划进度过程，也不方便进行项目实际进度的跟踪；再次，网络计划图要求项目工作分解细致，逻辑关系准确，这些都依赖于个人的主观经验，实际操作中往往会出现各种问题，很难做到完全一致。

③ 二维图纸不方便各专业之间的协调沟通。二维图纸由于受可视化程度的限制，使得各专业之间的工作相对分离。无论是在设计阶段还是在施工阶段，都很难对工程项目进行整体性表达。各专业单独工作或许十分顺利，但是在各专业协同时作业往往就会产生碰撞和矛盾，给整个项目的顺利完成带来困难。

④ 传统方法不利于规范化和精细化管理。随着项目管理技术的不断发展，规范化和精细化管理是形势所趋。但是传统的进度管理方法很大程度上依赖于项目管理者的经验，很难形成一种标准化和规范化的管理模式。这种经验化的管理方法受主观因素的影响很大，直接影响施工的规范化和精细化管理。

2）BIM 技术进度管理优势

BIM 技术的引入，可以突破二维的限制，给项目进度管理带来不同的体验，主要体现在以下几个方面：

① 提升全过程协同效率。基于 3D 的 BIM 沟通语言，简单易懂、可视化好，大大加快了沟通效率，减少了理解不一致的情况；基于互联网的 BIM 技术能够建立起强大高效的协同平台：所有参建单位在授权的情况下，可随时、随地获得项目最新、最准确、最完整的工程数据，从过去点对点传递信息转变为一对多传递信息，效率提升，图纸信息版本完全一致，从而减少传递时间的损失和版本不一致导致的施工失误；通过 BIM 软件系统的计算，减少了沟通协调的问题。传统靠人脑计算 3D 关系的工程问题探讨，容易产生人为的错误，BIM 技术可减少大量问题，同时也减少协同的时间投入；另外，现场结合 BIM、移动智能终端拍照，也大大提升了现场问题沟通效率。

② 加快设计进度。从表面上来看，BIM 设计减慢了设计进度。产生这样的结论的原因，一是现阶段设计用的 BIM 软件确实生产率不够高；二是当前设计院交付质量较低。但实际情况表明，使用 BIM 设计虽然增加了时间，但交付成果质量却有明显提升，在施工以前解决了更多问题，推送给施工阶段的问题大大减少，这对总体进度而言是大大有利的。

③ 碰撞检测，减少变更和返工进度损失。技术强大的碰撞检查功能，十分有利于减少进度浪费。大量的专业冲突拖延了工程进度，大量废弃工程、返工的同时，也造成了巨大的材料、人工浪费。当前的产业机制造成设计和施工的分家，设计院为了效益，尽量降低设计工作的深度，交付成果很多是方案阶段成果，而不是最终施工图，里面充满了很多深入下去才能发现的问题，需要施工单位的深化设计，由于施工单位技术水平有限和理解问题，特别是当前三边工程较多的情况下，专业冲突十分普遍，返工现象常见。在中国当前的产业机制下，利用 BIM 系统实时跟进设计，第一时间发现问题，解决问题，带来的进度效益和其他效益都是十分惊人的。

④ 加快招标投标组织工作。设计基本完成，要组织一次高质量的招标投标工作，编制高质量的工程量清单要耗时数月。一个质量低下的工程量清单将导致业主方巨额的损失，利用不平衡报价很容易造成更高的结算价。利用基于 BIM 技术的算量软件系统，大

大加快了计算速度和计算准确性，加快招标阶段的准备工作，同时提升了招标工程量清单的质量。

⑤ 加快支付审核。当前很多工程中，由于过程付款争议挫伤承包商积极性，影响到施工进度并非少见。业主方缓慢的支付审核往往引起承包商合作关系的恶化，甚至影响到承包商的积极性。业主方利用 BIM 技术的数据能力，快速校核反馈承包商的付款申请单，则可以大大加快期中付款反馈机制，提升双方战略合作成果。

⑥ 加快生产计划、采购计划编制。工程中经常因生产计划、采购计划编制缓慢损失了进度。急需的材料、设备不能按时进场，造成窝工影响了工期。BIM 改变了这一切，随时随地获取准确数据变得非常容易，制订生产计划、采购计划大大缩小了用时，加快了进度，同时提高了计划的准确性。

⑦ 加快竣工交付资料准备。基于 BIM 的工程实施方法，过程中所有资料可随时挂接到工程 BIM 数字模型中，竣工资料在竣工时即已形成。竣工 BIM 模型在运维阶段还将为业主方发挥巨大的作用。

⑧ 提升项目决策效率。传统的工程实施中，由于大量决策依据、数据不能及时完整的展现出来，决策被迫延迟，或决策失误造成工期损失的现象非常多见。实际情况中，只要工程信息数据充分，决策并不困难，难的往往是决策依据不足、数据不充分，有时导致领导难以决策，有时导致多方谈判长时间僵持，延误工程进展。BIM 形成工程项目的多维度结构化数据库，整理分析数据几乎可以实时实现，完全没有了这方面的难题。

（2）质量管理

1）传统质量管理的缺陷

建筑业经过长期的发展已经积累了丰富的管理经验，在此过程中，通过大量的理论研究和专业积累，工程项目的质量管理也逐渐形成了一系列的管理方法。但是工程实践表明：大部分管理方法在理论上的作用很难在工程实际中得到发挥。由于受实际条件和操作工具的限制，这些方法的理论作用只能得到部分发挥，甚至得不到发挥，影响了工程项目质量管理的工作效率，造成工程项目的质量目标最终不能完全实现。工程施工过程中，施工人员专业技能不足、材料的使用不规范、不按设计或规范进行施工、不能准确预知完工后的质量效果、各个专业工种相互影响等问题都会对工程质量管理造成一定的影响，具体表现为：

① 施工人员专业技能不足

工程项目一线操作人员的素质直接影响工程质量，是工程质量高低、优劣的决定性因素。工人们的工作技能，职业操守和责任心都对工程项目的最终质量有重要影响。但是现在的建筑市场上，施工人员的专业技能普遍不高，绝大部分没有参加过技能岗位培训或未取得有关岗位证书和技术等级证书。很多工程质量问题都是因为施工人员的专业技能不足造成的。

② 材料的使用不规范

国家对建筑材料的质量有着严格的规定和划分，个别企业也有自己的材料使用质量标准。但是在实际施工过程中往往对建筑材料质量的管理不够重视，个别施工单位为了追求额外的效益，会有意无意地在工程项目的建设过程中使用一些不规范的工程材料，造成工程项目的最终质量存在问题。

③ 不按设计或规范进行施工

为了保证工程建设项目的质量，国家制定了一系列有关工程项目各个专业的质量标准和规范。同时每个项目都有自己的设计资料，规定了项目在实施过程中应该遵守的规范。但是在项目实施的过程中，这些规范和标准经常被突破，一是因为人们对设计和规范的理解存在差异；二是由于管理的漏洞，造成工程项目无法实现预定的质量目标。

④ 不能准确预知完工后的质量效果

一个项目在施工之前，没有人能准确无误的预知完工之后的实际情况。往往在工程完工之后，或多或少都有不符合设计意图的地方，存有遗憾。较为严重的还会出现使用中的质量问题，比如设备的安装没有足够的维修空间，管线的布置杂乱无序，因未考虑到局部问题被迫牺牲外观效果等，这些问题都影响着项目完工后的质量效果。

⑤ 各个专业工种相互影响

工程项目的建设是一个系统、复杂的过程，需要不同专业、工种之间相互协调，相互配合才能很好地完成。但是在工程实际中往往由于专业的不同，或者所属单位的不同，各个工种之间很难在事前做好协调沟通。这就造成在实际施工中各专业工种配合不好，使得工程项目的进展不连续，或者需要经常返工，以及各个工种之间存在碰撞，甚至相互破坏、相互干扰，严重影响了工程项目的质量。如水、电等其他专业队伍与主体施工队伍的工作顺序安排不合理，造成水电专业施工时在承重墙、板、柱、梁上随意凿沟开洞，因此破坏了主体结构，影响了结构安全。

2）BIM 技术质量管理优势

BIM 技术的引入不仅提供一种"可视化"的管理模式，也能够充分发掘传统技术的潜在能量，使其更充分、有效地为工程项目质量管理工作服务。传统的二维管控质量的方法是将各专业平面图叠加，结合局部剖面图，设计审核校对人员凭经验发现错误。而三维参数化的质量控制，是利用三维模型，通过计算机自动实时检测管线碰撞，精确性高。二维质量控制与三维质量控制的优缺点对比见表 9-1。

二维质量控制与三维质量控制的优缺点对比 表 9-1

传统二维质量控制缺陷	三维质量控制优点
手工整合图纸，凭借经验判断，难以全面分析	电脑自动在各专业间进行全面检验，精确度高
均为局部调整，存在顾此失彼情况	在任意位置剖切大样及轴测图大样，观察并调整该处管线标高关系
标高多为原则性确定相对位置，大量管线没有精确确定标高	轻松发现影响净高的瓶颈位置
通过"平面＋局部剖面"的方式，对于多管交叉的复制部位表达不够充分	在综合模型中直观地表达碰撞检测结果

（3）安全管理

1）传统安全管理的难点与缺陷

建筑业是我国"五大高危行业"之一，《安全生产许可证条例》规定建筑企业必须实行安全生产许可证制度。但是为何建筑业的"五大伤害"事故的发生率并没有明显下降？从管理和现状的角度，主要有以下几种原因：

① 企业责任主体意识不明确。企业对法律法规缺乏应有的了解和认识，上到企业法人，下到专职安全生产管理人员，对自身安全责任及工程施工中所应当承担的法律责任没有明确的了解，误认为安全管理是政府的职责，造成安全管理不到位。

② 政府监管压力过大，监管机构和人员严重不足。为避免安全生产事故的发生，政府监管部门按例进行建筑施工安全检查。由于我国安全生产事故追究实行"问责制"，一旦发生事故，监管部门的管理人员需要承担相应责任，而由于有些地区监管机构和人员严重不足，造成政府监管压力过大，加之检查人员的业务水平不足等因素，很容易使事故隐患没有及时发现。

③ 企业重生产，轻安全，"质量第一、安全第二"。一方面，造成事故的发生，潜伏性和随机性，安全管理不合格是安全事故发生的必要条件而非充分条件，造成企业存在侥幸心理，疏于安全管理；另一方面，由于质量和进度直接关系到企业效益，而生产能给企业带来效益，安全则会给企业增加支出，所以很多企业重生产而轻安全。

④ "垫资""压价"等不规范的市场主体行为直接导致施工企业削减安全投入。"垫资""压价"等不规范的市场行为一直压制企业发展，造成企业无序竞争。很多企业为生存而生产，有些项目零利润甚至负利润。在生存与发展面前，很多企业的安全投入就成了一句空话。

⑤ 建筑业企业资质申报要求提供安全评估资料，这就要求独立于政府和企业之外的第三方建筑业安全咨询评估中介机构要大量存在，安全咨询评估中介机构所提供的评估报告可以作为政府对企业安全生产现状采信的证明。而安全咨询评估安全服务中介机构的缺少，造成无法给政府提供独立可供参考的第三方安全评估报告。

⑥ 工程监理管安全，"一专多能"起不到实际作用。建筑安全是一门多学科系统，在我国还不属于成熟学科，但同时也是专业性很强的学科。而监理人员多为从施工员、质检员过渡而来，对施工质量很专业，但对安全管理并不专业。相关的行政法规却把施工现场安全责任划归监理，并不十分合理。

2）BIM 技术安全管理优势

基于 BIM 的管理模式是创建信息、管理信息、共享信息的数字化方式，在工程安全管理方面具有很多优势，如基于 BIM 的项目管理，工程基础数据如量、价等，数据准确、据透明、数据共享，能完全实现短周期、全过程对资金安全的控制；基于 BIM 技术，可以提供施工合同、支付凭证、施工变更等工程附件管理，并为成本测算、招标投标、签证支付等全过程造价进行管理；BIM 数据模型保证了各项目的数据动态调整，可以方便统计，追溯各个项目的现金流和资金状况；基于 BIM 的 4D 虚拟建造技术能提前发现在施工阶段可能出现的问题，并逐一修改，提前制定应对措施；采用 BIM 技术，可实现虚拟现实和资产、空间等管理、建筑系统分析等技术内容，从而便于运营维护阶段的管理应用；运用 BIM 技术，可以对火灾等安全隐患进行及时处理，从而减少不必要的损失，对突发事件进行快速应变和处理，快速准确掌握建筑物的运营情况。

（4）成本管理

1）成本管理的难点

成本管理的过程是运用系统工程的原理对企业在生产经营过程中发生的各种耗费进行计算、调节和监督的过程，也是一个发现薄弱环节，挖掘内部潜力，寻找一切可能降低成本途径的过程。科学地组织实施成本控制，可以促进企业改善经营管理，转变经营机制，全面提高企业素质，使企业在市场竞争的环境下生存、发展和壮大。然而，工程成本控制一直是项目管理中的重点及难点，主要难点如下：

① 数据量大。每一个施工阶段都牵涉大量材料、机械、工种、消耗和各种财务费用，人、材、机和资金消耗都要统计清楚，数据量十分巨大。面对如此巨大的工作量，实行短周期（月、季）成本管理在当前管理手段下存在不足。随着工程进展，应付进度工作自顾不暇，过程成本分析、优化管理就只能搁置。

② 牵涉部门和岗位众多。实际成本核算，传统情况下需要预算、材料、仓库、施工、财务多部门多岗位协同分析汇总数据，才能汇总出完整的某时点实际成本。某个或某几个部门不实行，整个工程成本汇总就难以做出。

③ 对应分解困难。一笔款项往往用于多个成本项目，拆分分解对应好对专业的要求相当高，难度也非常高。

④ 消耗量和资金支付情况复杂。对于材料而言，部分进库之后并未付款，部分付款之后并未进库，还有出库之后未使用完以及使用了但并未出库等情况；对于人工而言，部分已施工但并未付款；部分已付款但并未施工；还有施工仍未确定工价；机械周转材料租赁以及专业分包也有类似情况。情况如此复杂，成本项目和数据归集在没有一个强大的平台支撑情况下，不漏项做好三个维度（时间、空间、工序）的对应很困难。

2）BIM技术成本管理优势

基于BIM技术的成本控制具有快速、准确、分析能力强等很多优势，具体表现为：

① 快速。建立基于BIM的5D实际成本数据库，汇总分析能力大大加强，速度快，短周期成本分析不再困难，工作量小、效率高。

② 准确。成本数据动态维护，准确性大为提高，通过总量统计的方法，消除累积误差，成本数据随进度进展准确度越来越高；数据粒度达到构件级，可以快速提供支撑项目各条线管理所需的数据信息，有效提升施工管理效率。

③ 精细。通过实际成本BIM模型，很容易检查出哪些项目还没有实际成本数据，监督各成本实时盘点，提供实际数据。

④ 分析能力强。可以多维度（时间、空间、WBS）汇总分析更多种类、更多统计分析条件的成本报表，直观地确定不同时间点的资金需求，模拟并优化资金筹措和使用分配，实现投资资金财务收益最大化。

⑤ 提升企业成本控制能力。将实际成本BIM模型通过互联网集中在企业总部服务器，企业总部成本部门、财务部门就可共享每个工程项目的实际成本数据，实现了总部与项目部的信息对称。

BIM作为建筑业的一个新生事物，在我国已经有多年应用。通过多年的BIM的实践应用，人们取得了一个共识：BIM已经并将继续引领建设领域的信息革命。随着BIM应用的逐步深入，建筑业的传统架构将被打破，一种以信息技术为主导的新型架构将取而代之。BIM的应用完全突破了技术范畴，将成为主导建筑业变革的强大的推动力。

本 章 小 结

本章结合目前工程信息管理的发展，介绍了信息的概念、特征、分类、使用条件；信息管理的过程及项目信息管理计划的编制。为了加强现代化信息的管理，本章结合 BIM 技术介绍了基于 BIM 技术的项目信息管理平台、BIM 技术在施工项目管理中的应用及 BIM 技术在项目信息管理中的优势。

学生在学习过程中，应注意结合时代发展，学习先进的信息管理技术，理论联系实际，使学生初步具备计算机信息管理和软件项目辅助管理的能力。

本 章 习 题

1. 建设工程项目信息包括哪些内容？
2. 建设工程项目信息如何分类？
3. 建设工程项目信息管理工作应遵循哪些原则？
4. 项目施工阶段应收集哪些信息？
5. 建设工程项目文件、档案包括哪些内容？
6. 建设工程项目信息管理系统的基本功能有哪些？
7. 决策支持系统的基本功能有哪些？
8. BIM 技术在施工项目管理中的应用范围有哪些？
9. BIM 技术在施工项目管理中的优势有哪些？

附　　录

远洋重庆西永项目建设施工组织设计

目　　录

1 工 程 概 况

1.1 工程基本情况

序号	项目	内　　容
1	工程名称	重庆 XY 项目总包工程
2	工程地点	重庆沙坪坝区 XY 镇××路西侧一纵线干道旁
3	建设单位	重庆 YF 置业有限公司
4	建设规模	总规划建设用地面积为 6.14 万平方米，总建筑面积约 18 万平方米，物业类型包括高层、洋房、商业及地下车库
5	招标范围	包含三个地块，其中 Ⅰ27-01/03 地块建筑面积 4.4294 万 m²；I29-01/03 地块建筑面积 7.2055 万 m²；I31-01/02 地块建筑面积 6.5082 万 m²
	计价方式	模拟清单招标，固定综合单价，工程量按实结算
6	工期要求	（1）基础开工时间（不含桩基础）： 1-29 地块：2018 年 10 月 1 日 1-27、1-31 地块：2018 年 12 月 1 日（具体开工时间以甲方书面通知为准） （2）达到结构正负零时间： 1-29 地块：2018 年 11 月 11 日 1-27、1-31 地块：2019 年 3 月 30 日（根据基础开工时间决定正负零时间，绝对工期 30 天） （3）主体结构达到预售形象进度时间（达到 8 层）： 1-29 地块：2018 年 12 月 15 日 1-27、1-31 地块：2019 年 4 月 10 日（根据基础开工时间决定预售时间，绝对工期 40 天） （4）地上主体结构封顶（17 层）： 1-29 地块：2019 年 1 月 30 日 1-27、1-31 地块：2019 年 5 月 30 日（根据基础开工时间决定封顶时间，按 5 天每层计） （5）外墙脚手架拆除完成： 1-29 地块：2019 年 6 月 30 日 1-31 地块：2019 年 9 月 30 日 （6）单体竣工时间： 1-29 地块：2019 年 10 月 30 日 1-27、1-31 地块：2020 年 1 月 30 日 （7）完成政府部门竣工验收：2020 年 6 月 30 日 （8）工程竣工交付：2020 年 9 月 30 日 售楼处及展示区 （1）开工时间（不含桩基础）：2018 年 10 月 1 日 （2）封顶时间：2018 年 10 月 15 日 （3）移交精装修时间：2018 年 10 月 25 日 首开区（1-29 地块地上 25100m² 左右，包含该区域对应地下车库 6000m² 左右）：若首开区面积增加，需保证节点不变。 （4）开工时间（不含桩基础）： 1-29 地块：2018 年 10 月 1 日 （5）达到结构正负零时间： 1-29 地块：2018 年 11 月 11 日 （6）主体结构达到预售形象进度时间（达到 8 层）： 1-29 地块：2018 年 12 月 15 日
7	质量要求	施工质量满足现行工程施工质量验收规范要求，达到合格标准
8	安全文明施工要求	严格执行住房和城乡建设部《建筑施工安全检查标准》（JGJ 59—2011）、《重庆市建筑工地文明施工标准》及甲方施工现场管理要求，争创重庆市级文明施工工工地标准。较大及以上安全事故：0；百万平方米事故率≤1.5；因工死亡安全事故：0；文明施工平均分≥90；年度安全检查得分≥90

1.2 现场场地条件

本工程位于重庆沙坪坝区 XY 镇××路西侧一纵线干道旁,总规划建设用地面积为 6.14 万平方米,总建筑面积约 18 万平方米,包含 I27-01/03、I29-01/03、I31-01/02 三个地块,I31 地块内有待拆迁 10kV 高压线及燃气管线,计划于 2018 年 10 月 31 日完成拆迁。现场环境情况见图 1。

图 1

2 编制依据及说明

2.1 编制依据

1. 《中华人民共和国建筑法》；
2. 《中华人民共和国合同法》；
3. 《中华人民共和国招投标法》；
4. 《中华人民共和国道路交通安全法》；
5. 《中华人民共和国环境保护法》及环境保护行业标准和管理办法；
6. 《中华人民共和国环境影响评价法》；
7. 《建设工程安全生产管理条例》；
8. 《建设工程质量管理条例》；
9. 现场实地踏勘获得的资料和信息；
10. 现行国家及地方颁布的有关施工规范、规程、图集和标准（表1）：

现行国家相关规范、标准、图集 　　　　　　　　表1

序号	名称	代号
1	工程建设施工企业质量管理规范	GB/T 50430—2017
2	职业健康安全管理体系—要求	GB/T 28001—2011
3	质量管理体系—要求	GB/T 19001—2016
4	环境管理体系—要求及使用指南	GB/T 24001—2016
5	混凝土结构施工图平面整体表示方法制图规则和构造详图	16G101
6	混凝土结构工程施工质量验收规范	GB 50204—2015
7	建筑工程施工质量验收统一标准	GB 50300—2013
8	砌体结构工程施工质量验收规范	GB 50203—2011
9	工程测量规范	GB 50026—2007
10	建筑基桩检测技术规范	JGJ 106—2014
11	建筑地基基础工程施工质量验收标准	GB 50202—2018
12	屋面工程技术规范	GB 50345—2012
13	屋面工程质量验收规范	GB 50207—2012
14	建筑装饰装修工程质量验收标准	GB 50210—2018
15	建筑物防雷工程施工与质量验收规范	GB 50601—2010
16	建筑节能工程施工质量验收规范	GB 50411—2007
17	建筑工程绿色施工评价标准	GB/T 50640—2010
18	施工企业安全生产管理规范	GB 50656—2011
19	建设项目工程总承包管理规范	GB 50358—2017

序号	名称	代号
20	建设工程施工现场供用电安全规范	GB 50194—2014
21	建设工程施工现场消防安全技术规范	GB 50720—2011
22	建筑桩基技术规范	JGJ 94—2008
23	钢筋焊接及验收规程	JGJ 18—2012
24	建设工程施工现场消防安全技术规范	GB 50720—2011
25	建筑玻璃应用技术规程	JGJ113—2015
26	地下防水工程质量验收规范	GB 50208—2011
27	地下工程防水技术规范	GB 50108—2008
28	民用建筑工程室内环境污染控制规范	GB 50325—2010
29	外墙外保温工程技术规程	JGJ 144—2004
30	建筑外门窗气密、水密、抗风压性能分级及检测方法	GB/T 7106—2008
31	建筑外窗空气声隔声性能分级及检测方法	GB/T 8485—2008
32	通风与空调工程施工质量验收规范	GB 50243—2016
33	建筑给水排水及采暖工程施工质量验收规范	GB 50243—2002
34	机械设备安装工程施工及验收通用规范	GB 50231—2009
35	风机、压缩机、泵安装工程施工及验收规范	GB 50275—2010
36	高层建筑混凝土结构技术规程	JGJ 3—2010
37	西南图集 11J 合订本（1）	
38	西南图集 11J 合订本（2）	

2.2 编制说明

我们将针对本工程的特点，对工期、质量、安全、环保、资源投入、组织机构等方面的组织、实施和管理进行详尽描述，充分利用时间和空间，全盘统筹安排土方开挖、基坑支护、基础施工等进行合理穿插和配合，提高项目建设连续性和均衡性，全面运用"四新"技术，倡导科技创新，践行环保、节能和绿色施工理念，合理控制工期，全方位替业主着想，确保优质、高效地完成本工程建设，向业主交一份满意的答卷。

3 工程重难点分析及应对措施

3.1 合理缩短工期

本工程总建筑面积约 18 万平方米，施工过程合理控制工期、尽早达到预售节点，可以减少业主的资金周转压力。计划开工时间 2018 年 10 月 1 日计划竣工时间 2020 年 8 月 2 日。

应对措施：

1. 我司是房建总承包特级企业，具有丰富的土建和安装施工经验，我们将委派公司总裁级领导担任本项目指挥长，选派高素质管理团队和施工队伍，为优质、高效地完成本工程建设提供人员保证。

2. 派专人负责办理各项手续，同时积极配合业主办理相关手续，力争早日达到开工条件。

3. 统筹安排土石方和基础施工，基坑开挖和支设分区分段进行，争取尽早地为基础施工提供作业面，使基坑施工与结构施工形成流水穿插；同时加大基础和主体结构施工阶段的人、材、机等方面的投入，编制专项抢工措施方案，缩短关键线路施工时间，确保工程整体施工工期为最优。

4. 土石方施工除办理夜间施工许可外，所有运输车辆办理日间通行证，加快土石方施工进度，确保基础结构尽快插入施工。

3.2 外部协调

本工程工期压力大，根据目前实际情况很可能本工程将会是"三边工程"（边勘测、边设计、边施工），土石方、基础等施工阶段将会受到环保、市政、街道等诸多外部因素影响，如何做好相关职能部门的协调工作将会是确保工程顺利建设的关键。

应对措施：

1. 我公司与市各个职能部门均建立了常年的良好沟通机制，长期以来受到社会各界的好评。

2. 经过我司长年的施工经验积累，已充分了解、掌握政府各职能部门的相关法律、法规、规定的要求和相应办事程序，进场后我们将与相关单位取得联系，积极配合业主单位办理相关前期手续，在沟通前提前做好相应的准备工作（如：文件、资料和要回答的问题），做到"心中有数"。

3. 充分尊重政府行政主管部门的办事程序、要求，加强事先沟通，绝不能顶撞和敷衍。

3.3 施工扰民及安全防护

本工程四面均有部分居民楼，施工现场周围人员活动频繁，对于场界环境和安全防护要求较高。

应对措施：

1. 施工前编制专项安全文明施工方案，对现场围挡、基坑周边防护、建筑临边防护和高空落物的防护等作重点把控，同时制定现场人员出入制度，严格控制出入施工现场的人员，与施工无关的人员不得进入施工现场。

2. 夜间施工办理合法的施工手续，控制夜间施工的噪声和光源不超标，同时做好告知和协调工作，积极取得附近居民的理解和支持。

3. 土石方施工期间控制好扬尘和遗洒，大门设置自动洗车池，所有车辆出现场均确保清洁和无遗洒；场地设置雾炮机，控制场内扬尘。

3.4 装配式楼梯施工

根据《重庆市建设领域限制、禁止使用落后技术通告（第八号）》规定，主城区超过8万平方米住宅项目将限制使用现浇楼梯，本工程总建筑面积约18万平方米，按照办理两个施工许可证的方案按需使用装配式楼梯。应对措施：

我集团控股的重庆市××建筑科技有限公司是重庆市装配式施工领导企业，该企业是重庆地区最早从事建筑产业化领域装配式建筑体系研究、产品开发、制造、施工的高新技术企业，逐渐完善了装配式建筑主体所需的主要结构部品，是重庆市首家获得"全国装配式产业化示范基地"的企业，在涪陵地区设有构件加工厂。位于涪陵城区的我司自有产业××大厦采用装配式技术施工，装配率高达62%，故我司从装配式资源和技术上均具有得天独厚的优势，为本工程的装配式楼梯施工奠定了坚实的基础。

4 总体策划与部署

4.1 总体策划

4.1.1 策划原则

针对本工程工期压力大、"三边工程"等特点，为了最大限度地提高工效，缩短工期，根据业主对工程的工期要求和结构设计特点及现场施工条件，本工程采用以主体结构工程为主导线，多工种立体交叉作业的施工流程组织施工，以使各工种、各工序从时间上、空间上得到有机衔接。以优化劳动组合，达到均衡施工、缩短工期的要求。施工时采取"平面分区，区内分段流水，立体穿插作业"的原则。结构施工中通风、空调、电气等随土建施工做好预埋预留，装修施工中暖卫、空调、电气等设备安装随土建施工穿插作业，外装修从上到下逐层推进，合理组织穿插施工，充分利用时间和空间。

4.1.2 施工顺序

1. 施工区段的划分

根据业主售房节点和各楼栋平面位置，施工时分为 I-27（包含：1-9 号楼）、I-29（包含：10-18 号楼）、I-31（包含：19-27 号楼）三个地块先后进行。其中，I-29 中的 10-12 号楼、17、18 号楼最先开始施工。具体分区详见施工总平面布置图。

2. 施工阶段的划分

第一阶段：地下室结构施工阶段

主要工作内容：测量控制网的布设，桩基工程施工，临时生产生活设施布置，包括修建围墙，搭建办公、住宿建筑，布设供电供水线路，硬化场地，修建临时道路等。桩头处理，垫层施工，地梁施工，地下室结构施工，地下室外墙防水施工，土方回填，安装等工程的预留预埋工作穿插进行。同时进行各专业的图纸深化设计等技术准备工作。

第二阶段：地上主体结构施工阶段

主要工作内容：上部结构施工，主要为混凝土结构施工，相关设备、安装等专业工程的预留预埋随结构施工穿插进行，各区段内砌体、抹灰工程随后跟进。

第三阶段：装修施工阶段

主要工作内容：外墙（含玻璃幕墙）、精装修、机电安装及其他专业分包工程，其中安装工程基本具备了全部的作业面，是安装工程施工的高峰期；最后进行各系统的调试，调试前编制可行的调试方案，在总包的统一指挥下进行总体调试验收工作。

该阶段土建结构已施工完毕，主要考虑配合装修、水电安装、各专业分包工程施工，各专业分包工程的施工先后顺序由总承包指定进场计划，并划分施工区域，统一管理和协调，从而保证各分包商能充分发挥工作效率。

第四阶段：竣工验收阶段

主要工作内容：进行各专业专项工程的资料收集和整理，同时进行各单项工程（如消防）的专业验收，以确保整个工程的交工验收。竣工交付及按小业主要求交付维修。

3. 总体施工流程

按照先地下后地上，先主体后装修，平面分区段，立面分层，分区按部署施工，分段按流水组织，各专业工序穿插进行的原则组织工程施工。

按照业主工期节点要求结合现场场地交付时间。本工程三个地块分三个施工阶段，首先开工 1-29 地块首开区：2018 年 10 月 1 日开始施工，然后开工 1-29 地块其余楼栋，最后按场地交付时间开工 1-27、1-31 地块。确保地下室结构施工时间 30 个工作日，主体结构施工至预售节点 40 个工作日。

（1）首先进行进场的准备工作．包括布置测量控制网、搭建生产生活临建设施，然后进行平场土石方施工，随挖随支护边坡，有工作面后立即进入基础及地下室结构施工。

（2）集中优势的人员、材料、机械尽快完成地下室结构施工，在地下结构施工完毕后，及时插入地下室外墙的防水和回填土施工，为下一阶段的施工创造开阔的工作面。

（3）±0.000 以上结构施工是保证实现预售节点的关键，考虑整配 4 层模板架料，投入充足的劳动力，确保按时达到预售条件。

4.1.3 关键路线

1. 结构施工阶段，关键线路为地下、地上的结构施工，考虑到预售节点，优先施工售楼部和主楼结构。水电、空调、消防等安装工程的预留预埋随土建结构的施工同步穿插跟进。

2. 在装修、设备安装调试期间．以装修工程为主线，水电、空调、消防等工程进行穿线、设备安装；同时，根据精装修的进度适时插入电梯、扶梯、弱电及智能化等分包工程施工；在精装修接近尾声时，开始室外市政、绿化等工程施工；最后进行系统的调试和联动，确保工程的顺利交工。

3. 工程进入竣工验收阶段时，重点是进行各专业专项工程的资料收集和整理，并保证各单项工程（如消防）的专业验收，为整个工程的交工验收奠定基础。

4.1.4 主要施工方法选择（表 1）

主要施工方法选择表　　　　　　　　　　　　　　　　　表 1

序号	项目	施工方法选择
1	土方开挖	机械开挖
2	基坑支护	采用喷锚或复合土钉墙的支护形式
3	桩基础	旋挖（暂定）
4	模板支撑系统	木模＋方钢管＋碗扣架
5	外架	地下室部分：落地式钢管脚手架 商业裙楼地上部分：落地式钢管脚手架 塔楼标准层：钢板网整体提升外架

4.2 目标策划

4.2.1 质量目标

精心组织施工，确保达到如下目标：

（1）工程合格率 100%；

（2）确保"重庆市优质结构工程"；

（3）确保"重庆市优质工程巴渝杯"。

4.2.2 工期目标

拟定总工期 642 个工作日（不含平场土石方）。其中：在开工后 55 天完成售楼部装修；首开区开工 75 个工作日达到预售条件（主体结构施工至 8 层）；其他区域绝对工期在 70 个工作日达到预售节点。并全力确保业主要求各项节点。

4.2.3 安全文明施工目标

1. 安全生产目标

加强进场人员的安全思想教育，提高施工人员的安全意识，同时加大安全措施费用投入，购置全新的安全用品，注重安全防护，做到封闭式施工，确保实现：

（1）杜绝人身死亡事故。

（2）杜绝重大机械设备事故。

（3）杜绝重大火灾事故。

（4）月工伤频率小于 1‰。

2. 文明施工目标

严格按国家、地方、企业的各项规定执行，确保达到"重庆市市级安全文明工地"：

（1）硬化：办公室、生活区及我方独立施工区域的道路硬化；

（2）净化：生活区、办公区保持清洁卫生，现场做到工未完、料未净、场要清；

（3）绿化：办公、生活区周围开辟绿地，种植花草、树木；

（4）亮化：办公区大门设置彩灯，主要通道设置路灯，夜间施工照明充分；

（5）美化：临建布置及主要拟建建筑物、大型设备等按我司统一形象进行布置。

在确保工程质量和工期的前提下，树立全员环保意识，采取有效措施，减少施工噪音和环境污染，自觉保护场内公用设施，最大限度减少对环境的污染。

4.2.4 科技进步目标

充分发挥"科学技术是第一生产力"的作用，发挥我司技术优势，采用目前国内先进的而且是我司多次采用的新技术、新工艺和管理手段，优质高速地建成本工程。本工程计划采用的四新项目如下：

（1）钢筋机械连接技术；

（2）新型模板及支撑体系；

（3）钢板网外架；

（4）装配式楼梯施工技术；

（5）BIM 施工模拟及信息化管理技术。

4.2.5 服务目标

信守合同、密切配合、认真协调与各方关系，接受业主监理的管控与监督，做好"三项服务"：

1）施工前服务：开工前积极进行现场规划布置、施工组织总设计的编制、施工资源准备等。对设计、设备、材料等提供合理化建议。

2）施工中服务：满足业主方对工程进度、质量、安全、文明施工等方面的要求，服从业主方的调度与管理，并积极协助业主方对现场进行管理；对于安装等分包协作单位，本着友好合作的原则，在施工场地、工序交接、机具设备等方面，最大限度地为其提供方便。

3）施工后服务：按照国家标准和标书要求在保修期内及时进行工程回访及维修，维修工作做到 24 小时全天候随叫随到。对重点的单位工程及复杂的地下管网编制使用说明书，与竣工资料一起提交业主，以方便业主的使用与管理。

4.3　施工准备

4.3.1　技术准备

1. 开展技术调查工作

拟开展的技术调整工作主要有：

对气象地形和水文地质进行调查：掌握气象资料，以便综合组织全过程的均衡施工，制定雨季、大风天气和冬季的施工措施。

对地下管线进行调查：根据业主提供的图纸对地下管线位置进行探明，以便基坑支护施工时不会对管线造成破坏。

资源调查：由于施工所需物质资源品种多、数量大，故工程开工前将对各种物质资源的生产和供应情况、价格品种等进行详细调查，以便及早进行供需联系，落实供需要求。

技术调查：由于施工用水、用电量均较大，用电的起动电流大，负荷变化多，移动式、手动式机具用量多，因此对水源、电源等供应情况应作详细调查，包括给水的水源、水量、压力、接管地点及供电能力及线路走向等。

2. 做好与设计的结合工作

由项目总工程师组织有关人员认真学习图纸，并进行图纸自审、会审工作，以便了解设计意图，做到正确无误地施工。

通过学习，熟悉图纸内容，了解设计要求施工所应达到的技术标准，明确工艺流程；并针对设计提出合理化建议，阐明我方对施工技术工艺的新观点。

进行图纸自审，组织各工种的施工管理人员对本工种的有关图纸进行审查，掌握图纸中的细节，并找出图纸中的矛盾和错误之处。

组织各专业施工队伍共同学习施工图纸，商定施工配合事宜。

参加图纸会审，由设计方进行交底，理解设计意图及施工质量标准，准确掌握设计图纸中的细节。图纸会审工作程序见图 1：

3. 认真编制施工组织设计

由项目总工程师组织有关技术人员认真编制该工程实施性施工组织设计，作为工程施工生产的指导性文件。根据施工组织设计的要求，由各专业技术人员进一步编制详细的、有针对性的施工作业方案。

4. 编制施工图预算和施工预算

由预算部门根据施工图、预算定额、施工组织设计、施工定额等文件，编制施工图预算和施工预算，以便为施工作业计划的编制、施工任务单和限额领料单的签发提供依据。

4.3.2　现场准备

在工程施工以前，我们将以积极的态度向政府各主管部门报送有关申报资料，争取以最快的速度办齐所有开工手续。

1. 现场移交

项目经理部将委派主管生产的项目副经理组成现场移交小组，与业主就现场有关问题办理移交手续，经监理认可后，办理复核移交记录。

2. 临时水电管线

根据现场踏勘情况，现场临时水源、电源将布置到位。我们将在施工准备阶段按平面布置的要求进行临时用水和用电管线的敷设，保证满足施工生产、生活需要。具体用水、用电负荷计算将编制专项临水、临电施工方案。

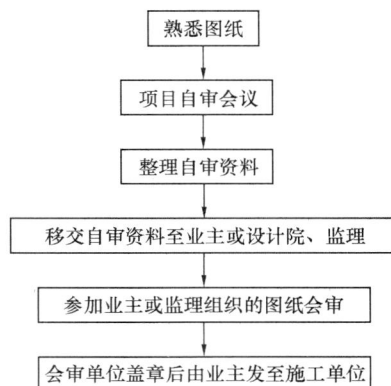

图 1

3. 临时设施准备

由于场地条件较好，现场分区域设置办公区、生活区，并与施工区域分开，现场实行封闭式施工，按重庆市安全文明施工要求设置围挡，在围挡上将工程"六牌二图"进行明确标识，实行统一规范的对外宣传与管理。

4.3.3 劳动力准备

（1）根据该工程的特点和施工进度计划的要求确定各施工阶段的劳动力需用量计划。

（2）采用劳务招标的形式选拔高素质的施工作业队伍进行本工程的施工。竞标的主要指标是各自承诺的质量、安全、工程进度、文明施工等。

（3）对工人进行技术、安全、思想和法制教育，教育工人树立"质量第一，安全第一"的正确思想，遵守有关施工和安全的技术法规，遵守地方治安法规。

（4）搞好生活后勤保障工作：在大批施工人员进场前，必须做好后勤工作的安排，为职工的衣、食、住、行、医等予以全面考虑，认真落实，以便充分调动职工的生产积极性。

本工程劳动力计划详见"劳动力计划"一篇。

4.3.4 材料准备

1. 原材料准备

我们将工程原材料分为甲供和自行采购两类。对于甲供材料，将在提供详细施工图15天后将材料用量及进场时间等详细计划报给业主，并在材料进场时负责验收，提供相应的堆放场地；对于自购材料，我司将货比三家，从质量上、单价上把关，并通过甲方及有关部门审批。

在原材料选择上，将把工作重点放在钢材、混凝土原材料、机电设备的选购上。对于钢材，首先对生产厂家进行把关，选定良好信誉的国内名牌厂家。对于混凝土原材料的供应，我们将重点考察、选定砂、石的供应地及水泥、外加剂的供应商，择优选购。对机电设备，将向业主推荐最优秀的产品供业主选择。

2. 构配件的加工订货准备

根据施工进度计划及施工预算所提供的各种构件配件数量，做好加工翻样工作，并编制相应的需用量计划，组织构配件按计划进场，按施工平面布置图作好存放和保管工作。

3. 施工周转材料的配备

本工程所用周转材料，均由项目经理部和公司材设管理中心共同组织供应，对一些须先行定制的周转材料及时进行加工定制，并根据进度计划进行调整、补充，以确保工程顺利施工。

4.3.5　施工机械准备

土石方施工阶段拟使用的大型机械有：挖掘机、自卸汽车、锚杆钻机、注浆泵等。主体结构施工阶段拟使用的大型机械有：塔吊、施工升降机，主要解决垂直运输；混凝土输送泵，解决浇捣混凝土的垂直运输问题；钢筋加工设备，主要解决钢筋的下料加工。

以上施工机具设备将按施工进度的安排，有计划地组织进场，确保工程施工的顺利进行。

拟投入的主要施工机械设备计划详见"施工机械计划"一章。

5　施工总平面布置

5.1　各阶段的施工总平面布置

按照项目公司对本工程的施工总体计划及部署，将施工现场划分为四个主要的施工阶段进行精心布置，即：①地下室结构施工阶段平面布置图；②主体结构施工阶段平面布置；③二次结构及装饰装修施工阶段平面布置。具体布置详后附图。

5.2　施工现场临时道路及堆场

1. 根据本工程现场情况，地下室施工前修建宽 4.5m 临时道路，C25 混凝土 150 厚（具体位置详总平面图）。临时道路施工前，应将施工用水、用电、排水等管线预先开挖、埋设到位。出正负零后按设计中庭消防道路修建永临结合道路，作为临时通道。

2. 钢筋堆场：本工程根据不同施工阶段分别设置 3～4 处钢筋加工场及堆场供现场使用，具体位置见总平面图。钢筋成品按需加工，随加工随上工作面。

3. 模板及方木堆放场：本工程根据不同施工阶段分别设置 4 处木工加工场及堆场供现场使用，用来加工和堆放模板、方木，应按需分批进场，尽量减少场地占用。

4. 周转材料堆场：周转材料尽力做到随进场随上工作面，合理划分流水段，周转料做到大部分在工作面流转。

5. 防护采用三道栏杆形式，扫地杆离地高度 200mm，下设踢脚板（踢脚板 20cm 高，色带斜度 45°，黄蓝相间）；中道栏杆离地高度 700mm，上道栏杆离地高度 1200mm，立杆高度 1300mm，立杆间距 2000mm。横杆涂刷黄蓝警示色油漆，立杆表面刷蓝色警示色油漆。

5.3　主要机械设备的布置

本工程配备 14 台 QTZ63 塔吊，塔吊布置在工程结构内部，作为结构施工及 8 层以下楼栋装饰施工的垂直运输设备。车库连接道可通行机动车，装饰装修阶段采用机动车进行材料运输。配置 5 台 SC200 中速施工电梯，作为 17 层主楼二次结构及装修施工阶段垂直运输设备。具体位置详施工平面布置图。

5.4　生活及办公区布置

办公区和生活区设置场外。临设区分为三部分：①管理人员办公区及生活区；②民工生活区；③展示区。

管理人员办公区及生活区设置 3 栋楼，分别为 1 栋 1 层的管理人员生活楼，包括男女卫生间、洗浴室、洗衣房及厨房；1 栋 2 层管理人员宿舍；1 栋 2 层管理人员办公楼，共计活动房 64 间。

民工生活区设置 3 栋楼及 2 个生活场区。分别为：1 栋 1 层的民工生活楼包括男女卫生间、洗浴室、洗衣房；1栋2层宿舍楼；1栋1层厨房及食堂，共计活动房86间。设置一个晾晒区和一个民工活动区。

展示区分为两块场地，分别为样板展示区及安全体验区具体展示内容，依据现场情况，进场后进行细化。

5.5 施工临时给、排水

现场水源源位置位于场地东侧，临水布置待进场后编制专项方案完善。

5.5.1 现场临水系统设计

本工程暂定业主提供供水口管径为DN100，供现场施工用水。为满足施工和消防需求，需设置不小于20m³的水池和增压泵。

施工用水及消防用水采用两路管线供水。施工用水水管管径为50mm，消防用水管径为100mm。所有消防、施工用水的管路均采用焊接钢管。现场设置两处消防立管。

5.5.2 室外消火栓给水系统

本工程沿土建开挖线外围成环形敷设室外消火栓系统给水主管，环管各处按用水点需要预留甩口，并按不小于120m的间距布置室外地下式消火栓，为节约工程投资，设计室外消防与室内消防合用一台水泵，室外给水环管与室内消防及生产用水管之间设阀门，该阀门平时常闭，当火灾须启动室外消火栓时立即打开。

5.5.3 现场排污

场区主入口边开挖一个长宽深2500mm×2500mm×2000mm沉砂池，在积水区开挖一条30m长，平均宽度0.4m的排水沟。将场区的积水引排至竖井内，再由水泵抽至沉砂池内经沉淀后排入市政管网。

5.6 施工用电

5.6.1 施工现场临电布置原则

1. 为了保障施工现场安全用电，现场布置按照《施工现场临时用电安全技术规范》JGJ 46—2005及《建筑施工安全检查标准》JGJ 59—2011相关规定执行安装。现场临时用电线路采用TN-S系统，即三相五线制。

2. 各线路从三级电箱再分支电路到各分配电箱、单机箱、移动箱，楼层配电在每层设一个综合开关箱做到配电合理、互不干扰，防止因用电故障影响施工。施工现场照明主要依靠现场零星碘钨灯及在塔吊上设置镝灯来完成。

3. 配电原则：三级配电、两级保护。每个一级配电箱设一个隔离开关和一个漏电断路器，额定漏电动作电流为100mA；开关箱中漏电保护器的额定漏电动作电流不应大于30mA，额定漏电动作时间不应大于0.1s。使用于潮湿或有腐蚀介质场所的漏电保护器应采用防溅型产品，其额定漏电动作电流不应大于15mA，额定漏电动作时间不应大于0.1s。

4. 各支路主线采用BLV电缆，穿钢管埋地或架空敷设。其余各机械设备、固定或移动配电箱采用铝芯橡皮软线。各级配电箱位置、线路走向详总平面布置图。

5. 楼层照明电源采用220V的电压，分别来自于二级配电箱。

6. 二级配电箱预留一个回路作为施工临时备用回路。

5.6.2 施工现场临电布置

1. 电源由业主提供，位于场地西侧，工程用电量按 1000kV 计算。

2. 本工程设置一级箱 3 个分别供三个地块。

3. 1-29 号地块一级箱塔吊、施工电梯及楼层供电分别设置二级箱，共计 8 个回路。

4. 1-27 号地块一级箱塔吊、施工电梯及楼层供电分别设置二级箱，共计 10 个回路。

5. 1-31 号地块一级箱塔吊、施工电梯及楼层供电分别设置二级箱，共计 12 个回路。

6. 临电布置待进场后编制专项方案确定。

6 施 工 组 织 机 构

6.1 组织机构的配备

项目组织机构由项目决策层、项目管理层和项目作业层组成。其中项目决策层由一名项目指挥长、一名项目经理、一名项目总工、一名商务经理及一名生产经理组成；项目管理层由各专业工长和内业管理人员组成工程部、技术部、质量安全部、设备物资部、合约商务部、财务资金部及综合管理部组成，负责项目各项工作的具体实施；项目劳务层由具有熟练操作技术和丰富经验的专业施工队伍组成，并配有相应资质的成建制施工作业队伍作为补充。具体组织机构见图1：

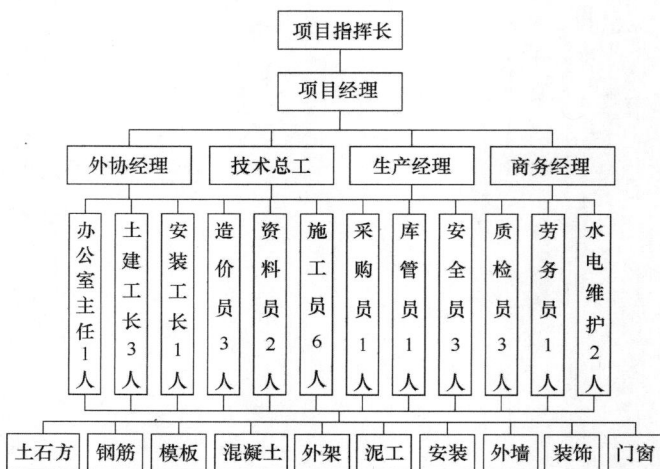

图1

6.2 组织机构分工及管理职责

6.2.1 项目经理职责

主持编制项目管理实施计划，确定项目管理的目标与方针。

确定项目管理组织机构的构成并配备人员，制定规章制度，明确有关人员的职责，组织项目经理部开展工作。

及时、适当地做出项目管理决策，其主要内容包括人事任免决策、重大技术方案决策、财务工作决策、资源调配决策、工期进度决策及变更决策等。

履行总包管理责任，审批各分包施工单位的施工组织计划，并监督协调其实施行为。

与业主、监理保持经常接触，解决随时出现的各种问题，替业主、监理排忧解难，确保业主利益。

积极处理好项目与政府管理部门及街道居委会的关系。

6.2.2 项目技术总工职责

在项目经理领导下，具体主持项目质量管理保证体系的建立，并进行质量职能分配，落实质量责任制。

审核各分包施工单位的施工方案，并协调各分包施工单位之间的技术质量问题。

与设计、监理保持经常沟通，保证设计、监理的要求与指令在工程建设中贯彻实施。

组织技术骨干力量对本项目的关键技术难题进行科技攻关，进行新工艺、新技术的研究，确保本项目顺利进行。

组织有关人员对材料、设备的供货、质量进行监督、验收、认可，对不合格的材料、设备坚决退货。

及时组织技术人员解决工程施工中出现的技术问题。组织安全管理人员监督整个工程项目的施工安全，保证施工安全与工程质量。

6.2.3 项目生产经理职责

全面组织管理施工现场的生产活动，合理调配劳动力资源。

负责使项目的生产组织、生产管理和生产活动符合施工方案的实施要求。

负责项目的安全生产活动，建立健全安全管理组织体系。

协调各分包施工单位及作业队伍之间的进度矛盾及现场作业面冲突，使各分包施工单位之间的现场施工有序合理地进行。

重点做好项目的进度管理，从计划进度、实际进度和进度调整等多方面进行控制，确保项目如期完工。

进行施工现场的标准化管理，确保本工地达到市文明工地标准。

6.2.4 商务经理职责

负责对总承包范围内的单位工程和分部分项工程的工程造价、成本、合同进行全面管理。

（1）督促各分包商的履行合同。

（2）对分包商的结算进行审核。

（3）对分包商的工程变更、索赔进行审核和合理控制。

（4）做好成本分析计算，为项目经理提供决策依据。

6.3 项目部组织管理措施

6.3.1 建立生产例会制度

作为施工总承包企业既要按时参加业主、监理组织的生产或其他会议，同时，建立由施工总承包及分包单位参加的生产例会制度，通过生产例会落实业主、监理及总包单位要求，同时检查自身及分包单位对生产例会要求的落实情况，并听取分包单位的意见，及时改善管理和服务。

6.3.2 建立定期和不定期检查制度

通过定期和不定期的检查，及时发现施工中存在的问题，及时调整管理方案，及时解决诸如工期、质量、安全问题以及配合协调方面的矛盾，确保整个施工过程沿着预定的目标前进。对检查结果要做记录，并将有关情况及时反馈给业主、监理等有关单位。

6.3.3 建立日报表制度

为及时反馈施工管理信息，便于业主及总包单位及时了解工程现状，总包单位及分包单位建立日报表制度。日报表包括进度日报表、质量日报表、安全及文明施工日报表、劳动力日报表及业主、监理要求的报表。

6.3.4 服务管理制度

施工总承包企业在协调管理中，要以服务为主，对各方要求提供的条件及要求协助解决的问题要及时给予答复并在规定期限内解决，不得无故拖延。如果总包单位负责协调的主管部门未能按制度及时解决有关问题，提出要求的各方可越过总包单位主管部门直接要求项目经理予以解决。

6.3.5 采用计算机手段加快信息处理速度

在立体交叉、多层面、多工种的施工作业过程中，每时每刻都有工期、质量、安全、成本等繁多的复杂的信息，以前采用手工处理，速度慢，决策慢，因此措施采取的不及时，为改变这种状况，我们采用计算机管理手段，通过采用BIM5D、CAD、Project、斑马管理软件等一系列软件，加快信息处理速度，提高管理决策及时性、准确性。

6.3.6 对分包的管理方法

1. 分包单位目标管理

施工总承包单位在进行施工总承包管理过程中，对分包单位提出总目标及阶段目标，这些目标包括质量、进度、安全、文明施工等，在目标明确的前提下对各分包单位进行管理和考评。

施工总承包单位提出的目标是切实可行的，并经过分包单位确认能达到的目标，而且该目标应符合业主合同的要求。目标管理中强调目标确定与完成的严肃性，并在合同中应有相应的条款予以约束。

2. 跟踪管理

施工总承包单位在进行目标管理的同时，采用跟踪管理手段，以保证目标在完成过程中达到相应要求。施工总承包单位在分包单位施工过程中应加强过程控制，要对质量、进度，安全、文明施工等跟踪检查，发现问题立即通知分包单位进行整改，并及时进行复检，建立完整的资料以使所有问题解决在施工过程中，而不是事后发现问题，以免给业主造成损失。

3. 平衡管理

作为施工总承包单位在施工总承包管理过程中，应根据施工阶段的施工特点进行综合平衡，平衡目标的大小，平衡设备的使用，平衡施工面展开以及平衡进度的快慢，关键是要抓住重点，来平衡其他，使整个工程施工过程中有重点、有条理。

4. 建立激励机制

建立以考核奖罚为主要内容的激励机制，采用经济手段，可有效调动管理人员的积极性，充分发挥人的能动性，从而为实施施工总承包管理方案，打下良好的基础。

7 总进度计划及工期保证措施

7.1 工程实施总进度计划

总工期 642 天（不含平场土石方）。其中：1-29 地块工期 300 工作日，1-27、1-31 地块总工期 437 工作日。各关键节点计划 29 地块预售节点 2018 年 12 月 14 日，1-27、1-31 地块预售节点 2019 年 3 月 23 日。

7.2 工期保证措施

7.2.1 组织措施

1. 为实现项目的进度目标，健全项目管理组织机构和各项管理制度，使整个现场施工始终处于受控状态。

2. 在项目组织结构中设置专门的工作部门，配备符合进度控制岗位资格的专人负责进度控制工作。

3. 事先委任执行人员、授予相应职权、确定职责、制定工作考核标准，负责进度控制的主要工作环节（即进度目标的分析和论证、编制进度计划、定期跟踪进度计划的执行情况、采取纠偏措施，以及调整进度计划），并将上述工作在项目管理组织设计的任务分工表和管理职能分工表中标示并落实。

4. 编制项目进度控制的工作流程，如：确定项目进度计划系统的组成；各类进度计划的编制程序、审批程序和计划调整程序等。

5. 进行有关进度控制会议的组织设计，以明确：会议的类型；各类会议的主持人及参加单位和人员；各类会议的召开时间；各类会议文件的整理、分发和确认等。

6. 加强与招标人及相关单位的联系配合，做好前期准备工作，迅速成立项目部，配合招标人做好征地拆迁、管线改移等工作；以最快速度完成临时设施建设，完善各项手续，尽量缩短施工准备时间，争取早日开工。

7. 足额配置资源，加强现场科学管理，积极应用新技术、新设备，抓住关键线路和工程重点，做好监控，确保既定工期目标的实现。

7.2.2 管理措施

1. 开工前认真编制各分项、分部和总体工程实施性施工组织设计，并按施工组织设计和施工网络计划制定"年、月、旬、周"施工计划，严格按计划组织施工。

2. 设专人进行总体网络计划的编制和控制，以及施工过程中局部工程项目详细网络计划的跟踪控制和调整。

3. 选择合理的合同结构，以避免过多的合同交界面而影响工程的进展。

4. 为实现进度目标，不但应进行进度控制，还应注意分析影响工程进度的风险，并在分析的基础上采取风险管理措施，以减少进度失控的风险量。

5. 建立健全工程例会制度

项目组织召开周例会，落实本周计划完成情况及第二周工作计划的安排，研究解决工程施工中存在的问题，以"周"保"旬""旬"保"月""月"保总工期的实现。

6. 主动加强同参建各方联系及时跟踪工程进展情况，同时加强与辖区政府及有关部门的联系协调，为施工创造良好的外部环境。

7. 合理计划、科学规划

（1）各区、段的计划工期

在进行区段内各工种、工艺持续作业时间的测算过程中，主要对日供混凝土能力、单块混凝土最佳浇灌时间，塔吊的日吊运能力，作业面较优劳动力数量进行测算、设计，使计划工期具有较高的准确程度。

（2）系统设计各区、段间作业关系

在各分区估算的基础上，通过计划软件的多项目（多区段）的总体合并计算功能模块的辅助，主要对各大分包的作业面部署、项目整体混凝土的供需关系、施工队组的流转进行了多方案对比、权衡，确定出较优的整体施工流向规划，保证各分区的施工计划之间不产生资源与作业面的冲突，从而确保了总体计划的系统、周密程度。

7.2.3 经济措施

1. 建设工程项目进度控制的经济措施涉及资金需求计划、资金供应的条件和经济激励措施等。

2. 为确保进度目标的实现，应编制与进度计划相适应的资源需求计划（资源进度计划），包括资金需求计划和其他资源（人力和物力资源）需求计划，以反映工程实施的各时段所需要的资源。通过资源需求的分析，可发现所编制的进度计划实现的可能性，若资源条件不具备，则应调整进度计划。资金需求计划也是工程融资的重要依据。

3. 资金供应条件包括可能的资金总供应量、资金来源（自有资金和外来资金）以及资金供应的时间。

4. 在工程预算中应考虑加快工程进度所需要的资金，其中包括为实现进度目标将要采取的经济激励措施所需要的费用，例如给按期或提前完成目标的单位和个人给予一定的奖励，对没有完成任务的给予一定处罚等。

5. 开工后，按照计划要求投入足够资金。如果施工中间出现工期滞后，采取增加投入，确保施工顺利、有序进行。

7.2.4 技术措施

1. 建设工程项目进度控制的技术措施涉及对实现进度目标有利的设计技术和施工技术的选用。

2. 不同的设计理念、设计技术路线、设计方案会对工程进度产生不同的影响，在设计工作的前期，特别是在设计方案评审和选用时，应对设计技术与工程进度的关系作分析比较。在工程进度受阻时，应分析是否存在设计技术的影响因素，为实现进度目标有无设计变更的可能性。

3. 施工方案对工程进度有直接的影响，在决策其选用时，不仅应分析技术的先进性和经济合理性，还应考虑其对进度的影响。在工程进度受阻时，应分析是否存在施工技术的影响因素，为实现进度目标有无改变施工技术、施工方法和施工机械的可能性。

4. 认真熟悉图纸、规范，做好技术交底，保证工程正常进行

（1）熟悉吃透设计图纸及相关规范，积极进行现场调查，了解施工区域的工程地质及水文地质、管线设置、交通流量等情况，及时编写施工组织设计，制定切实可行的施工方案，积极组织技术交底，使广大参建人员明确该工程的设计意图、施工方法及质量标准等。

（2）加强现场技术指导工作，做到交底详细、准确，及时解决施工难题，力争各分项、分部工程一次到位，避免返工、返修，浪费时间。充分发挥技术工作的超前作用，制定周密翔实的施工计划及机具、人力等施工安排。技术人员实行跟班作业制度，24 小时服务现场施工，争分夺秒，保质保量完成施工任务。采用先进的施工方法和工艺，制定重点、难点工程技术方案，防止出现挡道工程。针对该工程的重点及难点，积极开展 QC 小组攻关活动，充分调动各级施工人员的积极性、主动性，积极地想办法、出主意，改进施工方法，优化施工方案，排除施工中的拦路虎，加快施工进度。加大"四新"成果的应用，采用先进的施工方法及工艺，充分发挥机具设备的生产效率，提高工作质量，缩短各工序循环作业时间。

7.3　项目建设进度计划的检查与调整

1. 对工程进度计划进行检查应依据工程进度计划实施记录进行。

2. 工程进度计划检查应采取日检查或定期检查的方式进行，应检查下列内容：

（1）检查期内实际完成和累计完成工程量；

（2）实际参加施工的人力、机械数量及生产效率；

（3）窝工人数、窝工机械台班数及其原因分析；

（4）进度偏差情况；

（5）进度管理情况；

（6）影响进度和特殊原因及分析。

3. 实施检查后，应向编制月度工程进度报告，月度工程进度报告应包括下列内容：

（1）进度执行情况的综合描述；

（2）实际施工进度图；

（3）工程变更、价格调整、索赔及工程款收支情况；

（4）进度偏差的状况和导致偏差的原因分析；

（5）解决问题的措施；

（6）计划调整意见。

4. 工程进度计划在实施中的调整必须依据工程进度计划检查结果进行、工程进度计划调整应包括下列内容：

（1）施工内容；

（2）工程量；

（3）起止时间；

（4）持续时间；

（5）工作关系；

（6）资源供应。

5. 调整工程进度计划应采用科学的调整方法，并应编制调整后的工程进度计划。

6. 在工程进度计划完成后，项目经理部应及时进行施工进度控制总结，总结时应依据下列资料：

（1）工程进度计划；

（2）工程进度计划执行的实际记录；

（3）工程进度计划检查结果；

（4）工程进度计划的调整资料。

7. 工程进度控制总结应包括下列内容：

（1）合同工期目标及计划工期目标完成情况；

（2）工程进度控制经验；

（3）工程进度控制中存在的问题及分析；

（4）科学的工程进度计划方法的应用情况；

（5）工程进度控制的改进意见。

8 劳动力计划

本工程劳动力计划见表1。

劳动力计划表

表1

工种	各施工阶段投入劳动力（人）			
	基础阶段	地下室阶段	主体结构阶段	装饰装修阶段
普工	10	30	30	20
石工	5	15	10	15
钢筋工	10	80	80	3
混凝土工	3	10	20	3
木工	—	160	160	3
架子工	10	20	60	5
砖工	5	20	30	40
抹灰工	—	—	—	30
焊工	2	5	10	15
管道工	—	2	6	30
电工	1	2	4	4
油漆工	—	—	4	10
涂料工	—	—	—	15
防水工	—	5	3	10
塔吊工	—	5	5	—
指挥工	—	10	10	—
试验工	2	3	3	3
机操工	10	—	—	—
司机	30	—	—	—
升降机司机	—	—	6	6
合计	88	362	441	212

9 主要施工机具计划

拟投入的主要机械设备见表1。

拟投入的主要机械设备表

表1

序号	机械或设备名称	型号规格	数量	国别产地	制造年份	额定功率(kW)	生产能力	用于施工部位
1	旋挖机	SR280	3	国产	2015			桩基础钻孔
2	塔机	QTZ63	14	国产	2015	36	1.2t	主体及二次结构
3	汽车吊	50t	1	国产	2016			钢筋笼吊运
4	施工升降机	SC200/200C	5	国产	2016		2t	二次结构
5	混凝土输送泵	HBT-60	6	国产	2015	90		主体结构
6	圆盘锯	XG500	8	国产	2014	4.5		主体结构
7	砂浆搅拌机	JZC500	16	国产	2014	7.5	13m³/h	砌体
8	空压机	W-0.6/20	6	国产	2015	7.5		基础
9	打夯机	HCD80	5	国产	2014	2.2		基础
10	振动棒	YZS	20	国产	2015	1.1		基础、主体
11	钢筋切断机	GQ40	8	国产	2014	3		基础、主体
12	钢筋弯曲机	GW40	8	国产	2014	3		基础、主体
13	盘圆调直机	GT4-10	8	国产	2014	7.5		基础、主体
14	型材切割机	SQ-500	若干	国产	2015			主体、装饰
15	电弧焊机	ZX7-500	6	国产	2015	28		基础、主体
16	直螺纹套丝机	GSJ	4	国产	2015	15		基础、主体

各机具设备均随工程进度进场。

10 主 要 施 工 方 法

10.1 施工测量

测量工作实施前与业主单位进行首级控制点（网）书面和现场交接，对业主单位提供的平面和高程控制点的测量成果资料和现场控制点（网）进行复测。在施工过程中定期对控制网点进行校准，保证测量精度。

10.1.1 测量总则

平面控制网进行分区首级控制网、施工加密控制网和轴线控制网三级测设。施工加密控制网的建立以建设单位提供的已知点坐标点为基准，由总承包项目部引测到施工现场，经现场严密复核后将此作为场区的首级控制网，用以作为加密控制网的依据。高程控制网布设以建设单位提供的已知水准点为基准点，采用不低于 S2 级的高精度自动安平水准仪进行测量。

场区控制网布置完成并经业主监理复核后将作为施工测量放线和标高控制的依据，直接利用全站仪极坐标法进行放样施工，包括基础结构施工期间定位及地下室各类构件的细部放样、主体结构施工期间各楼层结构构件的细部放样抄平、装饰装修期间的标高控制等。用以配合指导施工。

10.1.2 首级控制点（网）的复测

测量工作实施前与建设单位进行首级控制点（网）书面和现场交接，对业主单位提供的平面和高程控制点的测量成果资料和现场控制点（网）进行复测。在施工过程中定期对控制网点进行校准，保证测量精度。

10.1.3 控制网布设原则及精度

1. 平面控制遵循先整体、后局部，高精度控制低精度的原则。

2. 施工加密控制网尽量选择在施工影响区域外，点间尽量通视。

3. 轴线控制网的布设根据设计总平面图、现场施工平面布置图等进行。

4. 控制点选在通视条件良好、安全、易保护的地方。

5. 平面控制网的精度技术指标必须符合表 1 规定：

平面控制网精度技术指标 表 1

等级	测角中误差（m_β）	测距相对中误差	相对闭合差
一级	±5″	1/30000	≤1/15000

6. 控制桩位必须用混凝土保护，地面以上用钢管和警示带维护，防止施工机具车辆和人员碰压（图 1）。

10.1.4 施工加密控制网

本工程施工加密控制网将以经复核过的首级控制网作为布置依据，其作用主要用以作为施工放线和标高控制的依据。根据本工程施工范围大，场地地形较为平坦，影响测量作

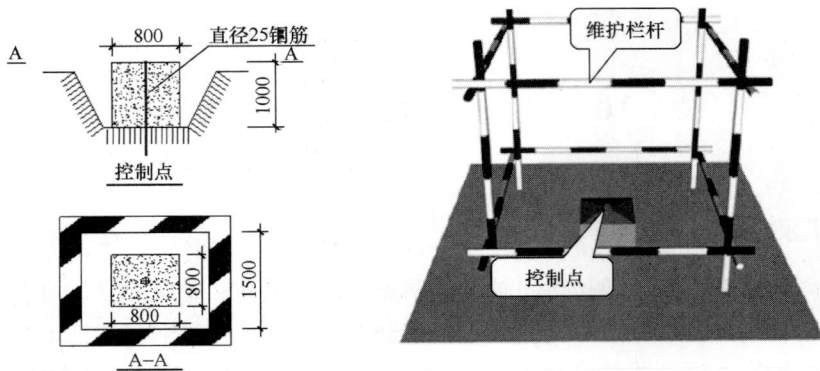

图 1

业的障碍物较多的现状，本工程施工加密控制网将每栋主楼布置 4 个平面控制网点和高程控制网点，商业裙楼按分区各布置 4 个平面控制网点和高程控制网点，保证覆盖整个场区范围。

10.1.5 轴线控制网

本工程轴线控制网在基础施工阶段即进行布置，点位主要布置在基坑支护结构顶部，作为基础和主体结构施工的测量依据。在地下车库施工阶段和地上主体施工阶段分别布设成矩形，采用全站仪直角坐标法与极坐标法相结合进行测设。

10.1.6 高程控制网的布设原则

1. 为保证建筑物竖向施工精度要求，在场区内建立高程控制网。高程控制网的建立是根据甲方提供的场区水准基点（至少应提供 3 个），采用 DSZ2 精密水准仪（精度 1mm/km 往返测）对所提供的水准基点进行复测检查，校测合格后，测设一条附合水准路线，联测场区平面控制点，以此作为保证施工竖向精度控制的首要条件。

2. 高程控制网的精度，采用三等水准的精度。

3. 在布设附合水准路线前，结合场区情况，在场区与业主单位所提供的水准基点间埋设半永久性高程点，埋设 3～6 个月后，再进行联测，测出场区半永久性点的高程，该点也可作为以后沉降观测的基准点。

4. 场区内至少应有 4 个水准点，水准点的间距应小于 1km，距离建筑物应大于 25m，距离回土边线应不小于 15m。

10.2 土石方开挖施工

本工程平场土石方施工，包括表层硬化地面和植被清理、开挖土石方等部分，土石方总量约 18 万方，弃土由自卸汽车倒运至渣场，场内堆土场地按业主指定位置堆放并覆盖。

土石方施工时，综合考虑土石方工程量的分布、土石的类别、水文地质、调运线路及施工季节的气象情况等因素，采用综合机械化施工。实施机挖、机推、机装、自卸卡车运卸"一条龙"作业。随开挖深度的进展，在接近平场标高时，由人工逐层修整成型。

10.2.1 施工区段及顺序

为使基础结构更快的插入施工，基坑开挖按东西方向分为一、二两个区先后进行，一区先行开挖，待一区基坑支护完成后插入一区基础施工。

土石方施工前，先作好场内排水工程，设置截水沟并确保地表水顺畅流入，不渗流或冲刷边坡。

将原地面上的硬化地面清除。表层清理以液压破碎锤为主，推土机、挖掘机配合。

10.2.2 土方开挖

本工程土方主要采用机械化开挖，以挖掘机、推土机为主配合自卸汽车进行施工（具体施工机具的配备详"施工机械计划"章节），做到工序有条不紊，确保运输车辆的进出畅通及开挖机械工作效率的提高。

人工逐层修整前，进行测量的准确放样，控制边坡成型的超欠挖。

土方机械化开挖方法根据开挖阶段的不同，可以按照以下几种方法来组织开挖。

（1）多向开挖法

多向开挖法是从多个方向朝挖方区域中心开挖，此方法广泛用于各个挖方区中挖方面积大、开挖深度浅、作业面多的区域，本工程一区开挖完支护工作面后岛式开挖可采取此种方法。示意图见图2：

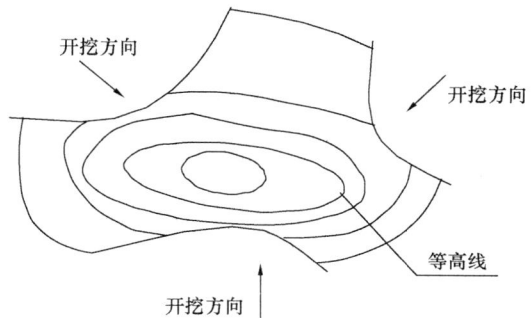

图 2

（2）分台阶开挖法

本工程土方开挖后期采取分两个或两个以上的台阶分层退挖，在各台阶上同时分层进行开挖。开挖时，每层台阶留有运土路线，并注意设置临时排水沟，以防止上下层干扰。边坡按照1：1.8比例放坡，施工中采用信息法施工，以确保边坡的稳定性。示意图见图3：

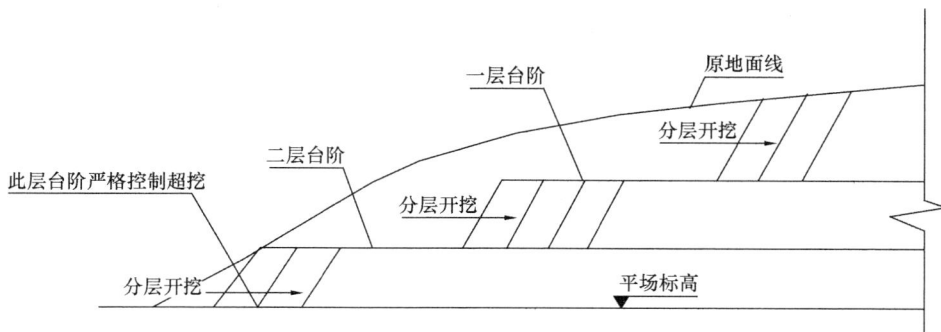

图 3

10.2.3 开挖标高控制

待挖至接近设计标高时，要加强测量，其方法如下：在基坑内设置高程控制桩，并在控制桩上挂线，挂线时预留一定的碾压下沉量，约30～50mm，使其碾压后的高程正好与设计高程一致。

10.2.4 基坑截排水

基坑开挖前在基坑边设置300mm×300mm截水沟，坡度随现场地形排入大门口沉砂池内，经沉淀后排入市政管网。基坑底部四周设置 300mm×300mm 排水沟和集水井，排水沟坡度 0.5%，集水井设置在基坑四个角，采用潜水泵将积水抽入沉砂池内（图4）。

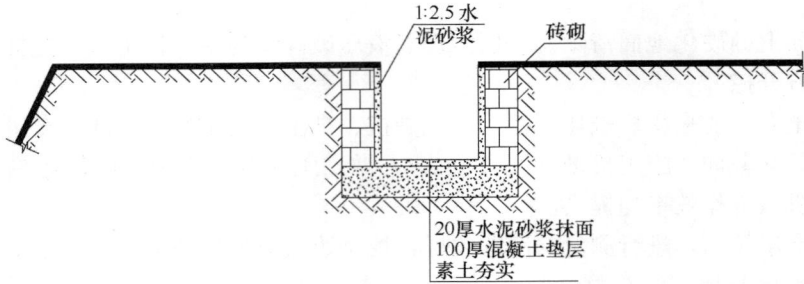

图4

10.3 基坑支护

因暂无本工程地勘资料和基坑支护设计文件，支护方案进场后编制专项施工方案。

10.4 桩基施工

本工程桩基础拟采用旋挖机械成孔灌注桩（具体以图纸为准）。

10.4.1 施工工艺流程

根据土石方开挖顺序，拟先施工 A2 区域裙楼部分桩基础，后续根据基坑支护进度逐步插入施工。具体施工流程如下（图5）：

10.4.2 场地准备

场地处理：对部分软弱土层采用三七灰土压实的办法。施工流程为：测量放线、表层土翻松、洒布白灰、灰土搅拌、压实。

测量放线：依据桩基施工图打桩区域确定需要硬化的场地区域，计算出硬化区域的角点坐标值，利用全站仪及钢尺采用极坐标法依次测放出各角点，然后用白灰将硬化区域轮廓线标志出来。

表层土翻松：由于重庆 8 月、9 月的降雨较多，使得场地表层土的含水量较大，故先将表层土用全液压稳定土搅拌机（YWB210）翻松，翻松控制深度为 300mm。表层土翻松后要进行晾晒，待到翻松的土的含水量降到最优含水量时，洒布白灰。最优含水量的观感确定原则为："手握成团，落地开花"。

洒布白灰：洒布白灰以人工配合装载机进行，白灰的洒布要均匀，每平方米洒布的白灰量为 75±7kg。

灰土搅拌：用全液压稳定土搅拌机（YWB210）将白灰与土进行充分的搅拌，确保土被充分打碎。

压实：用 40t 振动压路机进行压实，每压一轮叠压半轮，碾压 4～5 遍。

10.4.3 施工方法

1. 桩位放样

桩位放样，按"从整体到局部的原则"进行桩基的位置放样，进行钻孔的标高放样

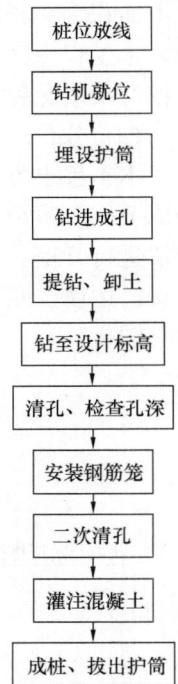

桩位放线

钻机就位

埋设护筒

钻进成孔

提钻、卸土

钻至设计标高

清孔、检查孔深

安装钢筋笼

二次清孔

灌注混凝土

成桩、拔出护筒

图5

时，应及时对放样的标高进行复核。采用全站仪准确放样各桩点的位置，使其误差控制在规范要求内。

2. 钻机就位

钻机就位时，要事先检查钻机的性能状态是否良好。保证钻机工作正常。就位后检查钻杆垂直度，使之符合规范要求。

3. 钻孔施工

钻机成孔一般为清水施工工艺，无需泥浆护壁；若有地下水分布，且孔壁不稳定，可制作护壁泥浆或稳定液进行护壁。旋挖法钻孔的基本施工操作方法如下：

钻孔施工时，将钥匙开关打到电源档，旋挖钻机的显示器显示旋挖钻机标记画面，按任意键进入工作画面。先进行旋挖钻机的钻桅起立桅及调垂，即首先将旋挖钻机移到钻孔作业所在位置，旋挖钻机的显示器显示桅杆工作画面。从桅杆工作画面中可实时观察到桅杆的 X 轴、Y 轴方向的偏移。操作旋挖钻机的电气手柄将桅杆从运输状态位置起升到工作状态位置，在此过程中，旋挖钻机的控制器通过采集电气手柄及倾角传感器信号，通过数学运算，输出信号驱动液压油缸的比例阀实现闭环起立桅控制。实现桅杆平稳同步起立桅。同时采集限位开关信号，对起立桅过程中钻桅左右倾斜角度进行保护。在钻孔作业之前需要对桅杆进行定位设置，一般情况下，做直孔作业，所以需要对桅杆进行调垂。调垂可分为手动调垂、自动调垂两种方式。在桅杆相对零位±5°范围内才可通过显示器上的自动调垂按钮进行自动调垂作业；而桅杆超出相对零位±5°范围时，只能通过显示器上的点动按钮或左操作箱上的电气手柄进行手动调垂工作。在调垂过程中，操作人员可通过显示器的桅杆工作界面实时监测桅杆的位置状态，使桅杆最终达到作业成孔的设定位置。在施工过程中，有时也需要斜孔作业。操作人员需要通过显示器上的自动定位按钮进行自设定零位，然后再进行相同的调垂操作。

钻孔时通过显示器按钮直接进入主工作界面，然后进行钻孔作业。钻孔时先将钻斗着地，通过显示器上的清零按钮进行清零操作，记录钻机钻头的原始位置，此时，显示器显示钻孔的当前位置的条形柱和数字，操作人员可通过显示器监测钻孔的实际工作位置、每次进尺位置及孔深位置，从而操作钻孔作业。在作业过程中，操作人员可通过主界面的三个虚拟仪表的显示——动力头压力，加压压力、主卷压力，实时监测液压系统的工作状态。开孔时，以钻斗自重并加压作为钻进动力，一次进尺短条形柱显示当前钻头的钻孔深度，长条形柱动态显示钻头的运动位置，孔深的数字显示此孔的总深度。当钻斗被挤压充满钻渣后，将其提出地表，操作回转操作手柄使机器转到土方车的位置，将钻渣装入土方车，完毕后，通过操作显示器上的自动回位对正按钮机器自动回到钻孔作业位置，或通过手动操作回转操作手柄使机器手动回到钻孔作业位置。此工作状态可通过显示器的主界面中的回位标识进行监视。开孔后，以钻头自重并加压作为钻进动力。当钻斗被挤压充满钻渣后，将其提出地表，装入土方车，同时观察监视并记录钻孔地质状况。

4. 施工情况记录

旋挖钻机钻进施工时及时填写《钻孔记录表》，主要填写内容为：工作项目、钻进深度、钻进速度及孔底标高；《钻孔记录表》由专人负责填写，交接班时应有交接记录；根据旋挖钻机钻孔钻进速度的变化和土层取样认真做好地质情况记录，绘制孔桩地质剖面图，每处孔桩必须备有土层地质样品盒，在盒内标明各样品在孔桩所处的位置和取样时间；旋挖钻机孔桩地质剖面图与设计不符时及时报请监理现场确认，由设计单位确定是否进行变更设计；钻孔时要及时清运孔口出渣，避免妨碍钻孔施工、污染环境；钻孔达到预定钻孔深度后，提起钻杆，用测量孔深及虚土厚度（虚土厚度等于钻深与孔深的差值）。

5. 成孔检查

成孔达到设计标高后，对孔深、垂直度进行检查，不合格时采取措施处理。成孔检查方法采用测绳对孔深进行检查，如果孔底虚土厚度超过规范要求或者有踏孔现象，要用钻机重新进行清孔，直到满足规范要求。经质量检查合格的桩孔，及时灌注混凝土。导管安装完毕，灌注混凝土前，要再一次量测孔的深度，如果有塌孔现象发生，要提出钢筋笼重新进行清孔处理。

6. 钢筋笼制作及吊放

（1）经检验合格后的钢筋应根据其规格、型号分别堆放，并作标识。

（2）钢筋笼焊接前，应先进行钢筋调直，钢筋切割，箍筋制作，螺旋筋制作，钢筋清污处理。

（3）焊接质量外观检查包括：

1）焊点处熔化金属均匀。

2）压入深度符合要求。

3）焊点无脱落、漏焊、裂纹、明显烧伤等缺陷。

（4）钢筋笼制作允许偏差

主筋间距±10mm；箍筋间距或螺旋筋螺距±20mm；钢筋笼直径±10mm；钢筋笼长度±50mm。

（5）为了保证笼顶标高达到设计要求，在主筋上焊接两根 $\phi 8$ 吊筋，吊筋与主筋采用双面搭接焊，焊接长度≥5d，焊接要牢固。为保障保护层厚度，钢筋笼每 3m 同一截面周围对称焊制一组（3 个）弓形支耳与主筋焊接，最大外径小于孔径 20mm。

（6）钢筋笼吊放应缓慢进行，要对准孔位，避免碰撞孔壁，不得强行下放。

（7）钢筋笼吊放入孔内，位置允许偏差应符合下列规定：钢筋笼定位标高偏差为50mm，笼中心与桩孔中心偏差为 10mm，主筋的混凝土保护层厚度不应小于 50mm，保护层允许偏差为 20mm。

（8）钢筋笼下端主筋的端部应加焊加强筋一道，以防止下端钢筋笼在下入时插入孔壁或在导管提升时卡挂导管。

7. 灌注混凝土

（1）采用水下混凝土灌注，选择导管直径为 219mm。

（2）导管丝扣连接，吊放入孔时在桩孔内的位置应保持居中，防止导管跑管，损坏钢筋笼。

（3）开始灌注混凝土时，导管底部至孔底的距离宜为 300～500mm。

（4）灌注前利用圆柱形混凝土塞作为止水塞，以保证初灌混凝土的质量。配制足量的首批混凝土，使导管一次埋入混凝土面以下 1.0m 以上，严禁初存量不足就开始灌注。

（5）首批混凝土灌注正常以后，应紧凑地、连续不断地进行灌注，每根桩的浇注时间应按初盘混凝土的初凝时间控制。

（6）灌注过程中，导管埋深宜为2～6m，严禁导管提出混凝土面，而使导管内进浆造成断桩。

（7）严格控制最后一次灌注量，使灌注的桩顶标高比设计标高增加0.5～1.0m，确保灌注后的桩顶在凿除浮浆后达到设计桩顶标高。

（8）钻成孔后的灌注间隔时间不宜过长，否则，灌注前应重新测量沉渣是否满足要求。

（9）桩基施工允许偏差：

桩径允许偏差小于50mm；垂直度允许偏差小于1‰；桩位允许偏差：承台边桩及垂直轴线方向小于100mm；承台中间桩及沿轴线方向不大于150mm。

10.5 模板工程

10.5.1 施工准备

1. 熟透设计图纸、交底及变更，绘制配模图。
2. 配模图经过项目部审核后方可进行模板配制。
3. 所有板底垫方必须经过压刨，确保接触面平整、顺直。

10.5.2 模板安装基本要求

1. 模板配置（或更换模板）时必须做到尺寸准确。弹线切割，切割边线必须平直，直线度及尺寸误差均不得大于1mm。

2. 模板安装时拼缝严密。模板拼缝宽度必须小于2mm。除构件阳角外，不得使用双面胶或封口胶处理。

3. 拼模时应特别注意梁侧模与板底模的拼缝，板底模压梁侧模，确保阴角方正、线条顺直、拼缝严密。

4. 板模拼缝处下面必须有木方支撑，接缝处应用钉子钉牢，铁钉间距不宜大于500mm，且每边不少于3颗，确保接缝平整度。其余部分板底木方净距不宜大于200mm。

5. 柱墙模板背枋净距不宜大于200mm，木方高度须一致。梁柱模拼缝处模板外侧钉木条拼接，木条间距不大于500mm，且每条缝均不得少于2根，如图6所示：

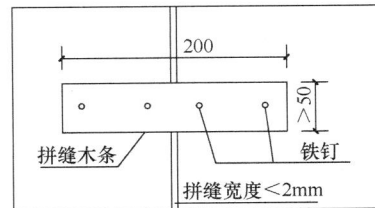

图 6

10.5.3 配模及安装

1. 木方，两个平面必须刨平，高度必须一致。确保模板与木方紧密贴合，使板底标高一致及墙模表面平整。

2. 配模时必须弹线切割，切割剧片应选用细齿剧，确保裁边准确、顺直。为确保梁、墙、柱内无杂物，模板应先切割、打孔，后安装。

3. 柱、墙模板制安时必须是长边包短边，短边封头模板宜比设计尺寸小3mm，以抵消混凝土浇筑过程中微胀模引起的误差。封头模板两边应刨平，确保结合紧密。长边模板宜比封头模板长5cm，安装时封头模板两竖向边平钉木方作背楞，长边模板钉在封头模板背楞上，保护封头模板边不被破坏，提高封头模板周转次数。如图7、图8所示：

4. 梁、板模板制安：梁底模配制时应考虑梁侧模夹梁底模，板底模压梁侧模，梁底模

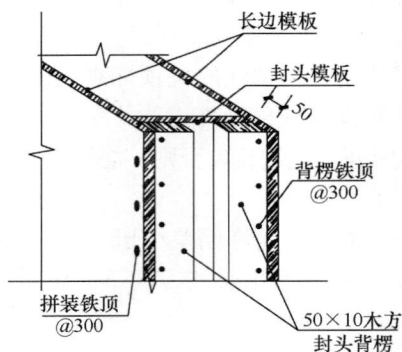

图 7

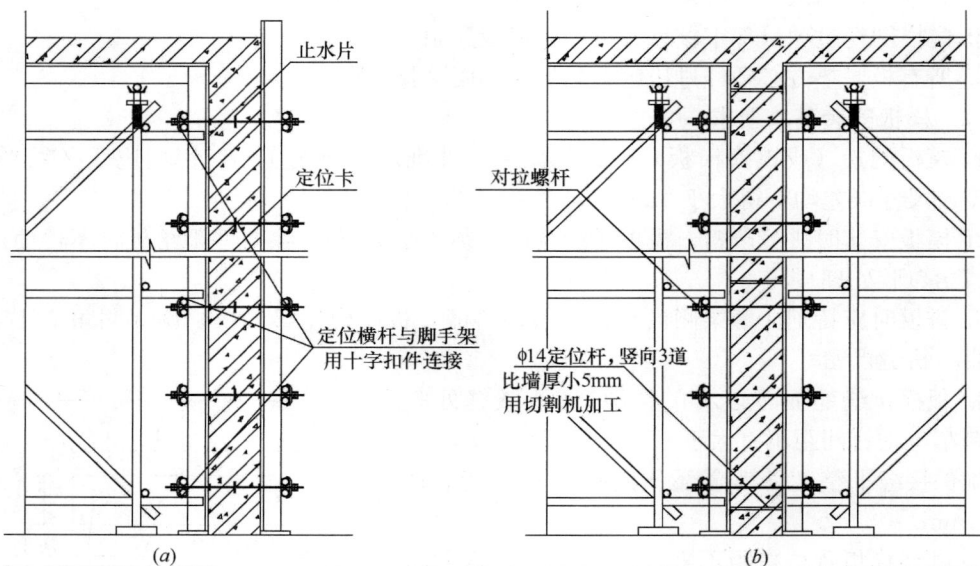

图 8
（a）地下室外墙支模；（b）内墙支模

宜比设计尺寸小 3mm，以抵消混凝土浇筑过程中微胀模引起的误差。如图 9、图 10 所示：

10.6 钢筋工程

10.6.1 材料准备

1. 堆放原则

钢筋原材及成品和半成品堆放要按规定位置放在指定的场区内，且排水通畅。加工好的半成品钢筋放在有防雨篷的堆放场区。

2. 原材料堆放要求

进场钢筋原材料，按未检验钢筋、检验合格钢筋、检验不合格钢筋分别堆放。不得直接堆放在地面上，应设置 300mm×300mm@800mm 素混凝土地垄墙，使钢筋悬空放置，

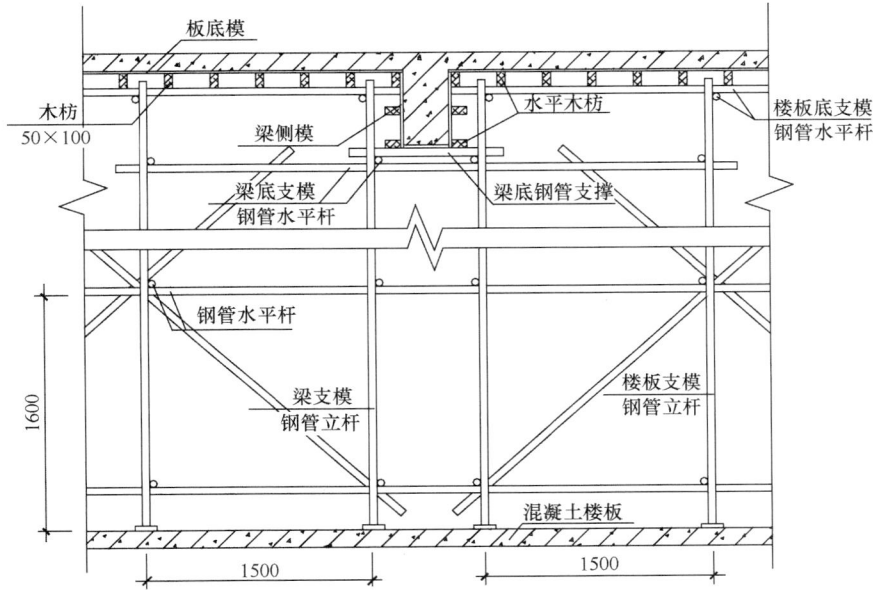

图 9

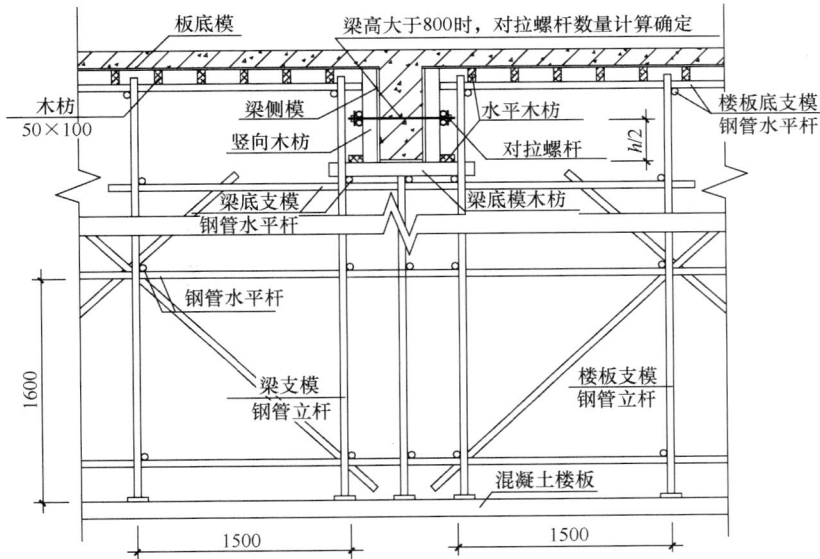

图 10

并做排水措施,以防钢筋锈蚀和污染,并挂标识牌。

3. 原材料入库要求

检查钢筋出厂合格证、质量证明文件及备案,按规定进行见证取样复试,并经检验合格后方能使用。进场钢筋的生产厂家、规格、型号、数量应与出厂合格证或试验报告中所标明的相符合,指标符合有关标准、规范。

4. 原材料检验

(1) 每批由同一个厂家、同一炉罐号、同一尺寸规格、同一进场时间的钢筋组成。每批重量通常不大于 60t。超过 60t 的部分，每增加 40t（或不足 40t 的余数），增加一个拉伸试样和一个弯曲试验试样。

（2）光圆钢筋每批数量不得大于 30t，每批取试件一组，其中一个拉伸试件，一个冷弯试件。

（3）钢筋牌号带 E 的还须做：其强度和最大力下总伸长率的实测值应符合下列规定：

1）钢筋的抗拉强度实测值与屈服强度实测值的比值不应小于 1.25；

2）钢筋的屈服强度实测值与强度标准值的比值不应大于 1.30；

3）钢筋的最大力下总伸长率不应小于 9%。

10.6.2 钢筋直螺纹连接

1. 一般要求

采用直螺纹套筒连接的钢筋接头，同一根纵向受力钢筋不宜设置两个或两个以上接头。接头末端至钢筋弯起点的距离不应小于钢筋直径的 10 倍。

设置在同一构件中纵向受力钢筋的接头相互错开。纵向受力钢筋连接区段的长度为 $35d$（d 为较大直径）且不小于 500mm。

2. 材料的要求

（1）连接套筒材料其材质符合相关规定。

（2）钢筋套丝后的螺牙符合质量标准。

钢筋切口端面及丝头锥度、牙形、螺距等应符合质量标准，并与连接套筒螺纹规格相匹配。连接套表面无裂纹，螺牙饱满，无其他缺陷。

3. 各种型号和规格的连接套外表面，必须有明显的钢筋级别及规格标记。

连接套两端的孔必须用塑料盖封上，以保持内部清净，干燥防锈。

4. 钢筋直螺纹加工

（1）凡是从事直螺纹加工的工人都要经过培训并持证上岗。

（2）加工钢筋螺纹的丝头、牙形、螺距等必须与连接套牙形、螺距一致，且经配套的量规检验合格。

（3）钢筋下料时不宜用热加工方法切断；钢筋端面宜平整并与钢筋轴线垂直；不得有马蹄形或扭曲；钢筋端部不得有弯曲；出现弯曲时应调直。

（4）加工钢筋螺丝，采用水溶性切削润滑液，气温低于 0℃ 时，掺入 15%～20% 亚硝酸钠，不准用机油作润滑液或不加润滑液套丝。

（5）操作人员应逐个检查钢筋丝头的外观质量并做操作者标记。

5. 经逐个自检合格的钢筋丝头，由质量检查员应对每种规格加工批量随机抽检 10%，且不少于 10 个，如有一个丝头不合格，即应对该加工批全数检查，不合格丝头应重加工，经再次检验合格方可使用。

6. 螺纹尺寸检验应选用专用的螺纹环规检验，配置该项工作专项直螺纹量规（通规和止规）。

7. 钢筋丝头加工程序

钢筋端面平头→剥肋滚轧螺纹→丝头质量检验→带帽保护→丝头质量抽检→存放待用。

8. 钢筋丝头加工操作要点

（1）钢筋端面平头：平头的目的是让钢筋端面与母材轴线方向垂直，采用砂轮切割机进行端面平头施工，严禁气割。

（2）剥肋滚轧螺纹：使用钢筋剥肋滚轧直螺纹机将待连接的钢筋的端头加工成螺纹。

（3）带帽保护：用专用的钢筋丝头保护帽对钢筋丝头进行保护，防止螺纹被磕碰或被污物污染。按规格型号及类型进行分类码放。

9. 接头连接程序

钢筋就位→拧下钢筋丝头保护帽→接头拧紧→作标记→施工检验。

10. 操作要点

（1）钢筋就位：将丝头检验合格的钢筋搬运至待连接处。

（2）接头拧紧：用扳手和管钳将连接接头拧紧。

（3）作标记：对已经拧紧的接头做标记，与未拧紧的接头区分开。

（4）在进行钢筋连接时，钢筋规格应与连接套筒规格一致，并保证丝头和连接套筒内螺纹干净、完好无损。

（5）连接钢筋时对准轴线将钢筋拧入相应的连接套筒。接头拼接完成后，使两个丝头在套筒中央位置互相顶紧，套筒每端不得有一扣以上的完整丝扣外露，并检查进入套筒的丝头长度是否满足要求。

直螺纹连接示范见图11、图12：

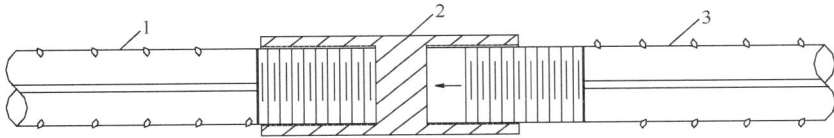

图 11

1—已连接的钢筋；2—直螺纹套筒；3—未连接的钢筋

图 12

（6）钢筋接头拧紧后应用力矩扳手按不小于表中的拧紧力矩值检查，并加以标记（表2）。

扳手拧紧力矩值　　　　　　　　　　　　　　　　　　　　表2

钢筋直径/mm	≤16～20	≤22～25	≤28～32
拧紧力矩值/(N·m)	160	230	300

注：当不同直径的钢筋连接时，拧紧力矩值按较小直径的钢筋的相应值取用。

11. 钢筋接头检验

（1）工艺检验：在正式施工前，按同批钢筋、同种机械连接形式的接头形式的接头试件不少于3根，同时对应截取接头试件的母材，进行抗拉强度试验。

（2）现场检验：按检验批进行同一施工条件下采用同一批材料的同等级、同形式、同规格的接头每500个为一验收批，不足500个接头的也按一个验收批。

（3）对接头的每一验收批，必须在工程结构中随机截取3个试件做抗拉强度试验，当3个接头试件的抗拉强度符合要求时，该验收批评为合格。如初试结果不符合要求时，应再取6个试件进行复试。如再次不合格，则该验收批评为不合格。

10.6.3 钢筋绑扎搭接连接

1. 一级钢筋搭接接头两端须作180°弯钩。

2. 搭接长度必须大于锚固长度，对于有抗震要求的结构，还须按16G101图集进行调整增加长度。

锚固长度见表3：

钢筋锚固长度表   表3

钢筋级别	C20～C25	C30～C35	≥C40	备注
HPB300	35d	30d	25d	且不小于300
HRB400	55d	40d	35d	

3. 钢筋绑扎接头的一般规定

钢筋绑扎接头设置在受力较小处。同一纵向受力钢筋不设置两个或两个以上接头，接头末端距钢筋弯起点的距离不小于钢筋直径的10倍。

同一构件中相邻纵向受力钢筋的绑扎搭接头宜相互错开。绑扎搭接接头中钢筋的横向净距不小于钢筋直径，且不应小于25mm。

10.6.4 钢筋绑扎

1. 钢筋绑扎的准备工作

（1）核对半成品钢筋的钢号、直径、形状、尺寸和数量等是否与料单料牌相符。如有错漏，应纠正增补。

（2）备好扎丝、绑扎工具、水泥砂浆垫块和专用定位卡。

（3）绑扎形式复杂的结构部位和节点时，应先研究逐根钢筋穿插就位的顺序，并与模板工联系讨论支模和绑扎钢筋的先后顺序，绘制大样图，以减少绑扎困难，提高施工效率。

2. 绑扎必须遵循"六不绑"：即未弹线不许绑；施工缝未凿不许绑；施工缝未清理干净不许绑；钢筋接头未达要求不许绑；钢筋接头未错开规范要求的间距不许绑；被污染的钢筋未清理干净不许绑。所有绑扎竖向钢筋的扎丝一律向内，不得将其留置于保护层中，以防时间长后扎丝生锈影响混凝土外观和结构钢筋使用寿命。

3. 现场绑扎

（1）柱钢筋绑扎：箍筋的接头（弯钩叠合处）应交错布置在四角纵向钢筋上；箍筋转角与纵向钢筋交叉点均应扎牢（箍筋平直部分与纵向钢筋交叉点可间隔扎牢），绑扎箍筋时绑扣相互间应成八字形。下层柱的钢筋露出楼面部分，用工具式柱箍将其收进一个箍筋直径，以利上层柱的钢筋位置准确。框架梁钢筋应放在柱的纵向钢筋内侧。柱筋采用在柱顶及柱底设置定位箍配合加塑料垫块的方法，定位箍每柱设置不少于两道。

（2）梁钢筋绑扎：纵向钢筋双层排列时，两排钢筋之间垫以直径≥25mm的短钢筋，箍筋的接头应交错布置在两根架立钢筋上。梁钢筋绑扎与模板安装要相互配合。

（3）板钢筋绑扎：平台模板验收后，根据图纸钢筋间距弹线。受力钢筋接头位置应相互错开。为便于钢筋配料，现浇板中小洞口边长≤300mm时，钢筋不切断。

10.6.5 成品钢筋检查

1. 检查钢筋的规格、型号、间距、数量、接头形式、接头位置及保护层厚度是否符合设计及规范要求。

2. 电渣压力焊、直螺纹接头外观质量。

3. 钢筋搭接要相互错开，搭接长度应符合设计和规范要求，接头位置正确。

10.7 装配式楼梯施工方案

10.7.1 准备工作

1. 制定运输方案

（1）预制楼梯运输时根据构件尺寸型号、重量、外形、确定运输方法、起重机械（装卸构件用）和运输车辆。

本工程拟选用重庆市××建筑科技有限公司作为预制构件供货商，是国内少数几家集技术咨询、研发设计、产品制造、工程安装、售后服务等为一体的建筑产业现代化企业。

（2）构件运输基本要求

构件运输时的混凝土强度不应低于设计强度等级的100%，垫点和装卸车时的吊点，不论上车运输或卸车堆放，均按设计要求进行留置。叠放在车上或堆放在现场的构件，构件之间的垫木要在同一条垂直线上，且厚度相等。构件在运输时要固定牢靠，以防在运输中途倾倒，或在道路转弯时车速过高被甩出。对于重心较高、支承面较窄的构件，应用支架固定。

2. 构件堆放场

（1）装配式混凝土构件在构件加工厂生产完成后，运至施工现场吊装前用专用存板架集中存放。

（2）预制楼梯存放场地要保持平整，存放距离要根据起重机有效半径单片存放，材料下方放置10cm×10cm木方垫层，防止损坏（图13）。

3. 场内运输

本工程施工现场狭小，因此对场内道路设置、水平运输、垂直运输需要进行合理安排。构件可通过塔吊、汽车吊进行垂直和水平运输。

10.7.2 吊装工程

1. 施工人员准备

主要技术负责人亲自指导现场施工，组织具有装配施工经验的作业人员进行预制构件安装，特殊工种持证上岗。

2. 施工物资设备准备

对现场所需的材料、设备物资、周转用料，应在施工前编制计划表，按照计划进场，

图 13

尽量避免出现短缺和闲置。

3. 预制楼梯吊装施工工艺

吊装楼梯预制构件，现场先进行楼梯平台及平台梁的施工，分别在楼梯平台梁相应部位甩出预留钢筋，待主楼封顶前进行预制楼梯的吊装（图 14）。

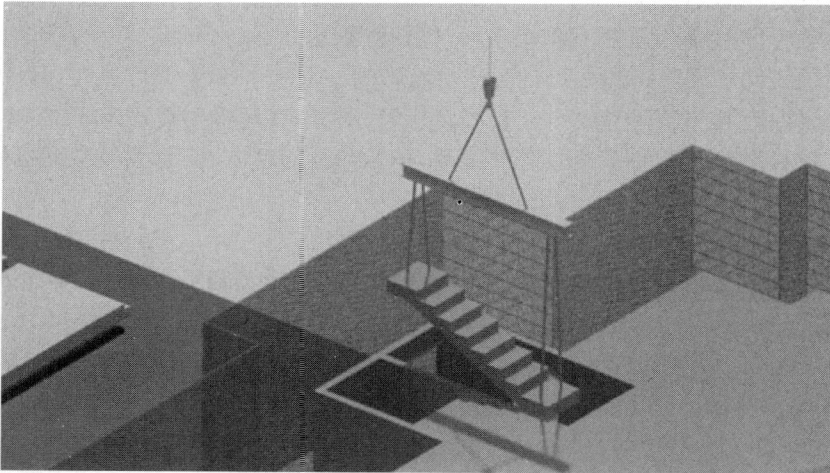

图 14

（1）楼梯构件吊装前必须整理吊具，并根据构件不同形式和大小安装好吊具，这样既节省吊装时间又可保证吊装质量和安全。楼梯构件进场后根据构件标号和吊装计划的吊装序号在构件上标出序号，并在图纸上标出序号位置。吊装前必须在相关楼梯构件上将各个截面的控制线提前放好。

（2）吊装顺序示意（图 15）

（3）吊具安装：根据构件形式选择钢梁、吊具和螺栓，并在低跨采用葫芦连接塔吊吊

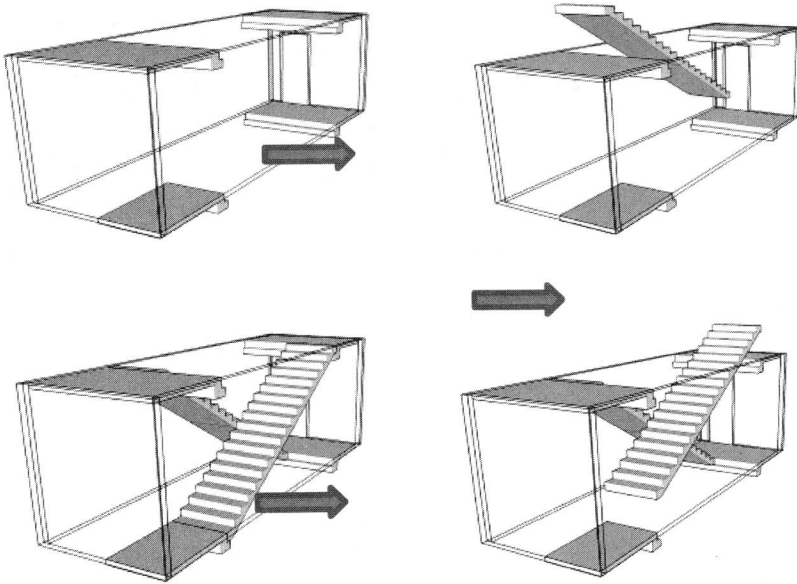

图 15

钩和楼梯构件。

（4）起吊、调平：楼梯吊至离地面 20～30cm，采用水平尺测量水平，并采用葫芦将其调整水平（图 16）。

（5）吊运：安全、快速、平稳的吊至就位地点上方（图 17）。

（6）钢筋对位：楼梯吊至梁上方 30～50cm 后，调整楼梯位置使上下平台预埋筋与楼梯预留洞口对正，楼梯边与边线吻合（图 18）。

（7）调整：根据已放出的楼梯边线，先保证楼梯两侧准确就位，再使用水平尺和葫芦调节楼梯水平。

（8）填补预留洞口：使用高一级的砂浆将预留洞口填补，保证楼梯不发生位移（图 19）。

图 16

图 17

图 18   图 19

10.7.3 注浆工艺

1. 注浆质量要求

要求每个孔都必须注满，有浆料从溢浆孔连续流出（且无气泡）视为该套筒注浆注满，且在注浆过程中配合比应符合使用说明书的要求及《装配式混凝土结构技术规程》中连接材料流动度的规范要求。

2. 作业准备

（1）应对每个作业人员进行技术交底，使之明白注浆的重要性。

（2）材料、机具：砂浆搅拌机、注浆机、手动注浆器、注浆料搅拌桶、电子秤、量杯、注浆料搅拌枪、流动度测试仪、流动度测试平板手锤、铁錾（图20）。

图 20

（3）注浆时采用人工压力注浆，注浆料由注浆孔注入，由溢浆孔出浆视为该孔注浆完成。

（4）注浆范围：预制楼梯。

（5）注浆工序：清理接触面→铺座浆料→安放楼梯→调整并固定楼梯→拌制注浆料→进行注浆→进行个别补注→进行封堵→完成注浆。

3. 注浆步骤

（1）清理楼梯接触面：楼梯下落前应保持混凝土接触面无灰渣、无油污、无杂物。清理场地并提前洒水湿润，安装时不得有积水，并检查地面露出钢筋的位置及高度是否合格。

（2）拌制注浆料

1）准备好材料和工具：已称重的灌浆干料、拌和用水、浆料搅拌容器、流动度测试工具、称重设备、灌浆料搅拌工具、座浆料砂浆搅拌机、橡胶堵头、注浆机、注浆用胶枪等。

2）计量：根据材料配合比要求，注浆料掺水为注浆料重量的13%～14%。

3）搅拌：先向桶内加入拌和用水量80%的水即2.6kg水，然后逐渐向桶内加入灌浆料，开动搅拌机搅拌3～4min，至浆料黏稠无颗粒。加入剩余20%的水即0.65kg搅拌1min，搅拌完成后应静置1～2min，待气泡排除后进行浆料流动度测试、浆料温度测试并做记录。要求注浆料流动度大于300mm，30min流动度大于260mm为合格。搅拌的同时，留置标养试块。

（3）灌浆：在座浆料终凝后即可灌浆操作。

1）在灌浆用胶枪内衬入一个塑料袋，把搅拌合格的浆料倒入塑料袋，盖上枪嘴并拧紧。

2）把枪嘴对准套筒下部的胶管，连续扣动胶枪注入灌浆量，直至溢浆孔连续出浆时停枪。注浆料由上部溢浆孔有浆料连续溢出且无气泡时，视为该孔注浆完成。

3）用橡胶塞封堵溢浆孔，并保证封堵不会漏气。

4）每个注浆孔有浆料溢出时立即拔出胶枪嘴，用橡胶塞进行封堵灌浆孔，并应观察确保不漏浆。

5）灌浆完成并及时清理干净现场。进行个别补注：当已完成注浆墙体30min后进行检查上部注浆孔是否应为注浆料的收缩、堵塞不及时、漏浆造成的个别孔洞不密实情况。用手动注浆器进行对该孔的补注。

6）进行封堵：注浆完成后，由旁站监理进行检查，合格后进行注浆孔的封堵，封堵要求平整。

4. 材料搅拌要求

本注浆工程采用QV1100型注浆料进行注浆。该产品含出厂合格证及其他配套产品说明书等。到达现场后按批检验，以每层为一检验批；每工作班组应制作一组且每层不应少于三组40mm×40mm×160mm的长方体试件，标准养护28d进行取样送检。

灌浆料适用的温度为5～30℃，在该温度区域内，灌浆料应在搅拌完30min内使用完毕。若施工场地气温高于30℃时，需将20%的拌和用水置换成同等重量的冰块；低于5℃时应立即停止注浆工作，以免影响强度。

10.8 外脚手架工程

10.8.1 脚手架搭设形式

本工程商业部分及主楼非标准层外脚手架采用落地式双排钢管脚手架（具体搭设参数详进场后脚手架专项方案），主楼标准层采用悬挑脚手架（进场后编制专项方案）。

10.8.2 脚手架的搭设（图21）

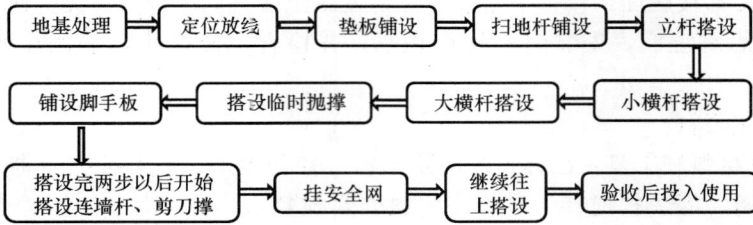

```
地基处理 → 定位放线 → 垫板铺设 → 扫地杆铺设 → 立杆搭设

铺设脚手板 ← 搭设临时抛撑 ← 大横杆搭设 ← 小横杆搭设

搭设完两步以后开始
搭设连墙杆、剪刀撑 → 挂安全网 → 继续往上搭设 → 验收后投入使用
```

图 21

（1）搭设前需对脚手架的基础进行处理，确保地基满足承载力要求。在一般的绿化土、松散石子场地上，要对基础进行夯实平整或做硬化；回填土必须经验收合格后方可作为脚手架基础。搭设高度超过 20m 必须采用硬化地面作为脚手架基础。

（2）落地式脚手架外侧宜做排水沟。

（3）立杆垫板或底座底面标高宜高于自然地坪 50～100mm，垫板应采用厚度不小于 50mm 的木方或模板，每根立杆下的垫板底面积不得少于 0.04m²。

（4）首步立杆搭设时，长短杆应里外错开、纵向错开，以避免立杆接头出现在同步、同跨内。立杆须集体配合，按里立杆→外立杆→小横杆→大横杆的搭设顺序，依次进行，当四根立杆竖立后，并进行了纵、横水平杆的连接，即形成了脚手架的第一单元架体，由此不断延伸，在延伸中为了防止晃动、倒塌必须每隔 3 跨设置临时抛撑。

搭设过程中每次立杆接长时都需通过吊线锤或者目测的手段校正立杆的垂直度，确保垂直度偏差控制在 1/200 搭设高度之内。

（5）操作面的脚手板应满铺，木脚手板、竹串片脚手板应铺设在横向水平杆上，铺设脚手板的横向水平杆间距不得大于 750mm，对接位置处需满足右图上要求；冲压钢脚手板应铺设在纵向水平杆上，铺设脚手板的纵向水平杆不得少于 3 根。

（6）连墙杆应从底层第一步纵向水平杆处开始设置，宜靠近主节点设置，偏离主节点的距离不应大于 300mm。

（7）所有操作层都应设置踢脚板，踢脚板高度不小于 200mm，踢脚板应绑扎在立杆上，以防止物体坠落。

（8）各杆件相交伸出的端头部分均应大于 100mm，以防杆件滑脱。用于连接大横杆的对接扣件，应避免开口向上设置，防止雨水浸入。

图 22

注：钢脚手板与横杆采用扎丝绑扎，每块脚手板不得少于 6 个绑扎点。

10.8.3 脚手架搭设构造措施和注意事项

1. 外架纵向水平杆接头（图 22）

2. 外架连墙件与结构连接（图 23）

3. 外架扫地杆（图 24、图 25）

4. 剪刀撑构造要求：高度在 24m 以下的单、双排脚手架均必须在外侧立面的两端各设置一道剪刀撑，并应由底至顶连续设置，中间各道剪刀撑之间的净距不应大于 15m；高度在 24m 以上的双排脚手架

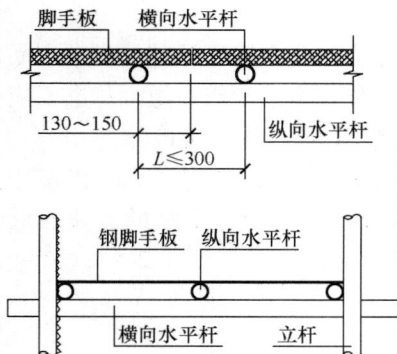

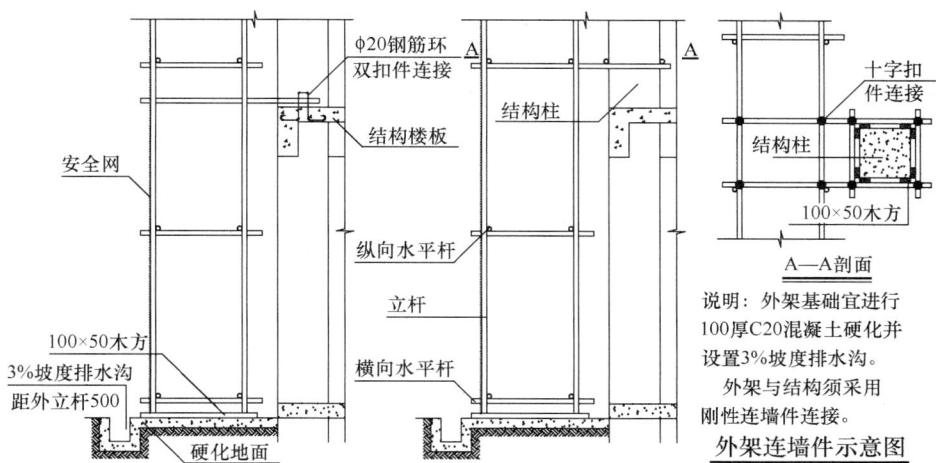

φ20钢筋环
双扣件连接

结构楼板

结构柱

安全网

纵向水平杆

立杆

横向水平杆

100×50木方

3%坡度排水沟
距外立杆500

硬化地面

十字扣
件连接

结构柱

100×50木方

A—A剖面

说明：外架基础宜进行
100厚C20混凝土硬化并
设置3%坡度排水沟。
外架与结构须采用
刚性连墙件连接。

外架连墙件示意图

图 23

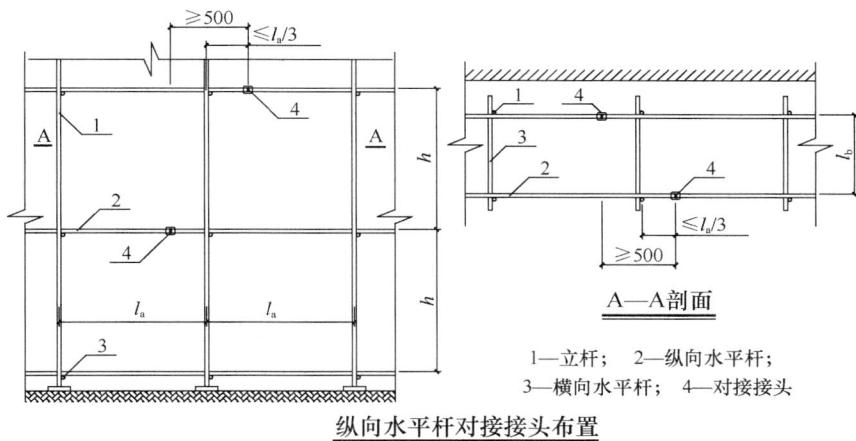

A—A剖面

1—立杆；　2—纵向水平杆；
3—横向水平杆；　4—对接接头

纵向水平杆对接接头布置

图 24

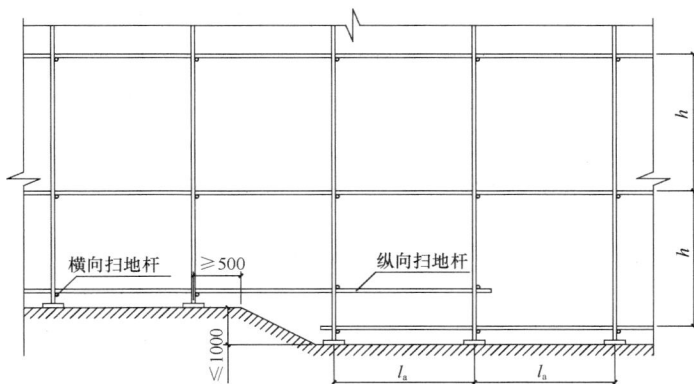

横向扫地杆

纵向扫地杆

图 25

219

应在外侧立面整个长度和高度上连续设置剪刀撑。

剪刀撑接长采用搭接，搭接长度不应小于 1m，应采用不少于 2 个旋转扣件固定。剪刀撑斜杆应用旋转扣件固定在与之相交的横向水平杆的伸出端或立杆上，旋转扣件中心线至主节点的距离不宜大于 150mm。

5. 横向斜撑构造要求

横向斜撑应在同一节间，由底至顶层呈之字型连续布置，斜撑的固定宜采用旋转扣件固定在与之相交的水平杆的伸出端上，旋转扣件中心线至主节点的距离不宜大于 150mm。

高度在 24m 以下的封闭型双排脚手架可不设横向斜撑，高度在 24m 以上的封闭型脚手架，除拐角应设置横向斜撑外，中间应每隔 6 跨距设置一道。

开口型双排脚手架的两端均必须设置横向斜撑。

6. 脚手架留门洞构造要求（图 26）

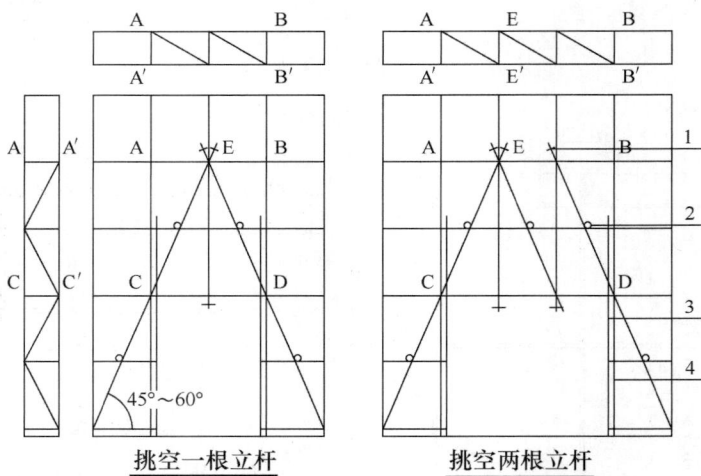

图 26

1—防滑扣件；2—增加小横杆；3—副立杆；4—主立杆

7. 脚手架搭设及使用注意事项

（1）脚手架搭设前应编制专项施工方案，经监理工程师审批后方可用于指导现场施工。

（2）脚手架应由专业脚手架搭设队伍和取得架子工操作证的专业人员搭设，搭设前需对架子工进行专门的技术和安全交底。

（3）脚手架搭设时应设置警戒线，无关人员不得入内。

（4）扣件的螺栓拧扭力应控制在 40～65N·m。

（5）架子工在搭设脚手架时必须佩戴安全帽、系安全带、穿防滑鞋，安全带要挂在与结构有可靠连接的地方。

（6）遇到雷雨或 6 级及以上大风天气时应停止脚手架搭设作业。

（7）脚手架必须经过验收后方可用于施工。在大风雨后或停工 30 天以上重新开工的必须对脚手架进行全面检查，如发现变形、下沉、钢构件锈蚀严重、连接扣松脱等，要及时加固维修，重新验收后方可使用。

（8）作业层上的施工荷载应符合设计要求，不得超载。不得将模板支架、缆风绳、泵送混凝土和砂浆的输送管等固定在脚手架上；严禁悬挂起重设备。

（9）定期对水平层上的建筑垃圾进行清理。

（10）临街搭设脚手架时，外侧应搭设防止坠物伤人的防护棚作为人行安全通道。

（11）在脚手架上进行电、气焊作业时，必须有防火措施和专人看守。

（12）主体施工期间，外架应高出作业面1.8m以上。

（13）在脚手架使用期间，严禁拆除下列杆件：

1）主节点处的纵、横向水平杆，纵、横向扫地杆；

2）连墙件。

10.8.4　脚手架的拆除

1. 拆除前应全面检查脚手架的扣件连接、连墙件、支撑体系等是否符合构造要求，对不符合要求的要进行整改处理后方可进入拆除工序。

2. 拆除脚手架前应由项目技术负责人进行拆除安全技术交底，并清除脚手架上杂物及地面障碍物。

3. 拆除时必须设置警戒线，非操作人员不得入内。

4. 拆除作业必须由上而下逐步进行，严禁上下同时作业。

5. 连墙件必须随脚手架逐层拆除，严禁先将连墙件整层或数层拆除后再拆脚手架；分段拆除高差不得大于2步，若高差大于2步，应增设连墙件加固。

6. 脚手架分段、分立面拆除时，对不拆除的脚手架两端，应先设置连墙件和横向斜撑加固。

7. 当脚手架拆至下部最后一根长立杆的高度（约6m）时，应先在适当位置搭设临时拉杆加固后，再拆除连墙件。

8. 悬挑架应最后拆除钢丝绳和悬挑型钢。

9. 在上部结构继续施工的情况下，混凝土结构强度未达到规范要求时不得拆除满堂支撑架。

10. 拆除过程中拆下的钢管、扣件等应人工传递至楼面或地面，并及时清理，并分规格、按品种堆放整齐、尽快回库。

11. 拆除中途不应换人，以免后来者因不了解情况而发生危险。当不得不换人时，操作者必须向接替人员认真对搭、拆的进程和本处的工作情况做详细的报告，接替者完全明了后方可下架。

12. 外架拆除后，应及时对邻边洞口进行防护。

10.9　砌体工程

砌体填充墙施工必须符合《砌体结构工程施工质量验收规范》GB 50203—2011及有关标准的规定。

10.9.1　主要施工机械

设置砂浆搅拌机，对砌筑砂浆进行机械拌制，严禁人工拌合。利用塔吊配合卸料平台或施工电梯解决砌块和砂浆的垂直运输。

10.9.2 砌体、构造柱、压顶施工工序安排

墙基清理→分墨弹线→湿润基层→排砖挂线砌筑→扎构造柱、过梁、压顶钢筋及验收→支模→润湿模板后捣混凝土→砌筑过梁上部砌体→验收。

10.9.3 施工操作方法

1. 墙基清理、分墨弹线：为保证砌体与混凝土有效的结合，在砌筑前，并用水冲洗干净。并复核轴线、标高是否一致，再根据设计图放出墙体轴线、边线、构造柱以及门窗洞口线，由专职质检员检查并签字认可后方能进行下道工序。

2. 砌筑前，先提前1～2天将页岩砖及砌块浇水淋透，含水率控制在5%左右，根据弹好的门窗洞口、构造柱位置线进行摆砖，来合理确定灰缝和组砌方式，尽量减少砍砖。

3. 砌筑时采用一铲灰、一块砖、一挤揉的砌筑法。砌体应横平竖直，灰浆饱满，做到"上跟线，下跟棱，左右相邻要对平"。每砌五皮左右要用靠尺检查墙面垂直度和平整度，随时纠正偏差，严禁事后凿墙。

4. 灰缝应横平竖直，砂浆饱满，水平灰缝厚度不大于15mm，竖向灰缝宽度不得大于20mm。

5. 砌筑时应上下错缝搭接，搭接长度不宜小于砌块长度的1/3。转角处应同时砌筑，内外墙砌筑必须留斜槎，槎长与高度的比不得小于2/3。

6. 加气混凝土砌块砌筑时，墙底部先砌180高烧结页岩多孔砖再砌页岩空心砖组砌，在砌至梁板底时，应留一定空隙，隔14天后再砌上后塞口。砌筑时采用页岩小砖斜砌挤浆的方法砌筑，随块挤浆砌实，砂浆饱满，倾斜度控制在60°左右。

7. 框架柱预埋拉接筋应调直，端部弯钩为90°，砌入墙内并将拉接筋弯钩压入竖向灰缝内。

8. 在墙体中设有钢筋混凝土构造柱时，在砌筑前应先将构造柱的位置弹出，并把构造柱插筋处理顺直。砌筑时与构造柱联结处，砌成马牙槎。

9. 墙体日砌高度不宜超过1.5m。

10.9.4 构造柱、压顶、现浇带施工

1. 钢筋绑扎：先将基层清理干净，并将锚入梁板内的预埋钢筋调正，柱下部钢筋与锚入梁内的预埋钢筋绑扎搭接，搭接长度为36d，上部钢筋与预埋钢筋单面焊接，焊接长度为10d，构造柱箍筋在柱上下500范围内加密，并按设计设计要求的规格、型号、数量进行绑扎。

2. 支模：采用木模用φ48型钢管支撑牢固。

3. 混凝土的浇筑：浇筑前，先将模板浇水湿润，并将模板内的残渣清理干净，采用350型混凝土搅拌机拌制，用插入式振动棒分层捣实，其混凝土坍落度控制在50～70mm，浇筑12h后进行浇水养护。

4. 混凝土的浇筑方式：当顶部为梁时，混凝土浇筑成楔形详《构造柱浇筑示意图》，浇好后将多余混凝土打掉，顶部为现浇板时，则在板面留孔向下浇筑（图27）。

5. 压顶、门框、现浇带：钢筋绑扎时伸入构造

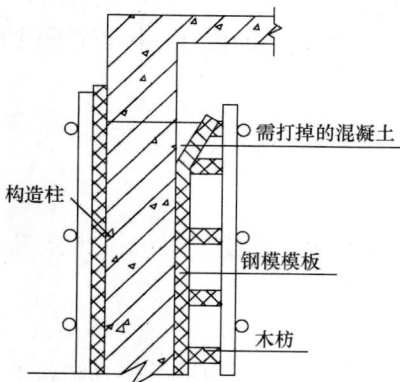

构造柱

需打掉的混凝土

钢模模板

木枋

图 27

柱或墙内的长度应满足设计要求。

10.9.5 成品保护

1. 先装门窗框时，在砌筑过程中应对所立之框，进行保护，防止碰撞；后装门窗框时，应注意固定框的埋件牢固，不可损坏、不可使其松动。

2. 不得随意在墙体上剔凿打洞，应随砌筑进行预埋。需要时，应有可靠措施，不因剔凿而损坏砌体的完整性。

10.10 装饰工程

10.10.1 一般抹灰工程

1. 作业条件

抹灰部位的结构均已检查合格，门窗框及需要预埋的管道已安装完毕，并经检查合格。

抹灰用的脚手架应先搭好，架子要离开墙面 200～250mm。

将混凝土墙等表面凸出部分凿平。

对于加气混凝土砌块墙面，因其吸水速度较慢，应提前二天进行浇水，每天宜两遍以上。

2. 操作工艺

（1）基层处理

清除墙面的灰尘、污垢、碱膜、砂浆块等附着物，要洒水浸湿。对于过于光滑的混凝土墙，可采用墙面凿毛或用喷、扫的方法将 1：1 的水泥砂浆分散均匀地喷射到墙面上（水泥砂浆中宜掺入水泥量 10% 的 107 胶搅拌均匀后使用），待接硬后才能进行底层抹灰作业，以增强底层灰与墙体的附着力。

（2）套方、吊直，做灰饼

抹底层灰前必须先找好规矩，即四角规方，横线找平，立线吊直，弹出基准线和墙裙，踢脚线板。可先用托板检查墙面平整、垂直程度，并在控制阳角方正过曲（可用方尺规方）的情况下大致确定抹灰厚度后（最薄处一般不小于 7mm），进行挂线"打墩"（打墩的厚度应不包括面层）。

（3）墙面冲筋

待砂浆墩结硬后，使用与抹灰层相同的砂浆，在上下砂浆墩之间做宽约 30～50mm 的砂浆带，并以上下砂浆墩为准用压尺推平，冲筋（打栏）完成后应待其稍干后才能进行墙面底层抹灰作业。

（4）做护角

根据砂浆墩和门框边离墙面的空隙，用方尺规方后，分别在阳角两边吊直和固定好靠尺板，抹出水泥砂浆护角，并用阳角抹子推出小圆角，最后利用靠尺板，在阳角两边 50mm 以外位置，以 40°斜角将多余砂浆切除、清净。

（5）抹底层灰和中层灰

在墙体湿润的情况下抹底层灰，对混凝土墙体表面宜先刷扫水泥浆一遍，随刷随抹底层灰。待底层灰稍干后，再抹中层灰。然后以冲筋（打栏）为准，用压尺刮平找直，用木磨板磨平。中层灰抹完磨平后，应全面检查其垂直度、平整度、阴阳角是否方正、顺直，发现问题要及时修补（或返工）处理，对于后做踢脚线的上口及管道背后位置等应及时清理干净。

（6）面层抹灰

待中层灰达到七成干后（用手按不软但有指印时），即可抹灰罩面层（如间隔时间过长，中层灰过干时，应洒水湿润）。罩面层厚度不得大于2mm，抹灰时要压实抹平。待灰浆稍干"收身"时（即经过灰匙磨压而灰浆层不会变成糊状），要及时压实压光，并可视灰浆干湿程度用灰匙蘸水抹压、溜光，使面层更为细腻光滑。窗洞口阳角墙面阴角等部位要分别用阴阳角抹子推顺溜光。纸筋灰罩面层要粘结牢固，不得有匙痕、气泡、纸粒和接缝不平等现象，与墙边或梁边相交的阴角应成一道直线。

10.10.2　涂料饰面

1）所饰墙面基层面必须清洁、平整、无孔洞，若表面过于粗糙时，宜用粗砂纸打磨一遍。

2）用调配好的腻子将墙面的麻面、蜂窝、洞眼等残缺处填补好。

3）待腻子干透后，先用刮刀将多余腻子铲平整，然后用粗砂纸打磨平整。

4）满刮两遍腻子，每遍腻子应刮抹平整、均匀、光滑，第一、二遍所刮抹方向应相互保持垂直，然后用粗砂纸打磨平滑。

5）封底漆必须在干燥、清洁、牢固的表面进行，可采用滚涂和喷涂的方法进行施工，涂层必须均匀，不可漏涂。

10.10.3　地面工程

1. 作业条件

（1）地面此前必须做过防水处理，地面、墙角墙面、天花板无渗漏水情况；

（2）水泥地面标准：须平整，无空漏起鼓现象，摩擦不起砂和粉尘；

（3）地面含水分比重小于8%；

（4）地面混凝土层厚度大于5cm，地面质量优良（强度等级、水泥含量高，收光平整）；

（5）基层混凝土水胶比控制在0.50以下，强度达到C25以上，混凝土配合比设计尽量减少离析并对泌水有所控制；

（6）水泥地面施工四周后方可施工，冬季施工，施工环境温度须不低于5℃，建议混凝土加适当早强剂，湿度小于85%；

（7）需按建筑设计要求切割伸缩缝，缝线整齐划一，宽度3～5mm。伸缩缝内无需用沥青或其他材料填充，用专门的材料进行填充。

2. 操作工艺

（1）基层处理

1）将伸缩缝内的沥青或泥土掏出，并清理干净；

2）用材料对伸缩缝进行填充；

3）待完全干透后，对全部地面进行打磨、清洁，完成素地处理。

（2）底漆层施工

1）施工前需保持干净，如有杂物粘附需清除；

2）依照正确比例将主剂及固化剂混合，充分搅拌；

3）需视地面情况调整适当黏度；

4）混合完成材料需 4h 以内完成施工；

5）底漆层养生硬化时间约 8h 以上。

（3）中涂层施工（三道）：

1）依照正确比例将主剂及固化剂混合，充分搅拌；

2）混合后加入适量石英砂；

3）使用批刀将材料涂布均匀；

4）混合完成材料需 30min 以内施工完成；

5）中涂层养生硬化时间约 8h 以上。

（4）批土层施工（两道）

1）依照正确比例将主剂及固化剂混合，充分搅拌；

2）混合后加入适量石英粉；

3）使用批刀将材料涂布均匀；

4）混合完成材料需 30min 以内施工完成；

5）批土层养生硬化时间约 8h 以上。

（5）面漆层施工（两道）

1）施工前需保持干净，如有杂物粘附需清除；

2）使用前主剂先搅拌均匀；

3）依照正确比例将主剂及固化剂混合，充分搅拌；

4）使用滚筒将材料均匀涂布；

5）混合完成材料需 30min 以内施工完成；

6）施工交接处做好交接处理；

7）施工完成后，24h 后方可上人，72h 后方可重压（以 25℃ 为准，低温时开放时间需适度延长）。

10.10.4　幕墙工程、精装修工程

待装饰工程二次深化设计后编制专项方案。

10.11　机电安装工程

10.11.1　给排水施工方法

1. PVC-U 排水管道安装

（1）排水立管上的 90°三通和四通均采用 90°斜三通和斜四通，水平干管转 90°弯、立管底部和出户管等转弯处采用两个 45°弯头连接。

（2）排水立管上的检查口安装高度距地面 1.00m。

（3）污水管与专用通气立管采用成品 H 管相连。

（4）管径为 $DN100$ 及其以上的 PVC-U 排水和通气立管在穿越楼板处应安装阻火圈，采用板下安装式。

（5）PVC-U 排水管道穿越防火分区时，应在防火墙处的两侧设置阻火圈。

（6）下沉式卫生间 PVC-U 排水立管在穿楼面时采用配套 PVC 止水环，其余穿楼板的设钢套管，穿屋面设刚性防水套管，安装见国标。所有套管在管道安装完成后，均作防

渗封堵处理。

（7）在立管每层要加装配套伸缩接头，伸缩节的O型胶圈严禁涂胶粘剂，每个伸缩器须将伸缩量留出，一般为12～15mm。

2.柔性排水铸铁管安装

（1）排水立管在一楼架空层处的弯头、水平排水管采用柔性铸铁管引至出户井。

（2）铸铁排水管道支架安装

架空楼层水平排水管道采用柔性铸铁管管道，故需要用固定支架支撑，支架选用角钢现场制作，焊接完成后双底漆双面漆防腐。

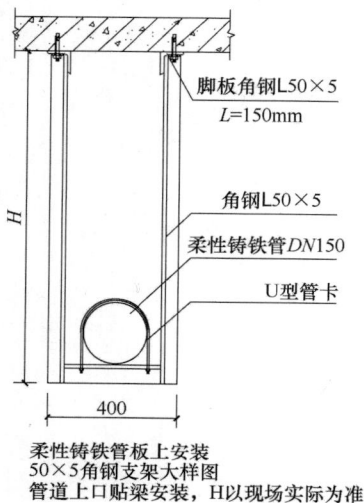

脚板角钢L50×5
L=150mm

角钢L50×5

柔性铸铁管DN150

U型管卡

H

400

柔性铸铁管板上安装
50×5角钢支架大样图
管道上口贴梁安装，H以现场实际为准

图28

（3）支架安装间距根据建筑结构不超过1.5m等间距设置，在转角500mm处两侧分别加强设置相应支架。支架做法见图28。

3.闭水通球试验

闭水通球试验在每完毕一根立管后即可进行，由于安装前对管材，管件进行了检查，闭水试验相应就要顺利一些。先分层进行闭水试验，闭水和通球同时进行。用闭水试验专用胶囊连接在高压氧气管上，皮管另一端接在打压枪上，将胶囊从检查口内放进管内底部，然后气枪加气使胶囊膨胀，管内胶囊膨胀后，应形成一严密的堵塞物，这时就可灌水，使各设备盛满水，检查各接口是否漏水、渗水，铸铁管是否有砂眼，若接口渗漏，立即处理后再试验，若铸铁管壁有砂眼，可用铸铁焊条焊填补。

每试完一层后，将放气开关松开，胶囊复原，再进行上一层试验。

通球试验用橡胶球规格，橡胶还应用尼龙绳系好，从立管顶部放进底部无阻塞即为合格。

4.给水管道安装

（1）本工程给水管道材质为PP-R管，从表后至各户的管道敷设在走道的吊顶内，通过预留DN50套管后穿墙进入户内，墙上由人工剔打沟槽，管道嵌墙暗敷设。经混凝土剪力墙部位的管道，应先机具切缝，人工剔槽（宽×深＝60mm×50mm），施工中当发现有结构钢筋时，不得破坏，只能移位或增加槽深，使管道从钢筋下面穿越，保证钢筋保护层在25mm以上，管道埋设固定后用砂灰填缝抹平；根据建设单位要求，户内给水管仅接至户内预留给水接头，户内给水及热水管安装由用户自理。

（2）PP-R管在安装前应对材料的外观和接头配合的公差进行仔细检查，应清除管材及管件内外的污垢和杂物。管道系统安装过程中有间断或完毕的敞口处，应随时封堵，埋放于浇捣的混凝土楼板和墙体内的管材不得有管接头。给水管安装前应先确定干管的位置，管径和标高，然后配管再进行安装。管道的阀门其安装位置进出口方向必须正确。

各楼层水井引入户内的PP-R给水管道图示为贴板绕梁安装，此安装方式将增大管阻损失，观感不佳。经采购人、设计、监理单位图纸会审同意变更为贴梁底水平安装，用角钢支架固定，支架间距按规范要求设置。支架大样见图 29：

支架选用角钢现场制作，焊接完成后双底漆双面漆防腐。支架安装间距根据建筑结构按 800mm 间距设置，在转角 300～500mm 处两侧分别加强设置相应支架，以保证管道固定牢固可靠。

5. 管道试压

（1）水压试验之前，管道应固定，接头须明露。

（2）管道缓慢注水后并排出管道内空气，等注满水后再进行水密性检查。

（3）加压宜用手动泵，缓慢升压，时间不小于 10min，测定仪器的压力精度不应低于 0.01MPa。

（4）强度试验（30min 内，允许两次补压，升至试验压力），稳压 1h，测试压力降不超过 0.05MPa 为强度试验合格。

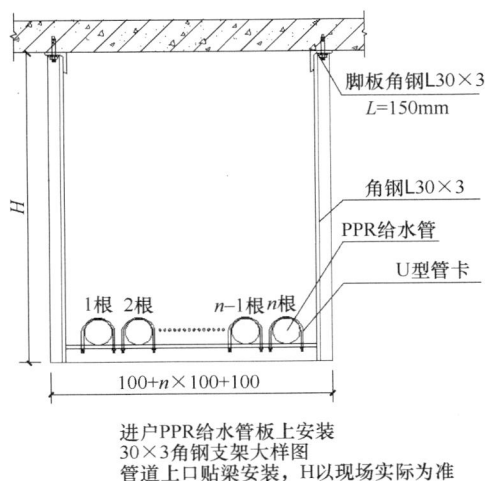

进户PPR给水管板上安装
30×3角钢支架大样图
管道上口贴梁安装，H以现场实际为准

图 29

（5）室内塑料给水管道的水压试验必须符合设计要求。本工程给水管道工作压力 1.25 MPa，系统试验压力应为工作压力的 1.5 倍，但不得小于 0.6 MPa。因此，选择试验压力为 1.875 MPa。给水系统应在试验压力下稳压 1h，压力降不得超过 0.05 MPa，然后降至工作压力的 1.15 倍稳压 2h，压力降不得超过 0.03 MPa，同时检查各连接处不得渗漏。

（6）明管敷设的支吊架作防膨胀的措施时，应按固定点要求施工，管道的各配水点、受力点以及穿墙支管节点处，应采取可靠的固定措施。

6. 管道清洗、消毒

（1）给水管道系统在验收前，应进行通水冲洗，冲洗水流速宜大于 2m/s，冲洗时应不留死角，每个配水点龙头应打开，系统最低点应设放水口，清洗时间控制在冲洗出口处排水的水质与进水相当为止。

（2）生活饮用水系统经冲洗后，还应用含 20～30mg/L 游离氯的水灌满管道进行水消毒，含氯水在管中应滞留 24h 以上。

（3）管道消毒后，再用饮用水冲洗，水质符合现行的国家标准《生活饮用水卫生标准》后，方可交付使用。

10.11.2 电气工程施工方案

1. 线管敷设

线管敷设工艺流程为：测位→放线→管、盒安装→清理管路→验收。

暗配管施工主要部位在各楼层板面，需在土建结构施工过程中根据图纸设计的位置，配合土建做好预埋配管工作。

（1）以设计图为依据，尽量减少管内弯曲次数。预埋于混凝土内的管路应保证 25mm 以上保护层。在剪力墙内配管，应随土建钢筋绑扎，一次配管到位，与钢筋一起固定。

（2）管路定位后，根据管路走向和测量尺寸下料。下料后管口内外用锉刀打磨毛刺，PVC塑料管采用专用剪刀下料。

（3）墙上暗配管，砌体抹灰前，根据线管走向在墙面上画好线，用双槽切割机切缝后，再用人工手工剔槽，将线管暗敷于槽内。

（4）现浇钢筋混凝土楼板内配管，钢管或塑料管敷设在钢筋上下层之间，保证管面距离最终抹灰面有不小于25mm的保护层。配管时，先找准灯位（或其他元件的位置），弹上十字线。配管变成"乙"字弯进盒，保护管进盒顺直。盒在浇筑前用废纸等物堵塞包好，盒口用包装带密封，并正对模板盒口面圈以标记，便于拆模以后查找。

（5）管路敷设时，如下情况需加装转线盒："在管长超过45m且无弯时；管长超过30m有1个弯时；管长超过20m有2个弯时，管长超过12m有3个弯时"。配管的弯曲采用屈伸弹簧制作冷弯任意角度，暗埋于混凝土中的管子，其弯曲曲率半径不小于管外径的10倍，接头采用配套粘接。暗埋于混凝土内的管子，其管口加塞塑料堵头，再在其外口处缠黑胶布以防漏浆，并用油漆做好施工标记，在图上画好坐标记录，绘制好预埋管的实际隐蔽资料，及时找监理方、业主方签字认可，并对变更部分作好隐蔽图。

（6）电线、电缆导管明敷时，其固定点最大允许距离应符合表4规定。

固定点最大允许距离 表4

敷设方式	导管种类	导管直径				
		15～20	25～32	32～40	50～65	65以上
		管卡间最大距离（m）				
支架或沿墙明敷	刚性PVC管	1.0	1.5	1.5	2.0	2.0
	钢管	1.0	1.5	2.0	2.5	3.5

（7）各户型强、弱电箱处出线管较多均暗敷设，水平管在板面暗敷设时，应主动与土建施工技术人员联系，不得影响其板面结构强度。立管在混凝土剪力墙、砖墙面处集中敷设太多时，应由人工机具切缝，人工剔槽。管道嵌墙暗敷设固定后，用砂灰填缝抹平。在管道排列面大于100mm宽度情况下，还需铺设钢丝网防止墙面开裂。

2. 金属线槽安装

金属线槽安装工艺流程（图30）：

（1）根据导线走向，将金属线槽安装的平面、竖向位置先拉线，支架用膨胀螺栓固定。金属线槽安装完毕后，须进行质量检查，应做到横平竖直、油漆完好。各连接处及支架接地可靠（可用ZR-BV-6～10mm² 双色线跨接），连接板的螺栓应紧固，金属线槽在支架上的固定应牢固。

（2）线槽直线段连接应采用连接板，用垫圈、弹簧垫圈、螺母紧固，接茬处缝隙应严密平齐槽盖装上后应平整，无翘角，出线口的位置准确。

（3）线槽进行交叉、转弯、丁字连接时，应采用单通、二通、三通、四通或平面二通、平面三通等进行变通连接，导线接头处应设置接线盒或将导线接头放在电气器具内。

（4）线槽的所有非导电部分的铁件均应相互连接和跨接，使之成为一连续导体，并做好整体接地。

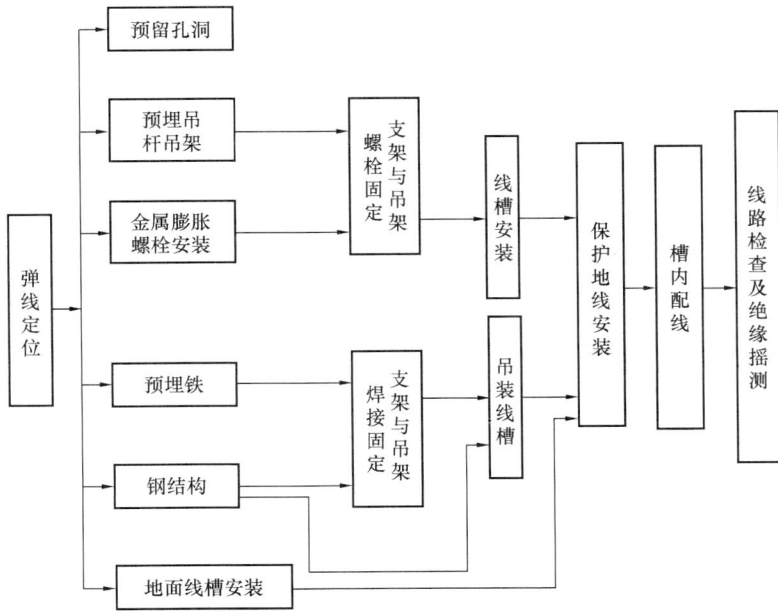

预留孔洞

预埋吊杆吊架 → 支架与吊架螺栓固定 → 线槽安装

金属膨胀螺栓安装 → 支架与吊架螺栓固定

弹线定位 →

预埋铁 → 支架与吊架焊接固定 → 吊装线槽

钢结构 → 支架与吊架焊接固定

地面线槽安装

保护地线安装 → 槽内配线 → 线路检查及绝缘摇测

图 30

3. 电缆电线施工

（1）电缆敷设前要根据设计图编制电缆在地沟和桥架内的排列图，作到电缆在转向时不交叉和零乱。敷设水平电缆采用人工方式，每人按电缆 30kg 重量安排人员，电缆不能在地上拖着走，以免划伤。敷设竖直电缆时，根据测算电缆竖直部分的重量，采用组合葫芦吊装方式进行吊装电缆，电缆敷设时应先进行截面较大的，敷设完后应及时在电缆转向处和两端挂好标专牌（电缆编号、规格、起点、终点及设备名称）。

（2）电线安装时，相线采用黄、绿、红三种颜色，工作零线采用浅蓝色，接地线采用黄绿双色线，电线在管内严禁接头，盒内接头宜采用安全型压线帽连接。压接前应正确选择线帽规格，以芯线塞满接线孔为宜。当连接导线根数较少时，用断芯填充，其线头不得外露，接接线盒内线头应留一定余量，切除导线绝缘层后立即压接，如芯线表面有氧化层时应用细砂皮或电工刀背清除。芯线剥削长度应与线帽内套管深度相配合，不宜过长。

4. 配电箱安装

（1）照明配电箱应安装牢固，其垂直偏差不应大于 3mm；暗装时，照明配电箱和弱电箱四周应无空隙，其面板四周边缘应紧贴墙面，箱体与建筑物、构筑物接触部分应涂防腐漆。

（2）照明配电箱内，应分别设置零线和保护地线（PE 线）汇流排，零线和保护线应在汇流排上连接，不得铰接，并应有编号。

（3）配电箱上应标明用电回路名称。

（4）明装配电箱固定采用 M8～M10 的膨胀螺栓固定，箱盒线管连接时，不得采用焊割开孔，需要开孔时，应先放样用开孔器开孔。

（5）电线管进入箱盒内露出长度不应大于 5mm；用锁母固定管口，管口光滑、排列整齐、连接紧密。

（6）箱内接线应整齐美观，安全可靠，每个接线柱不宜超过二根接线头，螺钉固定在有平垫圈，线头应顺时针弯扣，接线应符合规程规定，零线经零线端子螺栓连接，严禁铰接现象。S>6mm² 应用接线端子。

5. 防雷接地施工

（1）本工程防雷接地为利用结构钢筋、金属构件引流构件，利用基础钢筋作接地体。根据防雷中心现场交底要求，基础接地的桩基利用系数应大于 0.5，如未有引下线的独立桩基也须与桩基和地梁相连，相连的数量是整个桩基数量的 0.5 倍，桩基或者独立桩基应用 4 根钢筋与地梁钢筋焊通；无地梁处用－40×4 的镀锌扁钢进行连接，引下线利用柱筋大于 $\phi16$ 的 2 根，如小于 $\phi16$ 的钢筋则用 4 根钢筋焊接。

（2）除短路环外尽量采用双面焊接，焊接长度为双面焊 6 倍 d（钢筋直径），单面焊 12 倍 d 以上。钢筋接头为丝接时，必须采用 $\phi12$ 钢筋跨接。

（3）本工程电气预留接地（PE）按防雷中心要求必须从基础接地内侧引出且远离引下线；卫生间等电位从基础单独引出一根钢筋不再与均压环和屋顶接闪带相连，必须用专用 TD28 型专用等电位盒，每个卫生间必须设置引下线与内侧基础接地钢筋焊通，如卫生间无钢筋处用－40×4 热镀锌扁钢从其他就近柱墙钢筋或卫生间钢筋引来。

（4）为防侧击雷，在标高 30m 以上时应将每层外圈梁钢筋 2 根焊通（该两根钢筋与引下线可靠焊接），在标高 30m 以下时每隔两层外圈梁钢筋也应焊通形成均压环；标高 30m 以上外墙上的金属栏杆、门窗、百页等必须预留接地点。

（5）屋面用钢筋形成网格，防水层以上用扁钢形成防雷方格网，女儿墙上避雷带采用 $\phi12$ 元钢靠外墙明装，支架间距为 1m，转角处 0.5m。

6. 灯具安装

灯具及其配件应齐全，并应无机械损伤、变形、油漆剥落和灯罩破裂等缺陷。

灯具的安装应符合下列要求：

（1）同一室内或场所成排安装的灯具，其中心线偏差不应大于 5mm。

（2）灯具固定应牢固可靠。每个灯具固定用的螺钉或螺栓不应少于 2 个。

7. 开关、插座安装

（1）安装在同一建筑物、构筑物内的开关、插座，宜采用同一系列的产品，开关的通断位置应一致，且操作灵活、接触可靠。

（2）开关安装的位置应便于操作，开关边缘距门框的距离宜为 0.15～0.2m；开关距地面高度宜为 1.3m。

（3）并列安装的相同型号开关、插座距地面高度应一致，高度差不应大于 1mm；同一室内安装的开关、插座高度差不应大于 5mm。

（4）暗装开关采用专用盒，专用盒的四周不应有空隙，且盖板应端正，并紧贴墙面。

8. 电气调试

本工程电气调试范围主要内容如下：

电气调试工艺流程：

变配电房调试→各层配电间设备→各送电回路系统工程→双电源切换箱→配电开关箱→绝缘测试→系统调试→通电试灯。

（1）交流电动机：测量线圈的绝缘电阻和吸收比，测量电动机轴承的绝缘电阻，检查定子线圈极性及其连接的正确性。

（2）电缆：测量绝缘电阻，检查电缆线路固定情况。

（3）配电设备系统调试。

（4）各出线回路通电及试灯。

（5）编写试验记录报告

调试工作是电气安装工作中最重要的环节。从开工到竣工的过程中，往往存在有关安装质量和设备性能缺陷等问题，均能在调试过程中发现。因此，试验记录报告是保证安装质量和设备质量达到安全可靠使用的技术鉴定。

试验报告单应填写仔细、清楚，不得有涂改和不清楚的地方，一式多份，送交有关单位备查和存档。

10.11.3　通风空调安装

1. 风管安装流程

支吊架制作、安装→主风管地面分段组合→吊装组合→支风管安装→安装阀件→风管、消声器和空调器碰口。

支吊架制作安装：沿墙敷设的风管用支架，其余用吊架，排烟、防灾阀及排烟口应设置单独支吊架与风管连接的风机和消声器应单独设支吊架。

2. 空调冷冻、冷却水管道安装

空调冷冻、冷却水管道安装应符合下列规定

（1）焊接铁管、镀锌铁管不得采用热煨弯。管道弯制弯管的弯曲半径，热弯不应小于管道外径的 3.5 倍，冷弯不应小于 4 倍；焊接弯管不应小于 1.5 倍；冲压弯管不应小于 1 倍。弯管的最大外径与最小外径的差不应大于管道外径的 8/100，管壁减薄率不应大于 15%。

（2）管道与设备的连接，应在设备安装完毕后进行，与水泵、制冷机组的接管必须为柔性接口。柔性短管不得强行对口连接，与其连接的管道应设置独立支架。

（3）管道和管件在安装前，应将其内、外壁的污物和锈蚀清除干净。当管道安装间断时，应及时封闭敞开的管口。

（4）管道坡度

所有新风机组凝结水出口应设水封，水封高度不得小于 60mm。冷凝水干管需保证有不小于 0.003 的顺流坡度。

（5）管道安装的坐标、标高和纵、横向的弯曲度应符合相关规定。在吊顶内等暗装管道的位置应正确，无明显偏差。

（6）凡与工艺设备有关的蒸汽供应支管，应待工艺设备安装完毕后，引进的工艺设备，应核实所需供应的蒸汽压力疏水器阀件无误后，再进行安装。

（7）冷热水管敷设安装时，在最高点及最低点应分别设置自动排气阀和泄水阀。

（8）冷凝水排水管坡度，应符合设计文件的规定。设计规定其坡度宜大于或等于 3‰。软管连接的长度，不宜大于 150mm。

（9）冷热水管道与支、吊架之间，应有绝热衬垫（承压强度能满足管道重量的不燃、难燃硬质绝热材料或经防腐处理的木衬垫），其厚度不应小于绝热层厚度，宽度应大于支、吊架支承面的宽度。衬垫的表面应平整、衬垫接合面的空隙应填实。

（10）风机盘管机组及其他空调设备与管道的连接，宜采用弹性接管或软接管（金属或非金属软管），其耐压值应大于等于1.5倍的工作压力。软管的连接应牢固、不应有强扭和瘪管。

（11）冷热水及冷却水系列应在系列冲洗、排污合格（目测：以排出口的水色和透明度与入口对比相近，无杂物），再循环试运行2h以上，且水质正常后才能与制冷机组、空调设备相贯通。

3. 阀门、集气罐等管道部件的安装

空调管道系列的设备与附属设备、管道、管配件及阀门的型号、规格、材质及连接形式应符合设计要求。阀门、集气罐、自动排气装置、除污器（水过滤器）等管道部件的安装应符合设计要求，并应符合下列规定：

（1）阀门安装的位置、进出口方向应正确，并便于操作；连接应牢固紧密，启闭灵活；成排阀门的排列整齐美观，在同一平面上的允许偏差为3mm。

（2）冷冻水和冷却水的除污器（水过滤器）应安装在进行机组前的管道上，方向正确且便于清污；与管道连接牢固、严密，其安装位置应便于滤网的拆装和清洗。过滤器滤网的材质、规格和包扎方法应符合设计要求。

（3）闭式系列管路应在系列最高处及所有可能积聚空气的高点设置排气阀，在管路最低点应设置排水管及排水阀。

4. 空调冷冻、冷却水管道压力检验

所有压力管道安装完毕，检验合格后，应按照《工业金属管道工程施工质量验收规范》GB 50184—2011进行压力试验。

（1）管道和设备安装前必须进行清除内部污物，安装中断或完毕在敞开处应临时封闭。

（2）KZ管道安装完毕后系统应进行清洗，然后进行水压试验，空调水系统最低点试验压力为1.0MPa，水压试验时先升至试验压力，在5min降压≥20Pa为合格。管道试压时应切断有关设备。

5. 空调冷冻、冷却水管道冲洗

（1）系列安装竣工并经试压合格后，应对系列反复注水，排水，直至排出水中不含泥沙，铁屑等杂质，且水色不混浊方为合格。

（2）冷水冲洗之前，应先除去过滤网的滤网，待冲洗干净后再装上。

（3）管道冲洗时，水流不得经过所有设备及重要仪表，在管道工作时设备及仪表处要求预留冲洗所用旁通管。

6. 空调冷冻、冷却水管道油漆

保温管道保温前涂二道防锈漆。

7. 空调冷冻、冷却水管道保温

（1）空调系统所有冷热水管，分集水器，空调冷凝水管，膨胀管，膨胀水箱等，采用K-FLEX福乐斯发泡橡胶板，管保温，保温板材，管材厚度根据厂家产品系列规格确定。

（2）空调冷热水管道与金属支、吊、托架间应垫以相同厚度的木垫块，以防止"冷桥"，木垫块应作防腐处理。

（3）管道穿越墙身和楼板时，保温层不能间断，在墙体或楼板的两侧，应设置夹板，中间的空间，应以松散保温材料填充。

（4）管道阀门、过滤器及法兰部位的绝热结构应能单独拆卸。

（5）绝热产品的材质和规格，应符合设计要求，管壳的粘贴应牢固、铺设应平整；绑扎应紧密，无滑动、松弛与断裂现象。

8. 设备安装

转动设备（冷水机组、热水机组、空调器、水泵风机、冷却塔用排风扇），静止设备（组合式不锈钢水箱，冷却塔，集、分水器、膨胀水箱）。

（1）一般设备安装主要工艺流程

基础验收、放线→设备开箱、清点记录→设备二次搬运和粗平及一次灌浆→基础养护→精平、二次灌浆→清洗、加油和调整→试运转和验收。

（2）设备试运转

1）设备单机试运转

2）冷水机组、风机、泵、组合式空调器，冷却塔和水箱等设备安装。

10.11.4 消防工程

1. 火灾自动报警、联动控制系统

（1）工艺流程（图31）

（2）材料准备

按照施工图纸测算管材、配件、设备数量，并进行材料备量。钢管必须有合格证或质保书，管材符合国标要求，无壁裂、砂眼、棱刺和凹扁现象；接线盒、开关盒等符合标准，导线线径规格按设计要求，有合格证。

（3）焊接钢管预埋

用作火灾自动报警等系统的焊接钢管的敷设应在混凝土板内预埋敷设，在底层钢筋绑扎完后，上层钢筋未绑扎前，根据施工图尺寸位置配合土建施工。预埋盒与焊接钢管之间应固定牢固，管与管连接处采用焊接，并做好接地跨接和隐蔽记录。在大楼砌砖时配合土建做好墙面钢管及线盒的接管固定，做到位置准确、规范。

（4）布线

在大楼抹灰及地面工程结束后，在管内或线槽内布线，穿线前应将管内或线槽内的污水杂物清除干净，放线前应对导线的规格、型号进行核对，管内穿线应检查护口是否齐全，对不同极性的电线颜色按规范要求加以区分。不同电压等级，不同电流类别线路不应在同一管内或同一槽孔内，管道及线槽内严禁有接线头，布线结束对导线进行绝缘测试，阻值应符合规范要求，编号并做好测试记录，办理有关签证工作。

（5）探测器安装

在土建及内装修结束后，按图纸位置安装探测器，探测器底座至梁、墙边等水平距离不应小于0.5m，周围0.5m内不应有遮挡物，至送风口水平距离不小于1.5m，探测器应

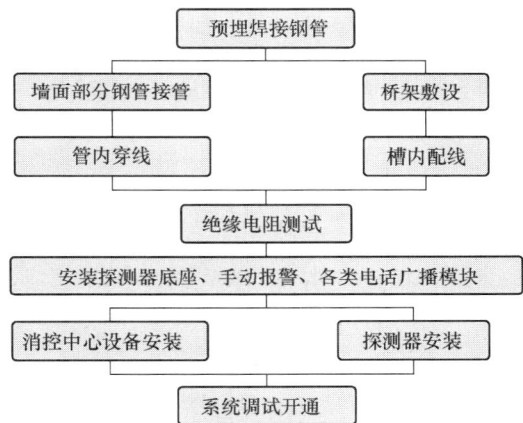

图31

233

水平、吸顶安装。

（6）消防电话安装

消防专用电话分机，消防专用电话插孔距地均为 1.5m。

（7）模块、手报安装

消防模块安装在消防控制层箱内或安装于其控制及监视点设备的附近，安装高度为：消防模块在有吊顶处距吊顶 0.1m，无吊顶处距顶 0.3m，火灾报警模块层箱距地 1.5m，手动报警按钮安装高度距地 1.5m。

（8）广播安装

扬声器在有吊顶处均嵌入式安装，无吊顶则直接吸顶或挂墙明装安装，挂墙距地 2.5m；消防广播安装应牢固，线路应按要求进行接线，所有设备安装应考虑装饰效果，不影响美观。

（9）消控中心设备安装

消控中心内的报警控制器在墙上安装时其底边距地 1.5m，落地安装时，其底宜高出地坪 0.1～0.2m，控制器的主电源引入线应直接与消防电源连接，严禁用电源插头。控制器的接地应牢固，有明显标志。

（10）系统单机调试

系统安装结束后，对整个系统按照规范进行调试。

（11）主机调试完毕后，按各系统干线安装探测器，要求逐个测试电压，电压正常方可装上。

（12）对探测器逐个进行灵敏度试验，其动作应准确无误。

（13）系统联调

消防广播应逐层及相应层进行试播，对讲电话各通话口与消控中心进行通话试验，非消防电源切换试验，卷帘门下降试验，电梯迫降试验，并对所有控制设备进行控制试验，确保无故障后，按规范填写调试报告。

2. 室内消火栓系统、自动喷淋灭火系统

（1）喷淋系统施工工艺（图 32）

（2）消火栓系统施工工艺（图 33）

（3）管道安装

室内、外消火栓给水管：当管道直径大于 100mm 时，采用镀锌钢管沟槽式连接方式，当管道直径小于等于 100mm 时采用镀锌钢管螺纹接口连接。

室内、外喷淋给水管：当管道直径大于 100mm 时，采用镀锌钢管沟槽式连接方式，当管道直径小于等于 100mm 时采用镀锌钢管螺纹接口连接。

（4）报警阀安装

应设于明显易于操作的位置，距地高度为 1.2m 左右，两侧离墙不应小于 0.5m，报警阀处地面应有排水措施。报警阀组装时应按产品说明书和设计要求，阀门处于常开状态。喷淋立管和消火栓立管安装要安装卡件固定，立管底部的支吊架要牢固，防止立管下坠。水力警铃安装在报警阀附近的外墙上。

（5）水流指示器安装

一般安装在每层的水平分支干管或某区域的分支干管上。应竖直安装在水平管道上

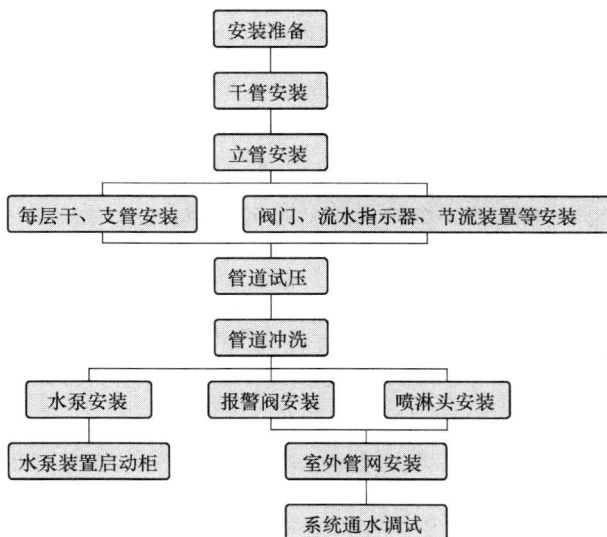

图 32

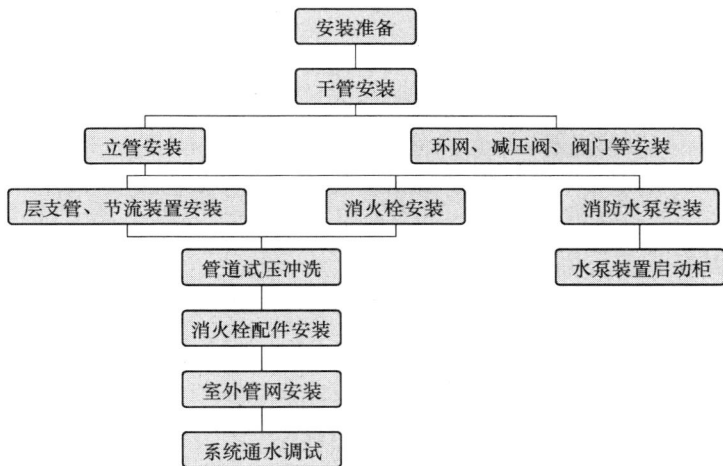

图 33

侧，保证叶片活动灵敏，水流指示器前后应保持有 5 倍安装管径长度的直管段，安装时注意水流方向与指示器的箭头一致。水流指示器适用于直径为 50～150mm 的管道上安装。

（6）消防水泵安装

水泵的规格型号应符合设计要求，水泵应采用自灌式吸水，水泵基础按设计图纸施工，进出口应加软接头，水泵出口加逆止阀。

水泵配管安装应在水泵定位找平正，稳固后进行。水泵设备不得承受管道的重量。水泵相接配管的一片法兰先与阀门法兰紧牢，用线坠找直找正，量出配管尺寸，配管法兰应与水泵、阀门的法兰相符，阀门安装手轮方向应便于操作，标高一致，配管排列整齐。

（7）消火栓安装

应在交工前进行，消防水龙带应折好放在挂架上或卷实、盘紧放在箱内，消防水枪要竖放在箱体内侧，水枪和软管应放在挂卡上或放在箱底部。消防水龙带与水枪，快速接头的连接，一般用 14 号铅丝绑扎两道，每道不少于两圈，使用卡箍时，在里侧加一道铅丝。

室外消火栓系统管网从阀门井中接出，消火栓位置按图位置，但距墙面不应小于 2m，并且不影响车辆通行，埋地管道用热沥青做好防腐保护。

（8）喷头安装

喷头下支管安装要与吊顶装修同步进行，根据吊顶高度、材料厚度定出喷头的预留口标高。喷头的规格、类型、动作温度要符合设计要求，喷头安装的保护面积、间距及距墙、柱的距离，应符合规范要求，可调节装饰盘要贴紧吊顶。喷头应放在保护箱内，在安装现场用一个拿一个，安装喷头要月专用扳手。

安装喷头时必须使用非硬化的管道结合剂或 TEFLON 防漏胶带，直接用于外螺纹上；用手把喷头固定在安装孔内，再将它旋紧。把柄为 15cm 长的扳手就能传送出足够的扭力，严禁利用喷头的框架施拧，严禁附加任何装饰性涂层，严禁扳动或转动溅水盘。安装在易受机械损伤处的喷头，应加设喷头保护罩，填料应采用聚四氟乙烯带，防止损坏和污染吊顶。

（9）支架安装

所有管道，配件等必须有效地支撑。在管道转角处须另加支架，所有支架的安装及设计应使每段管道能单独拆除而不影响前后管道。

管道支架一般采用导向支架，允许有少许轴向移动，但不容许径向跳动，同时也允许设置部分吊架，但在一条管路上连续吊架不宜过多，必须穿插设置支架，管道末端喷嘴处采用支架固定，支架与喷嘴间的管道长度不应大于 500mm。

（10）管道试压

水压试验时，管道内充满水后用电动加压泵进行加压，加压时应缓慢升压，当达到试验压力后，稳妥保压 30min，目测管网及各阀门应无泄漏和无变形，且压力降不应大于 0.05MPa，进户管及埋地管应在回填前单独或与系统一起进行水压试验。

当水压试验达到要求时，通知有关人员进行验收，并办理有关验收手续，然后把水泄净，管道试压完毕后，消防管道在试压完毕后，可连续做冲洗工作。冲洗前先将系统中的止回阀和报警阀拆除，清除管道中的杂物，冲洗水质合格后重新装好。

（11）系统调试

当整个管道系统安装、试压、冲洗完成后进行试验，试验时，消防气压给水设备的水位气压应符合要求，湿式报警阀内充满水，与系统配套的火灾自动报警系统处于工作状态。

11 工程质量管理体系与保证措施

11.1 质量目标

本工程质量目标为：确保工程一次验收合格率 100%，创重庆市优质结构工程、重庆市优质工程。

11.2 质量管理体系

11.2.1 质量管理体系的建立

为确保该工程施工质量达到现行质量检验评定标准的合格标准，确保实现工程质量创优目标，我司将切实贯彻和实施国家、行业及地方等现行有效的施工规范及质量验评标准，严格遵守企业的质量方针，按照质量管理标准的规定进行操作，加强项目质量管理，规范各项管理工作。建立以项目经理为首，以项目总包经理部为主体，各专业部门、各分包单位积极配合的项目质量管理体系。同时认真自觉地接受工程监理单位、政府质量监督机构和社会各界对工程质量实施的监督检查。通过项目质量管理体系协调运作，使工程质量始终处于受控状态。全面、全方位控制工程施工全过程，严格控制每一个分项、分部工程的质量，以确保工程质量目标的实现。

11.2.2 质量控制体系的建立

实行目标管理，进行目标分解，按单位工程、分部工程、分项工程把责任落实到相应的部门和人员。严格按照项目质量管理标准规定，从项目各部门到各施工班组，层层落实质量职责，明确质量责任。除公司质量管理部门和项目技术负责人对工程质量进行监督外，在结构工程施工阶段，现场安排专职质检员跟班作业，分别对模板制作安装、钢筋绑扎、混凝土浇筑等施工作业进行跟踪监控；在装饰、安装阶段，安排专业人员对各分包施工单位的工程质量进行目标管理和控制（图 1）。

11.2.3 质量管理组织措施

1. 积极开展质量管理 QC 小组的活动，工人、技术人员、项目领导"三结合"，针对技术质量难题组织攻关，并积极做好 QC 成果的推广应用工作。

2. 制定各分部分项工程的质量控制程序，建立信息反馈系统，定期开展质量统计分析，掌握质量动态，全面控制各分项工程质量状况，及时提出纠正和预防措施。

3. 各分项工程质量管理严格执行"三检制"（即自检、互检和专业检），隐蔽工程作好隐、预检记录，质检员作好复检工作并请业主、监理、市质检站代表验收。

4. 认真做好技术交底工作，严格按图施工，遇有疑难问题必须和甲方、监理、设计单位协商解决。

5. 各种不同类型、不同型号的材料按照保存要求分别堆放整齐，并进行标识，防止发生变质、污染、损坏或混用。

6. 专业技术工人都要经考试合格取得上岗证才能进行作业。

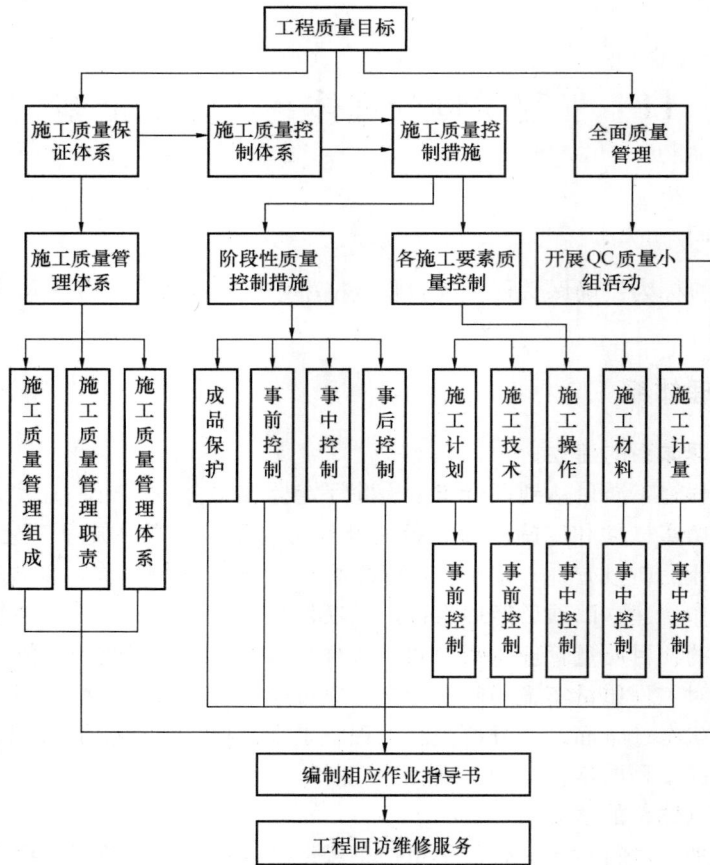

工程质量目标

施工质量保证体系 → 施工质量控制体系 → 施工质量控制措施　　全面质量管理

施工质量管理体系　　阶段性质量控制措施　　各施工要素质量控制　　开展QC质量小组活动

施工质量管理组成　施工质量管理职责　施工质量管理体系

成品保护　事前控制　事中控制　事后控制

施工计划　施工技术　施工操作　施工材料　施工计量

事前控制　事前控制　事中控制　事中控制　事中控制

编制相应作业指导书

工程回访维修服务

图1

7. 加强成品、半成品保护工作，防止交叉污染或损坏。

8. 工程在交付使用后加强工程回访，认真听取业主对工程质量的意见，并做好工程的保修工作。

11.2.4　质量管理制度

为保证工程质量，项目将在本工程的施工中制定相应的质量管理制度，主要包括以下内容：

1. 工程项目质量责任制度：项目部对工程的全部分部分项工程质量向业主负责，并按质量责任分解落实到具体人员。同时项目部将要求各专业分包单位向业主和总包单位提出同样的承诺。

2. 技术交底制度：针对特殊工序编制有针对性的作业指导书。每个工种、每道工序施工前组织进行各级技术交底。各级交底以书面进行。

3. 材料进场检验制度：本工程所使用的各种原材料均要求有出厂合格证，并根据国家规范要求分批量进行抽检，抽检合格的材料才能用于工程施工。

4. 样板引路制度：施工操作注重工序的优化、工艺的改进和工序的标准化操作。开始大面积操作前做出示范样板，统一操作要求，明确质量目标。

5. 施工挂牌制度：主要工种如钢筋、混凝土、模板、砌筑、抹灰等，施工过程中在现场实行挂牌制，注明管理者、操作者、施工日期，并做相应的图文记录，作为重要的施工档案保存。

6. 过程三检制度：坚持"三检"制度，并要做好文字记录。

7. 质量否决制度：不合格分项、分部工程都要进行返工。出现不合格品时，将采取必要的纠正和预防措施，并报监理和业主审批。

8. 成品保护制度：像重视工序的操作一样重视成品的保护。项目管理人员在施工中合理安排施工工序，并做好记录。

9. 质量文件记录制度：质量记录是质量责任追溯的依据，要确保真实和力求详尽，并妥善保存。属于工程技术资料的质量记录将在工程完工后按照档案管理规定移交给业主及档案馆。

10. 工程质量等级评定、核定制度：工程竣工后，首先由项目部按国家工程质量检验评定标准的规定进行质量等级自评，按《建筑工程施工质量验收统一标准》GB 50300—2013 进行竣工验收。

11. 竣工服务承诺制度：工程竣工后在建筑物醒目位置镶嵌标牌，注明建设单位、设计单位、施工单位、监理单位以及开、竣工的日期，这是一种纪念，更是一种承诺。我们将主动做好用户回访工作，按《建设工程质量管理条例》规定实行工程保修服务。

12. 培训上岗制度：从事本工程项目施工的工程技术人员、专业管理人员和操作工人都要经过专业的工作技能培训，并持证上岗。

13. 工程质量事故报告及调查制度：工程发生质量事故，马上向当地质量监督机构和建设行政主管部门报告，并做好事故现场抢险及保护工作。

11.3 质量保证措施

11.3.1 施工准备过程质量控制

1. 建立项目质量管理体系和质量保证体系，编制《项目质量保证计划》，制定施工现场的各种质量管理制度，完善项目计量及质量检测技术和手段。

2. 对材料供应商进行评估和审核，建立合格的供应商名册，选择与公司多次合作且信誉可靠的供应商。严格控制工程所使用原材料的质量，根据本工程所使用原材料情况编制材料检验计划，并按计划对工程项目施工所需的原材料、半成品、构配件进行质量检查和控制，确保用于工程施工的材料质量符合规范和设计要求。

3. 进行工程的技术交底、图纸会审等工作，并根据本工程特点优化施工方案，科学合理地安排施工程序，确定施工流程、工艺和方法。对关键工序、特殊工序，如钢筋焊接工程、卫生间防渗漏工程、屋面防水工程等，均应制定专门的技术措施和控制办法。

4. 对在本工程中将要采用的新技术、新工艺、新材料进行审核，确认其适用范围。对于在工程中将要使用的混凝土、砂浆的配合比由具有相应资质的试验室提前做好配合比的试配工作。

5. 对现场的测量标注、建筑物的定位线以及高程水准点进行复核确认。

6. 加强施工人员的培训，使现场管理人员和操作工人的专业技能符合本工程施工的需要。

7. 科学合理地配备施工机械，搞好设备的维护和保养，使机械设备处于良好的工作状态，保证工程质量和工程施工进度。

8. 采用质量预控法，对工程质量进行控制，达到"预防为主"的目的。

11.3.2 主要工序样板先行

在现场划定专门区域（详施工总平面布置图）设置样板展示区，结合分项技术交底对主要工序进行样板展示，让操作工人更加透彻的理解各工序的施工工艺和控制要点（图 2～图 8）。

图 2

图 3

图 4

图 5

图 6

图 7

242

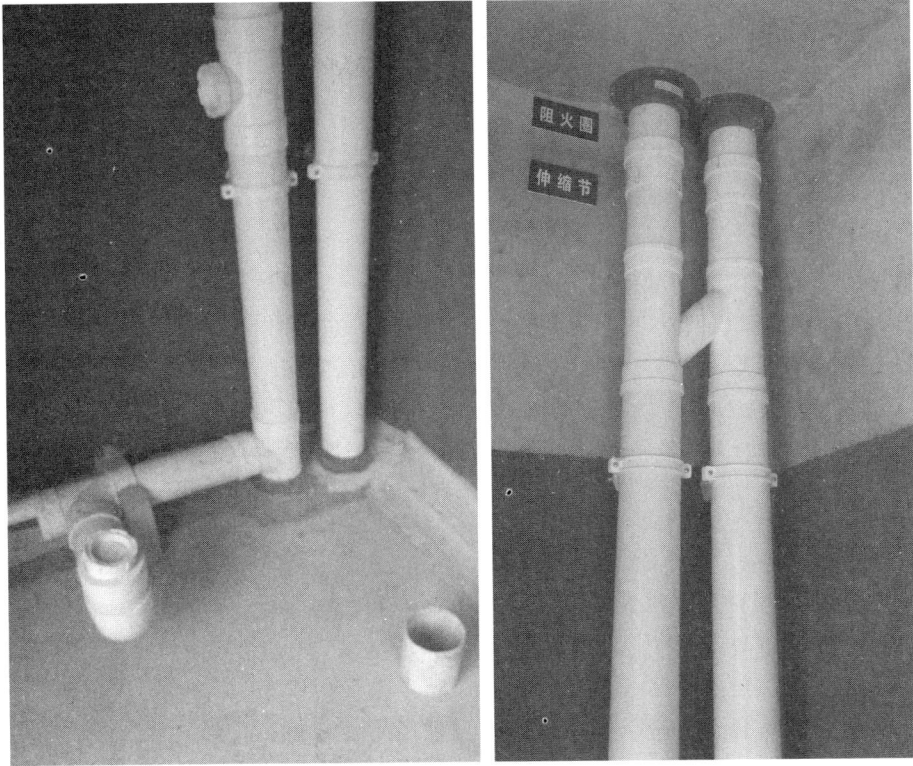

图 8

11.3.3 施工过程质量控制

1. 施工过程质量控制是指在施工操作中进行的质量控制，这是建筑产品质量形成的重要阶段，也是工程质量控制的关键。

2. 加强施工工艺管理，保证工艺过程的先进、合理和相对稳定，抓住影响工程质量的关键问题进行处理和解决，以减少和预防质量事故和质量通病的发生。

3. 坚持质量检查与验收制度，在施工中严格执行"三检制"，不合格的产品不得进入下道工序施工。对于质量容易波动、容易产生质量通病或对工程质量影响较大的工序和环节要加强预控、中间检查和技术复核工作，以保证工程质量。

4. 对于隐蔽工程要做好隐蔽、验收工作，并有详细的记录，除了由项目质检员检查外，还应有业主、监理和质量监督站人员共同检查验收并签字确认。

5. 实行目标管理，进行目标分解，按单位工程、分部工程、分项工程把责任落实到相应的部门和人员。除公司质量管理部门和项目技术负责人外，现场另安排专职质检员跟班作业，对工程的施工质量进行全过程旁站监督检查。

6. 做好各工序的成品保护，下道工序的操作者就是上道工序的成品的保护者，后续工序不得以任何借口损坏前一道工序的产品。

7. 对于施工中发生的异常情况，均应有相应的措施加以解决，必要时，项目经理应下令停工，进行整改。

11.3.4 各分项工程质量控制措施

1. 基坑支护质量控制措施

（1）支护施工期间应做好基坑内外防排水措施，基坑边设置截水沟，基坑底设置排水沟和集水井进行有组织排水，避免基坑积水。

（2）钢筋网片焊接或绑扎时，网格允许偏差不超过±10mm，绑扎长度不小于200mm且不小于10倍钢筋直径。

（3）喷射混凝土的喷射顺序应自下而上，喷头与受喷部位距离0.8～1.5m范围内，射流方向垂直喷射面。钢筋部位，先喷填钢筋后方，然后喷填钢筋前方，保证密实。

（4）对修整后的基坑壁立即喷射一层50mm厚的砂浆进行封闭，待凝结后方可进行钻孔。

（5）支护分层开挖到设计深度后应及时进行封闭和支护，严禁超挖，放坡平台严禁堆载。

（6）上一层土钉注浆完成后的养护时间不得少于48h，待养护到位后方可进行下一层土方开挖。

2. 旋挖桩施工质量控制措施

（1）钻机安装就位时要使转盘、底座水平，起重滑轮缘、固定钻杆的卡孔和护筒中心三者应在一条竖直线上，并经常检查校正。由于主动钻杆较长，转动时上部摆动过大。必须在钻架上增设导向架，控制杆上的提引水龙头，使其沿导向架对中钻进。钻杆接头应逐个检查，及时调正，当主动钻杆弯曲时，要用千斤顶及时调直。

（2）根据钻机性能、地基土土质情况，合理正确地选择钻头形式和直径，选择钻头形式和直径既要考虑成孔直径满足设计要求，又要不造成浪费，孔径检查可制作与钻孔桩直径相等的孔规进行检查，根据检查结果的偏差情况调整和选择适合的钻头。

（3）孔深质量检查与控制采用测钢尺丈量与钻具钻进记录相结合检查，钻孔深度必须满足设计要求，不得提前终孔。

（4）终孔时必须进行终孔验收，终孔的确定主要参照三个因素，即设计深度、钻速及浮渣取样，试钻时邀请地勘单位有经验的技术人员进行鉴定指导，报请监理工程师应检查孔深、孔径、沉渣厚度（端承桩沉渣厚≤50mm），并签字确认。

（5）钢筋笼安装的质量控制

1）按照施工图对应钻孔位置，选择符合设计要求的钢筋笼进行安装。

2）钢筋笼安装前，应对照施工图检查钢筋中钢筋的规格、型号、直径、数量是否合乎设计要求，经查无误后进行钢筋笼安装。

3）多节钢筋笼接长采用搭接接头，接头的位置应相互错开，同一连接区段的接头百分率应符合规范要求。

4）钢筋笼的钢筋保护层采用预制混凝土块控制，保护层混凝土预制块采用桩芯混凝土同强度等级的水泥砂浆制作，保护层垫块的数量每平方米不少于四个，沿钢筋笼均匀布设。

5）钢筋笼安装过程中，应采取措施保证钢筋笼顺直。钢筋笼下道桩孔底部的位置应满足设计要求，钢筋笼安装完成经监理工程师检查验收后才能进行混凝土灌注。

3. 混凝土工程质量控制措施

（1）混凝土施工配合比必须由具有相应资质等级的试验室通过试验后确定，确保所施工的混凝土可以满足设计的要求。

（2）混凝土所使用的各种原材料的质量必须严加控制，经检验合格后方可用于施工。

（3）搅拌混凝土时，后台上料必须按规定进行计量，各种材料的称量误差应符合规定。对于搅拌机的加水装置应定期进行校验，以保证加水量符合配合比的要求。

（4）在使用商品混凝土时，应事先对商品混凝土生产厂家的质量保证体系进行考核。在商品混凝土生产时，安排专人对生产情况、计量情况、材料质量等进行跟班监督。

（5）混凝土浇筑前，模板内部清洗干净，严禁踩踏钢筋，踩踏变形的钢筋应及时地在浇筑前复位。下落的混凝土不得发生离析现象，并由专人负责做好混凝土的养护工作。

（6）混凝土浇筑施工实行挂牌制，以提高作业人员的工作责任心，保证混凝土的浇捣质量，混凝土结构达到清水混凝土（内墙）、饰面混凝土（外墙）的要求。同时按规定进行取样、留置试块，试件数量应能满足全面了解混凝土施工质量的要求，并进行抗压强度、抗渗性能等相关试验。

（7）混凝土浇筑若遇雨天，及时调整配合比，并做好已浇混凝土的保护，施工缝严格按设计要求留设，并按规范要求进行认真处理和施工。

（8）所使用混凝土骨料级配、水胶比、外加剂以及其坍落度、和易性等，应按《普通混凝土配合比设计规程》JG 55—2011 进行计算，并经过试配和试块检验合格后方可确定。

（9）混凝土的拌制，必须注意原材料、外加剂的投料顺序，严格控制配料量，正确执行搅拌制度，特别是控制混凝土的搅拌时间，以防因搅拌时间过长而出现离析的事故。

（10）严格实行混凝土浇灌令制度，经过技术、质量和安全负责人检查各项准备工作，如：施工技术方案准备、技术与安全交底、机具和劳动力准备、柱墙基底处理、钢筋模板工程交接、水电、照明以及气象信息和相应技术措施准备等，经检查合格后方可签发混凝土浇捣令进行混凝土的浇捣。

（11）泵送机具的现场安装按施工技术方案执行，重视对它的护理工作。

（12）雨天浇筑混凝土施工时，及时准备充足的覆盖材料，对混凝土进行覆盖，保证质量与安全。

（13）按我国现行有关规定进行混凝土试块制作和测试。

（14）对班组进行施工技术交底，浇捣实行挂牌制，谁浇捣的混凝土部位，就由谁负责混凝土的浇捣质量，要保证混凝土的质量达到清水混凝土及饰面混凝土的要求。

（15）混凝土浇捣后由专人负责混凝土的养护工作，技术负责人和质量员负责监督其养护质量。

12　安全生产管理体系与保证措施

12.1　安全生产目标

杜绝死亡、重伤事故和重大设备、交通火灾事故；月轻伤频率控制在1‰以内；创重庆市市级文明工地。

12.2　安全生产管理体系

12.2.1　安全生产管理机构

建立以项目经理为组长，安全负责人为副组长，各专业专（兼）职安全员为组员的项目安全及文明施工领导小组，在项目安全生产部门的领导监督下，项目形成安全管理的纵横网络。确保工程施工得以优质、高速、低耗、安全、顺利地完成。

12.2.2　安全生产管理体系

在本工程施工过程中，将严格执行三级交底和教育制度，即公司总部向项目进行交底，项目总工、项目安全负责人向施工工长和部门负责人交底，施工工长、部门负责人向施工班组交底。

安全管理体系如图1所示：

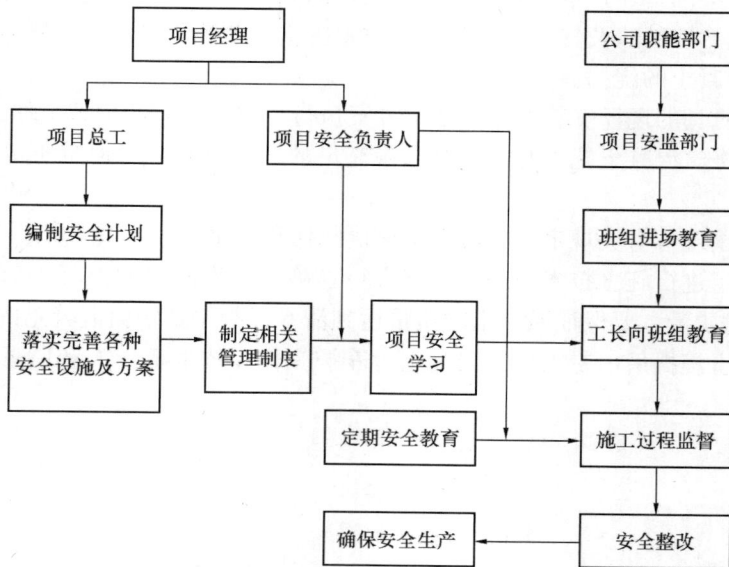

图1

12.2.3　安全生产管理制度

建立以项目经理为首，安全负责人、生产经理、专职安全员、工长、班组长、生产工人的安全管理网络。每个人在网络中都有明确的职责，项目经理是项目安全生产的第一责

246

任人，生产经理分管安全，每位工长既是安全监督，也是其所负责的分项工程施工的安全第一责任人，各班组长负责该班的安全工作，专职安全员协助安全总监工作，这样就形成了人人注意安全、人人管安全的齐抓共管的局面。

加强安全宣传和教育是防止职工产生不安全行为，减少人为失误的重要途径，为此，根据实际情况制定安全宣传制度和安全教育制度，以增强职工的安全知识和技能，尽量避免安全事故的发生。

消除安全隐患是保证安全生产的关键，而安全检查则是消除安全隐患的有力手段之一。在施工过程中，将进行日常检、定期检、综合检、专业检等四种形式的检查。安全检查坚持领导与群众相结合、综合检查与专业检查相结合、检查与整改相结合的原则。检查内容包括：查思想、查制度、查安全教育培训、查安全设施、查机械设备、查安全纪律以及劳保用品的使用。

12.2.4 安全生产人员安排

建立以项目经理为首的安全生产管理小组，由项目经理担任组长。

项目安全管理小组各成员职责：

组长：项目经理，全面负责，制定细化制度、措施。

副组长：项目副经理及总、分包项目经理，协助项目经理制定措施，负责日常生产管理工作，组织安全生产考评。

组员：项目安全负责人、安全员，负责项目安全日常监督、检查；安全工作汇报；以及负责安全资料收集存档，处理安全隐患；项目兼职安全员，协助安全员对各专业班组进行安全监督，隐患检查，及时汇报安全存在问题；各专业工长，对本专业作业人员，施工工序安全控制进行安全管理，执行整改及工序安全保障措施实施；保卫组长，执行消防管理工作；管理危险品储存运输；组织人员进行消防教育指导及危险品知识教育；兼任消防义务队队长。

12.2.5 安全生产管理流程图（图2）

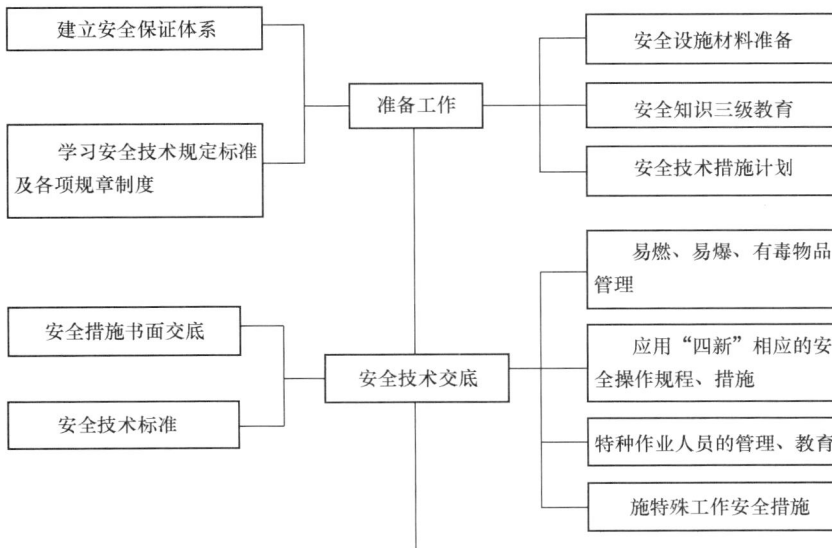

图2（一）

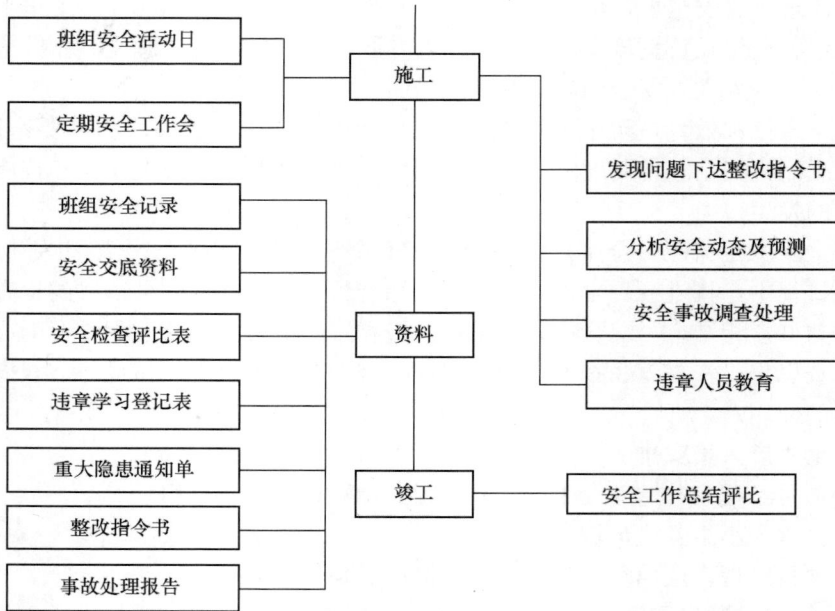

图 2（二）

12.3 危险源识别

本项目施工现场主要危险源见表 1：

施工现场主要危险源　　　　　　　　　　　　　　　表 1

序号	作业活动		危险因素	可能发生的危害事件	危险级别	控制措施
一、施工前准备工作				人员伤害	2	施工前组织安全教育培训
			无施工安全措施及预案	人员伤害	2	施工前制定措施及预案
			无安全技术交底	人员伤害	2	施工前对班组进行安全技术交底
二	施工机具					
	1. 电焊机	（1）一次线保护不当	触电伤害	4	按照 JGJ 46—2012 标准进行整改
		（2）未做保护接零或接地、无漏电保护器	触电伤害	3	按照 JGJ 46—2012 标准进行整改
		（3）焊把线接头超过 3 处或绝缘老化的	触电伤害	3	按照 JGJ 59—2011 标准进行整改
		（4）进出线无防护罩	触电伤害	3	增设防护罩
		（5）雨雪天施焊人员未穿绝缘鞋	触电伤害	3	增设防护品
		电焊面罩破损严重	防护缺陷	4	及时进行更换

序号	作业活动	危险因素	可能发生的危害事件	危险级别	控制措施
二	2. 砂片切割机	（1）传动部位无防护罩	人员伤害	3	增设防护罩
		（2）无保护接零或接地、无漏电保护器	触电伤害	3	按照 JGJ 46—2012 标准进行整改
		（3）在砂片切割机上磨工件	机械伤害	2	对操作人员加强安全教育，提高自我防范意识
		（4）噪音	噪音伤害	4	给操作人员配发耳塞，并定时轮换
		（5）切片磨损过度	机械伤害	5	由机电人员更换，更换后经检查符合安全要求方可投入使用
		（6）无个人防护品	机械和粉尘伤害	3	增设防护品
	3. 搅拌机、振捣器	（1）非司机操作	机械伤害	3	禁止非专业人员操作
		（2）运转过程中用手持工具插入搅拌筒拌灰	机械伤害	2	对操作人员加强安全教育增加自我防范意识
		（3）搅拌机安装不够稳固	机械伤害	4	根据搅拌机安全管理规定及时加固，加固后经检查合格符合安全要求后方可投入使用
		（4）搅拌机的操作电箱没有上锁	机械伤害	5	机电人员加强检查工作并对操作人员进行监督
		（5）搅拌机料斗无保险钩	机械伤害	5	根据搅拌机安全管理规定及时设置，检查合格后方可投入使用
		（6）搅拌机传动部分防护罩松动	机械伤害	5	机电维修人员依据搅拌机安全管理规定及时加固，符合要求后方可投入使用
		（7）无定期检查	触电伤害	5	定期检查
		（8）粉尘排放	尘肺	3	按照《职业健康安全管理制度》中《劳保用品发放标准》配备防护用品
		（9）振捣器未配备绝缘防护用品、布线不合理、漏电保护器失灵	触电伤害	4	按照 JGJ 46—2012 标准进行整改

序号	作业活动	危险因素	可能发生的危害事件	危险级别	控制措施
三	手持电动工具				
	电锤、电钻、冲击钻、角向磨光机、手动砂轮	（1）Ⅰ类无保护接零	触电	4	机电人员按照 JGJ 46—2012 的规定，增设保护零线
		（2）Ⅰ类不按规定穿戴绝缘用品	触电伤害	3	增设防护品
		（3）无保护接零或接地、无漏电保护器	触电伤害	4	按照 JGJ 46—2012 的规定，增设保护零线
		（4）转动部位无防护罩	人员伤害	4	增设防护罩
		（5）噪音	噪音伤害	4	作业人员配备耳塞
		（6）震动	人员伤害	5	合理安排作业时间
		（7）粉尘	尘肺	3	配备防护用品
		（8）钻头卡死	人员伤害	4	由机电人员更换，更换后经检查符合安全要求方可投入使
四	施工临时用电设施				
	1. 施工用电设计	施工用电组织设计缺陷	触电伤害	5	施工用电组织设计必备
	2. 接地接零	（1）未采用 TN-S 系统或 TT 系统	触电伤害	5	按照 JGJ 46—2012 标准进行整改
		（2）工作接地与重复接地不符合要求	触电伤害	5	按照 JGJ 46—2012 标准进行整改
		（3）专用保护零线或接地设置不符合要求	触电伤害	5	按照 JGJ 46—2012 标准进行整改
		（4）保护零线与工作零线混接	触电伤害	3	按照 JGJ 46—2012 标准进行整改
	3. 配电箱、开关箱	（1）未执行"三级配电二级保护"	触电伤害	5	按照 JGJ 46—2012 标准进行整改
		（2）电箱内无漏电保护器或保护器失效	触电伤害	4	按照 JGJ 46—2012 标准进行整改
		（3）漏电保护器参数不匹配	触电伤害	4	按照 JGJ 46—2012 标准进行整改
		（4）电箱位置不当	触电伤害	4	调整电箱位置
		（5）多路配电无标识	触电伤害	4	标识标志注明
		（6）电箱无门、无锁、无防雨措施	触电伤害	4	加强检查

序号	作业活动	危险因素	可能发生的危害事件	危险级别	控制措施
四	4. 照明	（1）照明回路无漏电保护	触电伤害	4	按照JGJ 46—2012标准进行整改
		（2）金属外壳未作接零	触电伤害	3	按照JGJ 46—2012标准进行整改
		（3）安装高度低于2.4m	触电伤害	4	满足标准高度
		（4）潮湿环境及手持灯具未使用安全电压	触电伤害	4	使用安全电压操作
	5. 配电线路	（1）采用TN-S系统的未使用五芯电缆	触电伤害	4	按照JGJ 46—2012标准进行整改
		（2）电缆敷设不符合要求	触电伤害	5	按要求架设、埋设
		（3）电线老化	触电伤害	4	加强检查、及时更换
五	现场防火	（1）无消防制度、灭火器材	火灾、人员伤害	4	完善相关制度，配备灭火器材
		（2）灭火器材配置不合理		4	按规定配置
		（3）现场动火无防范措施		4	完善现场动火防范措施
		（4）无动火审批手续或无动火监护人员		4	申请动火令，安排监护人员现场监护
六	现场施工	（1）不戴安全帽施工	物理伤害	4	配备防护用品
		（2）交叉作业或易发生飞溅物场所无隔离防护或防护不严	物理伤害	2	加强施工现场管理及监护
		（3）随手抛掷工件、建筑材料或物品	物理伤害	4	禁止抛掷工件、建筑材料或物品
		（4）滑坡、流砂或涌水	物理伤害	4	加强施工现场管理及监护
		（5）开挖面土体失稳	物理伤害	4	加强施工现场管理及监护

12.4 安全生产管理措施

12.4.1 设置安全样板展示区

划定专门区域（具体详平面布置图）设置安全体验区，施工前结合安全技术交底安排工人进行安全操作和防护的体验，确保安全生产（图3～图8）。

12.4.2 "三宝"的正确使用

1. "三宝"产品必须取得行业安全管理部门的《准用证》，否则施工现场不得使用。

2. 安全帽应符合《安全帽》GB 2811—2007标准的技术要求，并按规定的佩戴方法使用，施工人员进入施工现场必须佩戴安全帽。

3. 安全网的规格、材质应符合《安全网》GB 5725—2009规定的要求。密目网的规格、材质应符合行业管理标准，密目封闭应严密，网间的连结应用厂家提供的专用材料连结。

4. 安全带必须符合技术标准，按《安全带》GB 6095—2009中规定的使用要求来系挂，凡在2m以上的施工层作业必须系挂安全带。

图 3

图 4

图 5

图 6

图 7

图 8

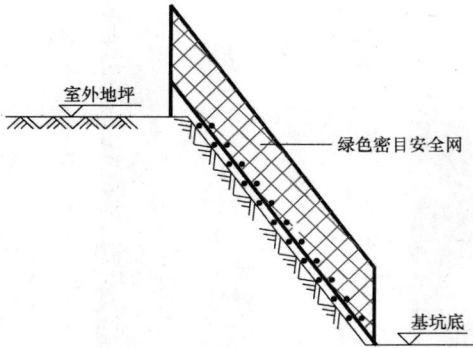

室外地坪
绿色密目安全网
基坑底

图 9

12.4.3 安全防护

1.基坑的防护

基坑周边用混凝土固化，离坑边 50cm 处设置专用安全防护栏杆。上下基坑设置带防护栏杆的防滑斜道，斜道周边和底部张挂安全网。严禁向基坑下投掷垃圾或物品。

下坑斜道搭设示意详见图 9：

2.结构内洞口、临边的防护

所有电梯井口，结构层周边，板上的预留口制作固定的钢筋围栏或盖板，结构层周边围栏上要张挂安全网，电梯井洞内每层之间张挂一层或二层的水平兜网。施工电梯进出口设置安全平台和安全门，进出时要关闭安全门。

预留洞口防护示意详见图 10、图 11：

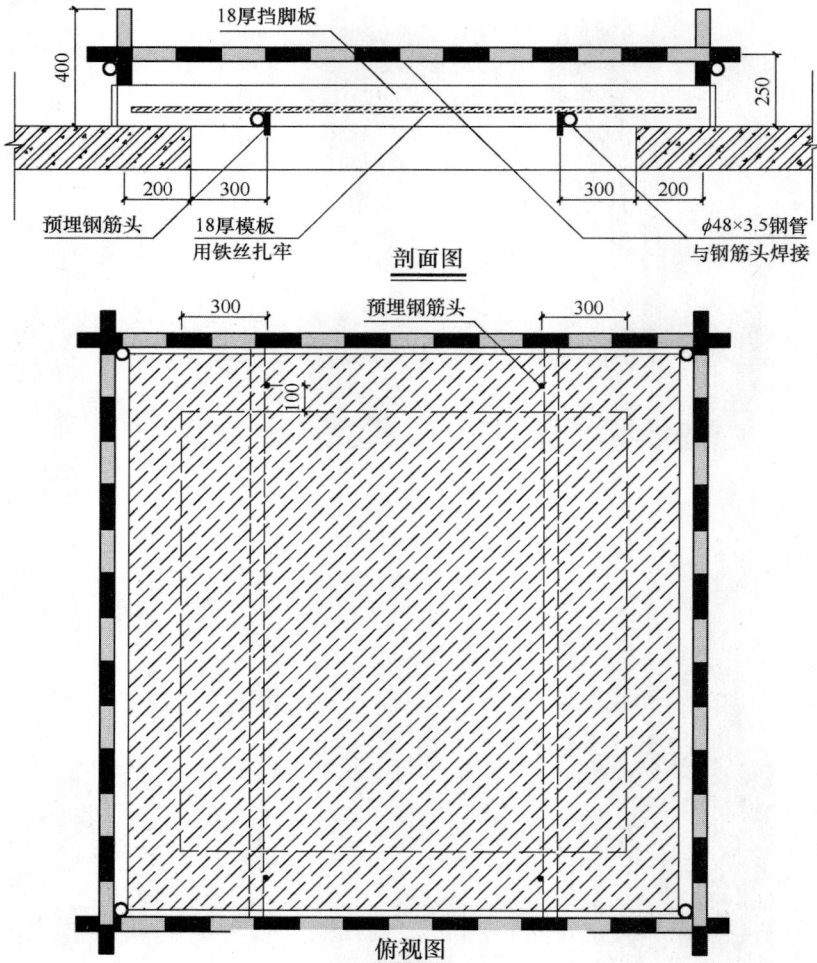

400
18厚挡脚板
250
200   300   300   200
预埋钢筋头   18厚模板
用铁丝扎牢
φ48×3.5钢管
与钢筋头焊接
剖面图

300   预埋钢筋头   300

俯视图
短边小于1500时洞口防护示意图

图 10

254

立面图

18厚挡脚板
用铁丝扎牢

兜底安全网
（两道）

φ48×3.5钢管
与预埋钢筋头焊接

预埋钢筋头

兜底安全网
（两道）

俯视图

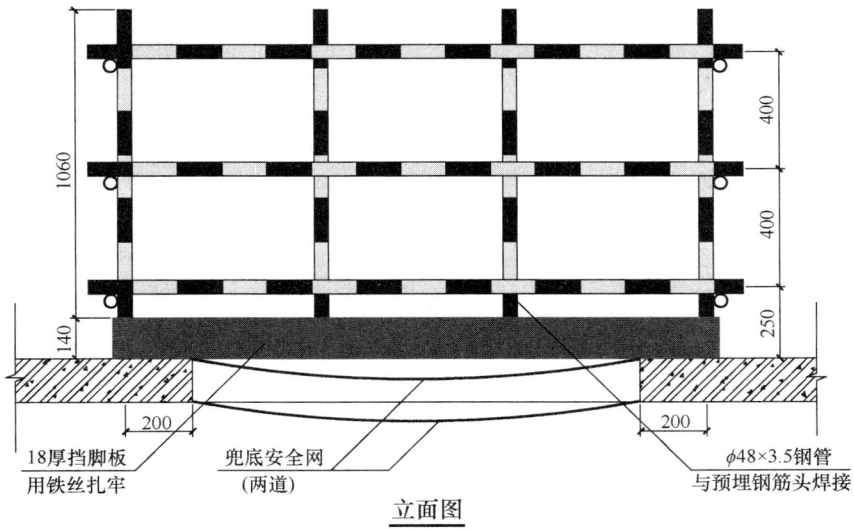

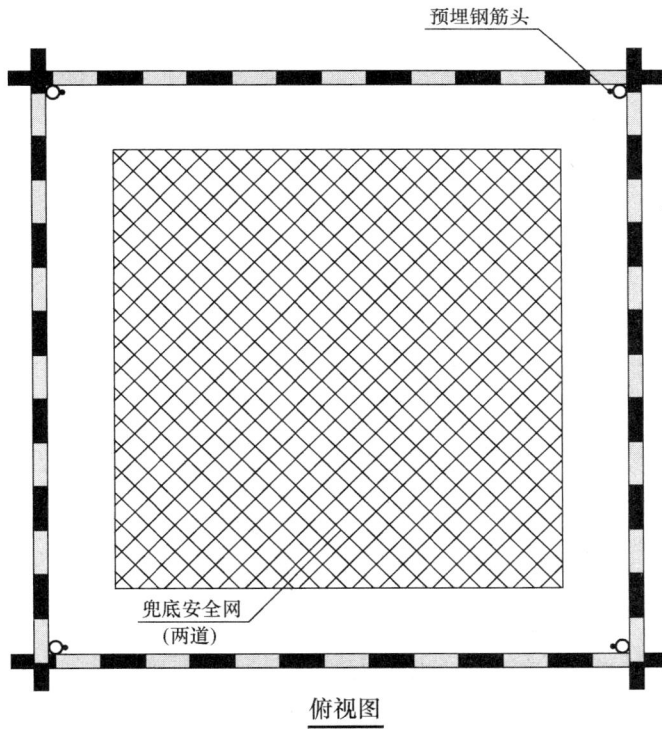

短边大于1500时洞口防护示意图

图 11

楼梯临边防护示意详见图12：

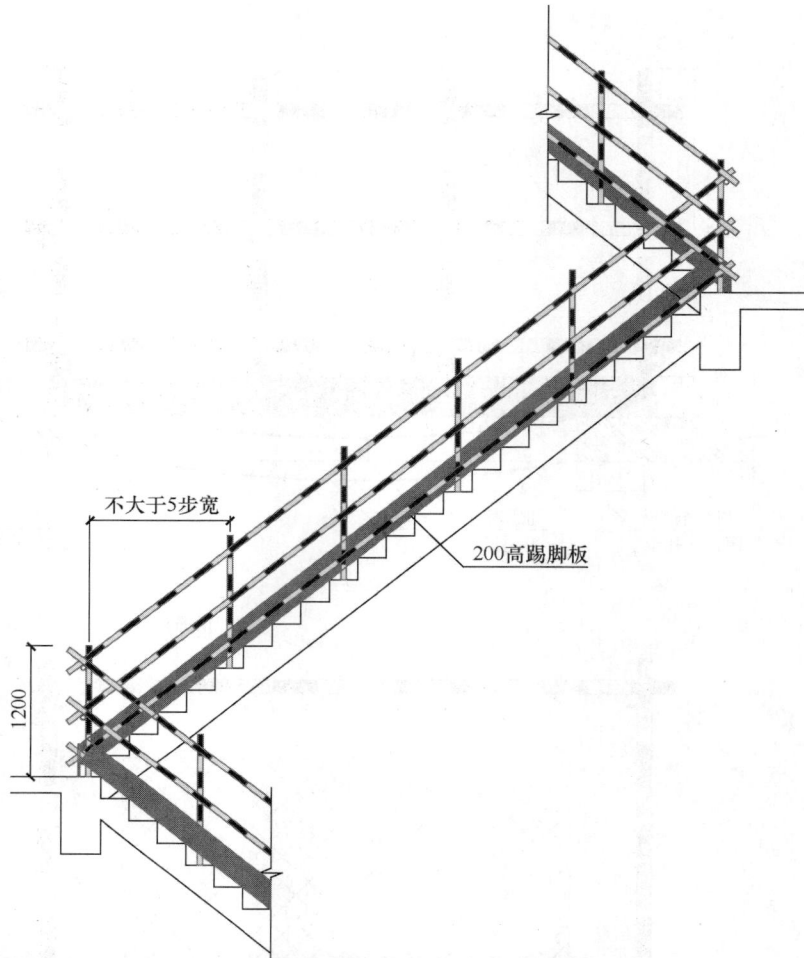

不大于5步宽

200高踢脚板

1200

图 12

电梯洞口防护示意详见图 13、图 14：

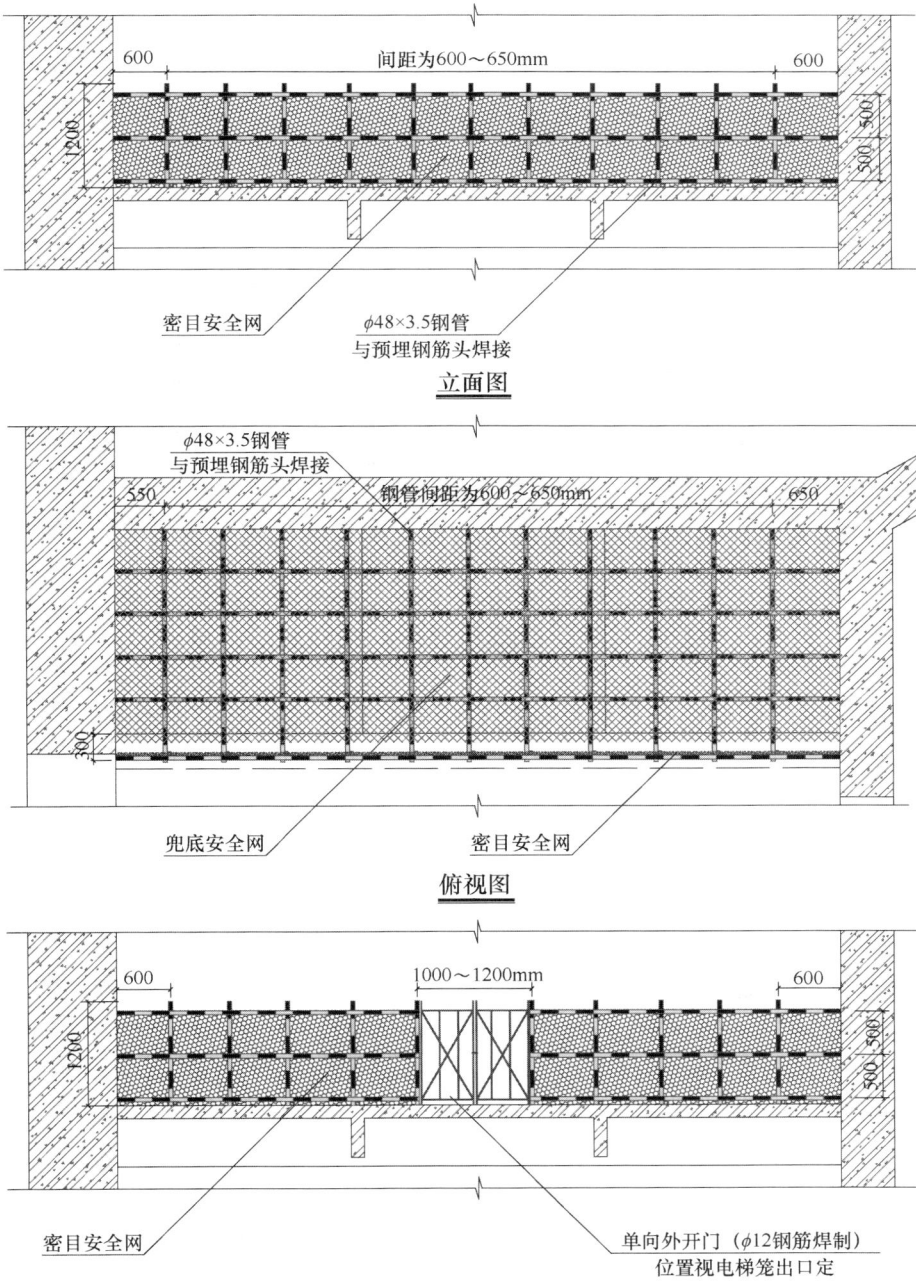

间距为600~650mm
600   600
500/500
1200

密目安全网   φ48×3.5钢管
与预埋钢筋头焊接

立面图

φ48×3.5钢管
与预埋钢筋头焊接
550   钢管间距为600~650mm   650

兜底安全网   密目安全网

俯视图

600   1000~1200mm   600
1200
500/500

密目安全网   单向外开门（φ12钢筋焊制）
位置视电梯笼出口定

电梯井内有施工电梯时立面图

图13

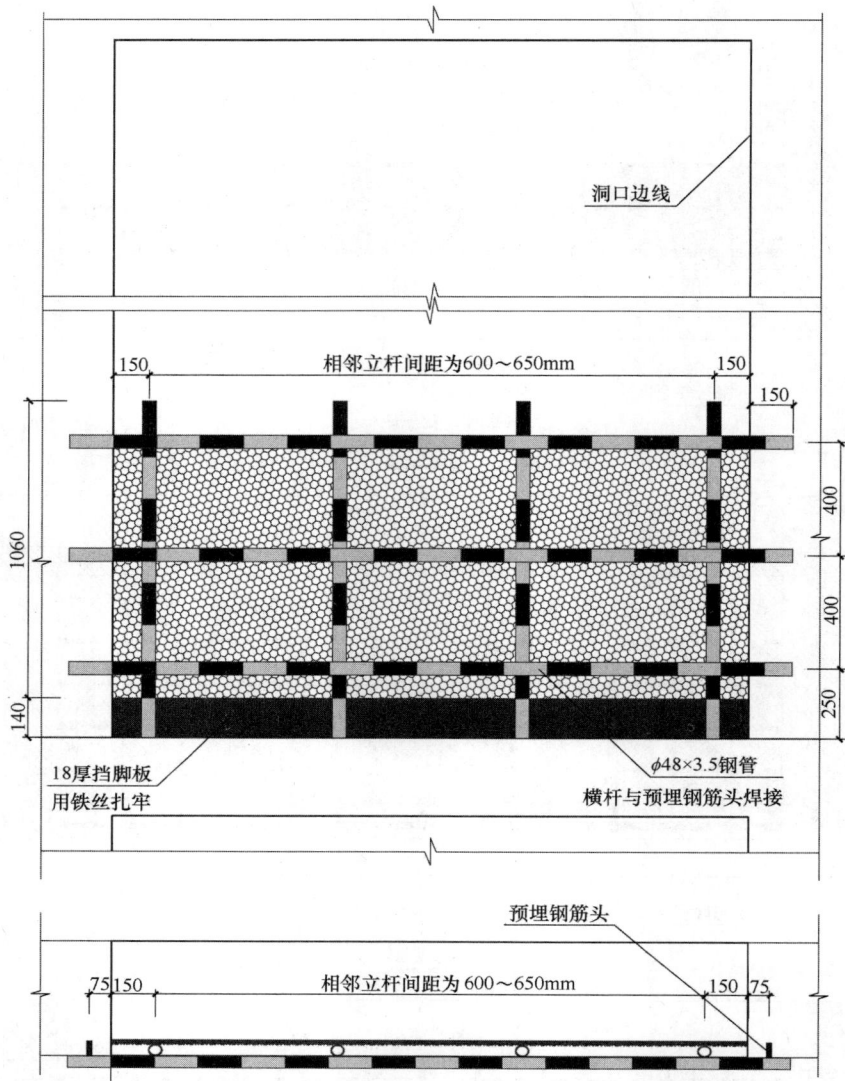

洞口边线

相邻立杆间距为600~650mm

150   150   150

1060   400   400   250   140

18厚挡脚板
用铁丝扎牢

φ48×3.5钢管
横杆与预埋钢筋头焊接

预埋钢筋头

75 150   相邻立杆间距为600~650mm   150 75

图14

楼层临边防护如图15所示：

3. 外架的防护

脚手架地基应平整夯实且有可靠的排水措施，钢管立杆不能直接立于地面上，应加设底座和垫板，垫板厚度不小于50mm，为减少架子不均匀沉降，在立杆底部应加扫地杆。

挑架的支撑点，在搭设前应进行结构计算设计，并有搭拆方案。

架体与建筑物之间用连墙杆连结，水平每4m，竖向每7m设置一排。

脚手架应沿全长和全高连续设置剪刀撑。

脚手架由架子工严格按规程要求搭设，搭设前要进行安全交底；脚手架应有分部、分段，按施工进度的书面验收。

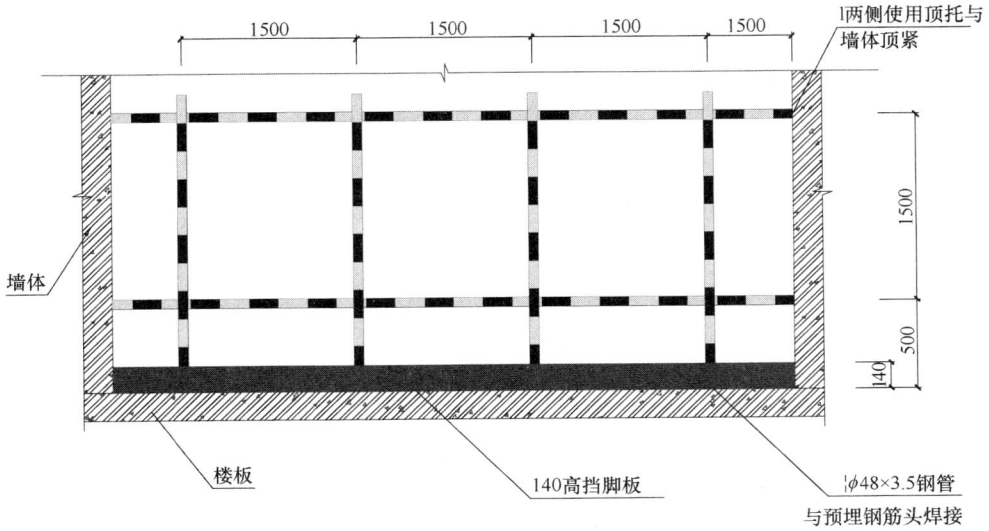

楼层临边防护

说明:本图只表示临边防护方法,临边的具体防护长度根据实际.

图 15

脚手架的拆除顺序为：先搭的后拆，后搭的先拆，先从钢管脚手架顶端拆起。
建筑物的立面防护详见图 16：

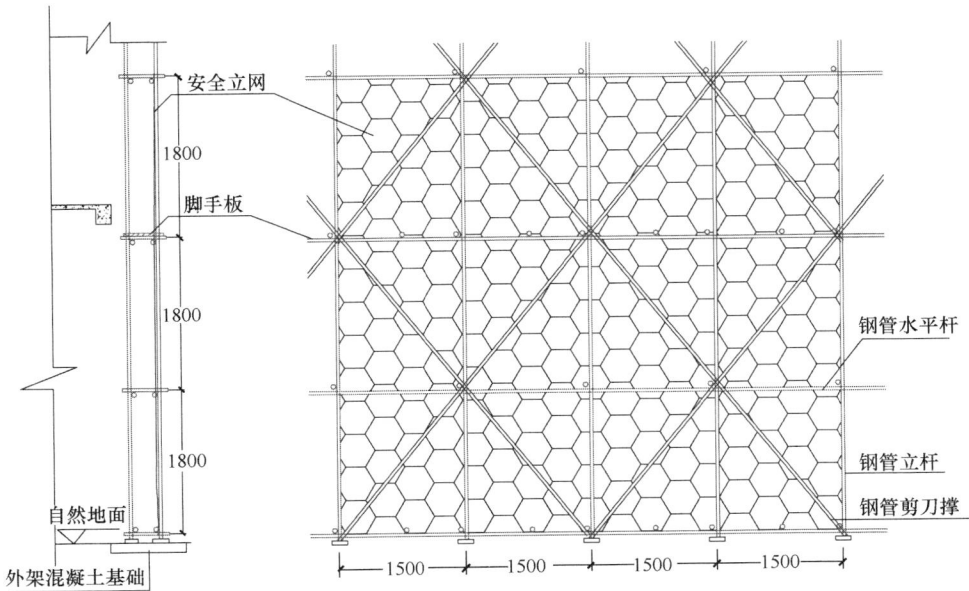

图 16

12.4.4　装修、设备安装阶段的防护措施

塔吊须安装航标灯和避雷装置，其接地电阻不应大于 4Ω。机电设备均须接地或接零保护，实行专机专人负责，并按各自安全性能要求进行定期的检修、保养和维修，保证设备安全运行。非专业人员不得动用机电设备。

吊装作业有专业人员用对讲机指挥作业，保证指令准确，操作安全。

立体交叉作业时，设置防护隔离层。架子和模板拆除时要设置警戒线，并派专人看守。

12.4.5　冬雨季施工阶段的防护措施

加强机械检查、安全用电，防止漏电、触电事故。

雨、雪天气尽量不安排在外架上作业，如因工程需要必须施工，则应采取防滑措施，并系好安全带。

拆除外架应在天气晴好时间，不得在下雨、下雪的时间内进行。

冬季施工时，应在上班操作前除掉机械上、脚手架和作业区内的积雪、冰霜，严禁起吊同其他材料结冻在一起的构件。

梅雨及暴雨季节，应经常检查临边及上下坡道，做好防滑处理。

12.4.6　施工机具安全防护

现场所有机械设备必须按照施工平面布置图进行布置和停放，机械设备的设置和使用必须严格遵守施工现场机械设备安全管理规定，现场机械有明显的安全标志和安全技术操作批示牌，具体要做到：

（1）拉伸钢筋时周围要设防护栏杆，后侧设防护挡板；

（2）搅拌机应搭设防砸、防雨操作棚；

（3）所有机械设备应经常性清洁、润滑、紧固、调整、不超负荷和带病工作；

（4）起重作业要遵守"十不吊"原则，起重工和指挥坚守岗位；

（5）机械在停用、停电时必须切断电源；

（6）对新技术、新材料、新工艺、新设备的使用，在制定操作规程的同时，必须制定安全操作规程；

（7）对特殊工序，必须编制作业方案，提出确保安全的措施。

12.4.7　消防保卫措施

加强防火工作，有易燃品堆放处、仓库、生活临建区等设置灭火工具，并设专人管理。经常与气象部门取得联系，及时通报天气情况，遇到恶劣天气时，及时采取相应的技术措施，防止发生事故。

施工现场必须设置畅通消防车道，配备足够消防器材、消火栓、进水主管务必满足消防要求。

消防设施应能保证建筑物最高的灭火需要，高压水泵及高层消火栓要随结构施工同时设置。临时消火栓要有防寒防冻保温措施。

现场料场、库房的布局应合理规范，易燃易爆物品、有毒物品均应设专库保管，严格执行领用、回收制度。

现场建立门卫、巡逻护场制度，并实行凭证出入制度。

各分部各分项工程，各分管辖地实行"谁主管、谁负责"的原则。

12.4.8 施工用电安全措施

现场用电采用"三相五线"制，严格执行一机一闸一漏电保护器，所有配电箱（包括总配电箱、分配电箱、移动式开关箱）均采用指定厂家生产的标准配电箱。总配电箱及分配电箱要设防雨棚，箱必须加锁，专人负责。

夜间作业要有足够的照明，直接用于操作的手持灯以及楼梯间等阴暗处的照明，采用36V安全电压，当遇到强风、大雨等恶劣天气时，应断电停止作业，所有用电现场须有专业电工值班，非专业电工不准私自接线用电。危险区域、部位、通道口、配电箱等处设置相应的安全标志牌。

12.4.9 现有公共服务设施、设备的防护措施

在地下管线、防空洞的地表面，设醒目的红色标志，严禁堆物，对现场排水明沟，加铁栅栏覆盖，对流入排水明沟的污水，要经过沉淀池沉淀，并定期派人清理排水明沟。当现场道路必须经过地下管道时，要有具体的加固措施和施工方案，方可组织施工。

12.4.10 安全信号装置的设置

塔吊安装航标灯，施工电梯处每楼层均安白炽灯作为照明。配电房、配电箱和临时电路标有醒目的标志。楼梯间、地下室等阴暗处均设置常明照明系统。基坑施工阶段在周边防护栏上每隔20m设夜间红色警示灯。

12.4.11 安全生产检查

为确保本工程安全文明施工管理目标的实现，项目将建立健全现场文明施工管理责任制，组成由项目经理、项目副经理、各部门负责人参加的领导机构，具体负责安全文明施工的日常管理工作，将安全文明施工目标进行分解，逐级下传，逐级签订责任制，层层严抓落实。

安全生产检查制度：每周召开两次全体人员的安全生产大会，每月举行一次安全文明施工检查，有针对性地提出现场存在的不足，并限期整改，对逾期不改或屡教不改的将处以经济或行政处罚。

12.5 安全事故应急救援预案

12.5.1 安全事故应急救援组织机构

项目成立应急领导小组，负责指挥及协调工作。

总指挥：企业本部分管安全的副总

组长：项目经理

副组长：项目安全负责人

成员：所有项目管理人员

12.5.2 安全事故应急救援器材的配备

1. 灭火器材清单及分布情况

根据班组的分布情况，每个队都设置了一处消防器材，每处均有有消防架1个，消防斧2把，消防锹4把，消防钩2个，消防桶4个，灭火器2个。

2. 急救箱药品清单

项目配备急救箱，急救箱内物品有：氧气袋、急救包、紫药水、红药水、酒精、棉纱、十滴水、创可贴等医疗物品。

3. 救援物资及机械设备根据救援需要调遣供应。

12.5.3 安全事故紧急情况的处理程序和措施

1. 由应急总指挥负责组织，各部门分工合作，密切配合，迅速、高效、有序开展。项目部应在作施工前准备时，及时制定本施工现场安全事故应急救援预案。

2. 在抢险救援过程中的人员调动安排，物资、车辆设备的调用，占用房屋场地，任何组织和个人不得阻拦和拒绝。工程施工现场管理和作业人员及其他在场的所有人员都有参加安全事故抢险救援工作的义务。

3. 事故发生后，事故现场应急专业组人员应立即开展工作，及时发出报警信号，互相帮助，积极组织自救；在事故现场及存在危险物资的重大危险源内外，采取紧急救援措施，特别是突发事件发生初期能采取的各种紧急措施，如紧急断电、组织撤离、救助伤员、现场保护等；迅速向项目经理报告，必要时向相邻可依托力量求教，事故现场内外人员应积极参加援救。

4. 应急总指挥接到报警后，应立即赶赴事故现场，不能及时赶赴事故现场的，必须委派一名公司安全领导小组成员或事故现场管理人员，及时启动应急系统，控制事态发展。

5. 安全事故发生后，事故发生地的工地负责人和施工管理人员，必须严格保护好现场，并迅速采取必要措施抢救人员和财产。因抢救伤员、防止事故扩大以及疏通道路交通等原因需要移动现场物件时，必须做出标志、拍照、详细记录和绘制事故现场图，并妥善保存现场重要痕迹、物证等。

6. 各应急专业组人员，要接受应急指挥部的统一指挥，应根据事故特点，立即按照各自岗位职责采取措施，开展工作。

7. 应急总指挥接到报告后，应立即向上级安全领导小组报告。对发生的工伤、损失在 10000 元以上的重大机械设备事故，必须及时向上级公司安全生产委员会报告，报告内容包括发生事故的单位、时间、地点、伤者人数、姓名、性别、年龄、受伤程度、事故简要过程和发生事故的原因。不得以任何借口隐瞒不报、谎报、拖报，随时接受上级安全领导机构的指令。

8. 应急总指挥，应根据事故程度确定，工程施工的停运，对危险源现场实施交通管制，并提防相应事故造成的伤害；根据事故现场的报告，立即判断是否需要应急服务机构帮助，确需应急服务机构的帮助时，应立即与应急服务机构和相邻可依托力量求教，同时在应急服务机构到来前，作好救援准备工作。例如：道路疏通、现场无关人员撤离、提供必要的照明等。在应急服务机构到来后，积极作好配合工作。

9. 事后，项目安全领导小组，要及时组织恢复受事故影响区域的正常秩序，根据有关规定及上级指令，确定是否恢复生产，同时要积极配合上级安全领导小组及政府安全监督管理部门进行事故调查及处理工作。

12.5.4 应急救援小分队

成立由项目经理任队长的应急救爱小分队，有 10～15 人参加。在平时应对应急救援队队员进行应急救援知识的培训学习和现场演练，在应急抢险救援工作中，听命令、服从指挥，要及时、准确迅速达到抢险救爱现场，竭尽全力开展抢险救援工作。

12.5.5 应急救援通信联系

火灾电话：119

急救电话：120

报警电话：110

安全事故应急救援领导小组各成员联系方式在应急小组成立后一并公布。

13   文明施工与环境保护管理体系与保证措施

13.1   文明施工目标

本工程文明施工目标为：确保施工工地周围附近居民的正常工作、学习和生活，确保达到"重庆市市级安全文明工地"。

13.2   文明施工组织措施

13.2.1   文明施工管理机构

为了确保文明施工中的各项工作能够顺利地贯彻落实，项目经理部拟安排 2 名文明施工工程师专职负责工地现场的文明施工工作。各分包单位应相应成立文明施工管理部门，以协助总包管理该单位的文明施工工作。文明施工管理机构图如图 1 所示：

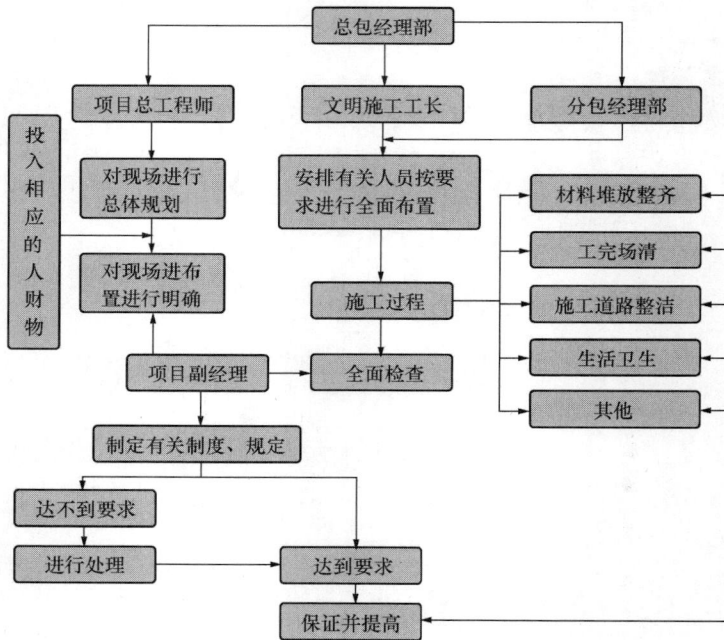

图 1

13.2.2   文明施工管理体系

成立现场文明施工管理组织，定期组织检查评比，制定奖罚制度，切实落实执行文明施工细则及奖罚制度。

实行分层分片包干管理，由各区各段责任人负责本区段的文明施工管理。做到现场施工区、生活区文明施工人人有责（任）、处处有（监）管。

13.2.3 文明施工管理办法及标准

1. 文明施工管理目标

（1）全体动员，深入开展创"文明施工样板工地"的宣传教育活动，运用墙报、宣传栏、宣传标语等多种形式对员工进行教育，学习和贯彻执行《重庆市安全文明施工样板工地评比办法》，使全体员工清楚文明施工管理的具体要求和验收标准，自觉做好本职工作。

（2）根据本工程特点，合理编制施工方案，科学组织施工，把文明施工放在与工程进度、质量安全同等重要的位置，贯穿施工生产的全过程，大力开展预测、预防、预控活动，将施工过程可能出现的影响文明施工的因素，最大限度地在施工前得到预防和纠正。

（3）施工现场实行封闭式施工，科学地制定施工围蔽方案。围蔽做法必须符合有关要求，并做到牢固、整洁大方。

（4）施工过程中按审批的施工现场平面布置图统一管理，合理、规范地布置施工现场的各种生产、办公、生活用房及仓库、料场、临时上下水管，照明动力线等设施。施工现场内所有物品严格按图定位，做到图物相符，并根据工程进展情况进行必要的调整。

（5）建立文明施工负责制，划分区域，明确管理责任人，做到施工现场清洁规整。

（6）所有作业人员及管理人员进入施工现场，均要求着装整齐，戴好安全帽并佩戴注有个人身份的胸卡。

（7）坚持项目部每月、各工区每半月、班组每周一次的文明施工大检查，发现隐患及时整改，建立文明施工档案，将现场文明施工的各项制度的执行情况、各阶段的检查及整改落实的情况进行详细记录。对每次检查发现的问题除及时整改外，还应找出原因加以克服。

2. 生产区文明施工管理细则

（1）施工现场主要出入口设置简朴、规整、密闭的大门，门扇开启要灵活，门高与围墙高相适应，非车辆进出时间应关闭，实行封闭施工。大门旁设置醒目、整洁的施工标牌，标明工程项目名称、施工许可证批准号等（图2）。

图 2

（2）施工现场各出入口设置洗车槽，机动车辆必须在工地内冲洗干净才能上路行驶，避免污染城市道路（图3）。

（3）施工现场实行硬地化。工地内外通道、临时设施、材料堆放地、加工场、仓库地

图 3

面、搅拌站等进行混凝土硬地。并保持其清洁卫生，避免扬尘污染周围环境。

（4）施工现场必须保证道路畅通、场地平整，无大面积积水，场内设置连续、畅顺的排水系统。

（5）桩基施工产生的泥浆水未经沉淀处理不准排入市政排水管网，废浆和渣土外运必须采用封闭式运输工具运到指定的地点排放，避免污染城市道路和周围环境。

（6）施工现场各类材料分别集中堆放整齐，并悬挂标识牌，严禁乱堆乱放，不得占用施工便道，并做好防护隔离（图4）。

图 4

（7）各种建筑材料在搅拌、运输和使用过程中，要求做到不洒、不漏、不剩，作业完毕后各种容器、工具及场地要有专人负责清理，保持场地整洁。

（8）现场施工人员一律要佩戴工作胸卡和安全帽，遵守现场的各项规章制度，非施工人员一律不准擅自进入施工现场。

（9）在场内显眼位置设置宣传栏，定期进行文明施工宣传教育和检查评比。

（10）施工现场临时用电必须严格执行《施工现场临时用电安全技术规范》JGJ 46—2005 的有关要求，编制临时用电计划及线路架设方案并绘制电气平面图，确定电源进线、总配电箱等位置和线路走向，所有用电线路必须架空，不得拖地。

（11）现场办公区与生产区分开设置，按公司统一形象布置。

3. 非生产区文明施工管理

（1）工地生活后勤区必须与施工生产区严格分隔，要求符合通风、照明、环境卫生的有关规定。

（2）宿舍区临时建筑用砖砌墙体，屋顶用防火材料铺盖，并有醒目的安全通道标志，设置好安全防火设施。

（3）生活区内要设置垃圾容器，不得将垃圾和杂物乱丢乱弃。区内要设置通畅的排水渠沟，专人定时清扫，确保生活区环境卫生的整洁。

（4）生活区内要根据人员情况，设置厕所及淋浴室，厕所要求有带盖化粪池，大小便池有自动冲洗设备。厕所要求设专人清洗打扫，保证无异臭味。

（5）员工宿舍内严禁打麻将和其他赌博活动，禁止男女同室混居。

（6）宿舍区内一律使用 36V 低压电，严禁在宿舍内乱拉乱接电线及生火煮饭。

（7）工地生活区设置医务室，负责员工的医疗保健工作。

（8）工地食堂地面作硬化处理，食堂内有消毒、灭蝇、防腐措施，工作人员应经防疫部门体检合格方可持证上岗。

（9）加强对进场人员管教工作，对进场人员进行岗前培训及安全、纪律和法制教育，并做好有关资料存查工作。

（10）做好防盗工作，严格门卫制度，落实各种防范措施，对各种违法行为应及时制止和处理。

（11）开展"共创文明工地"活动，建造"爱民、便民、不扰民"工地。

13.3 文明施工技术措施

13.3.1 文明施工规划

文明施工将按照以下四个方面的规划有条不紊地开展：

1）平面布置安排细致、周到，考虑全面；

2）按照重庆市文明施工标准以及公司质量体系文件要求实施；

3）严格履行"工完场清"，实行文明施工责任区负责制；

4）坚持不懈地强化非施工区域的管理。

13.3.2 平面管理与 CI 布设

施工现场总平面布置要在满足施工生产的条件下，充分地考虑到文明施工的各项要求，合理的利用现场的地形和地貌，做到科学利用、合理布置。各分包单位进场施工前，应向总承包提供其施工构件堆放所需场地面积、部位，以便于总承包合理安排施工场地。对于临建设施由总承包统一规划，统一布置，各分包单位必须遵守总承包对现场场容场貌的管理，不得私自乱搭临建。现场各单位应该服从总包的平面布置和 CI 布置，以便统一管理。

13.3.3　场地硬化

将对施工范围以内的部分场地（详见施工总平面布置图）进行硬化，硬化部分包括场地内的临时道路、材料设备堆场、办公区及生活区的道路等，硬化时，注意在场地上留设3‰的排水坡，以利于排水和沉淀泥沙，在大门入口处设冲洗槽。

13.3.4　大门及围墙

施工现场的围墙和大门是工地的第一道风景线，独具匠心的创意，往往会给工地的形象带来意想不到的效果。围墙上书项目法人、设计监理、施工单位的名称等，工地名称用醒目的字体标示围墙明显处，六牌二图工地进门主干道边。

13.3.5　扬尘控制

1. 土方施工、堆放扬尘污染的控制

在土方开挖、回填施工中，主要采取淋水、降尘和防止车辆泥土外泄等措施。当雨天开挖、基坑回填时，应在施工临时通道上铺设麻袋。严格按挖土施工方案中所规定的挖土流程，堆土位置及车辆出入口线路进行指挥。加强对渣土运输车辆的车况检查，指派专人随机跟车监督，保证按规定线路行运，严禁偷倒、乱倒。在场地内堆放的用作回填使用土方应集中堆放。同时，在土方未干化之前，经表面整平压实后，用密目网进行覆盖。定时洒水维持湿润，以有效地控制扬尘（图5）。

图5

2. 上部结构施工扬尘污染的控制

配备自动喷淋装置，自动监测场界内扬尘，检测到超标自动实施喷淋。以保持场内不受扬尘污染（图6）。

3. 建筑材料扬尘污染的控制

（1）砂石设置专用池槽进行堆放，控制进料数量，做到随到随用，不大量囤积。堆放时做到堆积方正、底脚整齐干净，并将周边及上方拍平压实，然后用密目网罩进行覆盖。砂石料如过于干燥，应及时进行洒水。

（2）施工用的页岩空心砖及配砖砌块必须在指定场地进行堆放。进场后及时进行洒水湿润，定时由专人对堆放场地进行清扫。

图 6

（3）其他易飞扬物、细颗散体材料（如塑料泡沫、膨胀珍珠岩粉末等），必须进行严密的遮盖或存放在不透风的仓库内，运输车辆要有防止泄漏、飞扬装置，卸料时采取集中码放措施，以减少污染。

13.3.6　治安及消防

项目将在施工现场设立由 1 名保卫干事和 2 名保安员组成的治安、保卫小组，全面负责现场的治安、保卫工作，在现场的大门口各采用二十四小时三班值勤制度，严格落实人员出入登记制度和车辆出入检查制度，晚间巡查制度，并对民建队住宿、现场材料、施工机具等进行巡视管理，要求民建队必须是成建制队伍，员工必须有"身份证、暂住证、流动人口计划生育证"三证齐备，保卫组还将建立民建队员工档案，民建队治保会，以加强对民建队员工的管理，保障大厦施工的顺利进行。

为杜绝火灾事故的发生，总承包项目部还将成立了项目经理、项目副经理为队长的义务消防队，队员由各分包保卫人员和班组骨干组成，经常性地开展防火教育、防火演练，以防止火灾事故的发生，并在现场材料仓库、模板堆场、配电房等处特设干粉灭火器及消防砂池。

13.4　施工现场施工防止扰民处理措施

13.4.1　防止扰民措施

1. 人为噪声控制

（1）提倡文明施工，建立健全控制人为噪声的管理制度，对施工人员进行文明施工教育，施工中或生活中不准大声喧哗、唱歌等，尽量减少人为噪声扰民。增强全体施工人员防噪声扰民的自觉意识。

（2）材料不准从车上直接扔下，应采用人扛卸车和吊车吊运，钢铁件堆放不发出大的声响。

（3）信号指挥吊车时用对讲机代替中哨。

2. 控制作业时间

严格控制作业时间，晚间作业不超过 22 时，早晨作业不早于 6 时，并根据季节的变化作用相应调整。特殊情况（确需连续或夜间作业的）即采取有效的降噪措施，事先做好周边群众的工作，并报工地所在区环保局备案后施工。

3. 强噪声机械的降噪措施

选用低噪声或有消声降噪的施工机械，如降低混凝土振动器噪声（把高频改为低频）。对现场的搅拌面、电锯、电刨、砂轮机等设置封闭式的机械棚，减少噪声的扩散。

4. 加强施工现场的噪声监测

设专人监测、填写测量记录，凡超过标准时，及时对超标的有关因素进行调整，达到施工噪声不扰民（图7）。

图 7

13.4.2 处理

1. 项目部设立现场居民来访接待室并定期走访居民，广泛听取居民对施工现场环境保护的意见和建议，以求得居民的谅解和支持。

2. 设立专项资金，及时上交污染检测费、扰民补助等费用，专项专用。

13.5 文明施工责任区划分

1. 施工过程中最容易产生大量的建筑垃圾并给清洁的环境造成"二次污染"。工完场清制度必须认真贯彻执行，在现场施工中，每一道施工工序，除了进行安全、技术交底外，还要有文明施工内容，工作完成以后，必须对施工中造成的污染进行认真清理。并倾倒至指定堆放地点，定期派车运出。

2. 除了严格执行工完场清以外，项目在现场还建立文明施工责任区制度，根据安全总监、材料组长、各施工工长具体的工作区域，将整个施工现场划分为若干个责任区，实行挂牌制，使各自分管的责任区达到文明施工的各项要求，项目定期进行检查，发现问题，立即整改，使施工现场保持整洁。

3. 由项目经理、劳资员、安全总监、保卫干事定期对员工进行文明施工教育、法律和法规知识教育，以及遵章守纪教育。提高大家的文明施工意识和法制观念，要求现场做到"五有、四整齐、三无"，以及"四清、四净、四不见"，每月按项目劳动竞赛制度，将文明施工列入重点进行检查、评比、考核，评出优劣班组进行奖罚，并张榜公布。

13.6 非施工区域的管理

13.6.1 保洁工作

设立一支由 3 人组成的保洁队伍，定保洁区域、定责任人员、定工作内容。项目还将与附近的居委会或爱卫会签订对非施工区域进行消杀和投放鼠药，对厕所、垃圾站等容易滋生蚊蝇的地方，由保洁人员重点处理，生活垃圾由环卫公司天天清运，给施工现场创造一个良好、文明、清洁的环境。

13.6.2 食堂管理

食堂分为操作间、贮藏室、售饭厅、伙房四部分。食品加工操作严格按《食品卫生法》进行，每周一次扫除，当班炊事员每天打扫、冲洗，食堂内设大型冰箱一台，生熟食料分开存放，还设有专门的防鼠、防蝇措施。食堂从业人员必须持有健康证，食堂必须取得许可证。

13.6.3 宿舍管理

本工程临时宿舍设置在场地东侧，主要给民建队员工和部分分包单位员工提供住宿，员工分别按工种、班组安排住宿，将实行标准化管理，每间宿舍均选出一名卫生负责人和一名消防责任人，挂牌于门上，坚决杜绝赌博、酗酒事件的发生，项目保安员每天对宿舍卫生进行检查，奖勤罚劣。宿舍区卫生由宿舍卫生责任人和保洁员共同负责。

13.6.4 厕所和冲凉房

厕所地面铺缸砖，墙面、顶棚用涂料刷白，厕所内蹲位用砖墙分开，瓷砖贴面，设置自动冲水设备。冲凉房内安装莲蓬头和水龙头，室内地面铺地砖，所有污水必须经化粪池沉淀才能排放至市政排污管网，并派保洁员两名，每天打扫三次及进行消杀一次，确保厕所、冲凉房达标清洁。

13.6.5 排污

生产、生活污水必须经过处理达到环保要求方可排入排污管网。

排污管采用暗埋，将非施工区域的污水引至生活区化粪池（化粪池采用三级），定期清理、排放至市政排污管网。

14 对外协调组织方案

项目的组织与协调工作包括系统的内部协调，即项目业主、承包商和监理之间的协调，也包括系统的外部协调，包括政府部门、金融组织、社会团体、服务单位、新闻媒体以及周边群众等的协调等。

14.1 协调原则

14.1.1 守法原则

必须在国家和重庆市有关工程建设的法律、法规的许可范围内去协调、工作。

14.1.2 维护公正原则

要站在项目的立场上，公平的处理每一个纠纷，一切以最大的项目利益为原则。做好组织与协调工作，就必须按照合同的规定，维护合同双方的利益。这样，最终才能维护好业主的利益。

14.1.3 协调与控制目标一致原则

在工程建设中，应该注意质量、工期、投资、环境、安全的统一，不能有所偏废。协调与控制的目标是一致的，不能脱离建设目标去协调，同时要把工程的质量、工期、投资、环境、安全统一考虑，不能强调某一目标而忽视其他目标。

14.2 与建设单位之间的配合协调

我司高度重视此项目，将本工程列为公司年度重点工程，计划打造本项目为我司品牌工程。为同业主方建立有效沟通机制，协调公司资源，公司拟安排总裁级领导直接对接项目，及业主方项目负责人（表1）。

施工单位协调项目　　　　　　　　　　　　　　　　　　　　　　表1

序号	协调措施
1	根据总体进度计划安排，对专业施工管理组的考察时间、进退场时间做出部署，制定专业施工管理组的进场计划
2	根据施工进度需要，编制图纸需求计划，提前与业主、监理、设计进行沟通，提前确定设计图纸。同时，指导和协助幕墙、弱电、精装修等作好专业图纸深化设计，防止因图纸问题耽误施工
3	对业主提供的材料设备提前编制进场计划，必要时协助业主进行考察、订货
4	在施工中为业主着想，从施工角度和以往的成功经验，来向业主提出各专业配合的合理化建议，满足业主提出的各种合理的要求
5	搞好图纸、洽商管理，减少变更，从而达到降低造价、控制投资的目的
6	如果我司中标，我司承诺在工程开工前安排专人配合业主进行证照办理，及时办理施工许可证等，保证工程正常开工。施工过程中，我司会安排专人对项目进行跟踪，及时与项目经理进行沟通，对一些项目经理能够处理的证照办理，由项目经理进行负责；对一些办理较为复杂的证照，派专人进行办理

发包人代表项目的所有者，对项目具有特殊的权力，而项目经理为发包人管理项目，服从发包人的决策、指令和对工程项目的干预，项目经理的最重要职责是保证发包人满意。要取得项目的成功，必须获得发包人的支持。

14.3 与监理单位之间的配合协调

项目部充分了解监理工作的性质、原则，尊重监理人员，对其工作积极配合，始终坚持双方目标一致的原则，并积极主动地处理工作。一旦与监理意见不一致时，双方以进一步合作为前提，在相互理解、相互配合的原则下进行协商，项目部尊重监理人员或监理机构的最后决定（表2）。

施工单位与监理单位间的协调项目   表2

序号	协调措施
1	认真学习监理规范和监理交底，服从监理单位的监理
2	与监理配合执行"三让"原则，即总承包与监理方案不一致，但效果相同时，总承包意见让位于监理；总承包与监理要求不一致，但监理要求有利于使用功能时，总承包意见让位于监理；总承包与监理要求不一致，但监理要求高于标准或规范时，总承包意见让位于监理
3	及时向监理提供所要求的各种方案、计划、报表等
4	在施工全过程中，严格按照经业主和监理批准的施工方案、施工组织设计等进行质量管理。各分部分项工程均经总承包自检合格的基础上，提请监理进行检查验收，并按照监理的要求予以整改
5	各专业施工管理组按照总承包商要求建立质量管理、检查验收等各项管理制度来予以监控，确保其产品达到规范和设计要求。总承包对整个工程质量负有最终责任，任何专业施工管理组工作的失职、失误均视为总承包的工作失误，杜绝现场施工专业施工管理组不服从监理工作的不正常现象发生，使监理的一切指令得到全面执行
6	所有进入现场使用的成品、半成品、设备、材料、器具，均主动向监理提交产品合格证或质量证明书，并积极配合监理进行见证取样，按照规定使用前需进行复试的材料，主动递交检测结果报告
7	分部、分项或工序检验的质量，严格执行"上道工序不合格，下道工序不施工"的准则，使监理能顺利开展工作。对可能出现的工作意见不一致的情况，遵循"先执行监理的指导，后予以磋商统一"的原则，在现场质量管理工作中，维护监理的权威性
8	积极与监理沟通，如会议制度、报表制度等，与监理及时交换工程信息，及时解决存在的问题
9	与监理意见不能达成一致时，共同与业主协商，本着对工程有利、对业主有利的原则妥善处理
10	为监理提供临时的办公室及其他配合和服务

14.4 与设计单位之间的配合协调

项目部注重与设计单位的沟通，对设计中存在的问题应主动与设计单位磋商，积极支持设计单位的工作，同时也争取设计单位的支持。项目部在设计交底和图纸会审工作中应与设计单位进行深层次交流，准确把握设计，对设计与施工不吻合或设计中的隐含问题应及时予以澄清和落实（表3）。

施工单位与设计单位间的协调项目 表 3

序号	协调措施
1	根据施工总承包管理的需要，总承包商将担负起各专项深化设计、施工组织设计的技术管理工作，并组建钢结构及各专业深化设计团队
2	从施工角度参与不同专业间的综合图纸会审，发现各专业图纸间的配合、协调等问题，组织编制组合管线平衡图，向业主提出合理化建议
3	参加各专业工程的图纸会审，提出相关建议
4	及时掌握每个专业工程的变更情况，并从施工总承包管理方面分析与其他有关方面的变化情况，若对项目总进度，或其他专业质量或造价方面出现影响，及时提出建议方案报监理和业主批准后实施
5	对于业主提出的设计变更进行研究，从施工可行性，施工总承包管理等方面提出建议供业主决策
6	严格按照设计图纸施工，施工中的任何变更均应请示设计同意
7	为现场设计代表提供必要的办公条件

14.5　与政府部门的协调

我们将利用公司注册地位于涪陵区这一天然优势，在办理开工报告、质量、安全报监、施工许可证等前期施工手续时密切配合业主单位，并委派本公司的经营副总裁负责，协同业主有关负责人制定详细的计划，并准备齐全相关文件，全力配合完成各种审报手续。

（1）应充分了解、掌握政府各行业主管部门的法律、法规、规定的要求和相应办事程序，在沟通前应提前做好相应的准备工作（如：文件、资料和要回答的问题），做到"心中有数"。

（2）充分尊重政府行业主管部门的办事程序、要求，必要时先进行事先沟通，绝不能顶撞和敷衍。

15　本工程实施的合理化建议

15.1　加快办理各项前期手续

政府职能部门对建设工程施工过程监管日益严格，为尽早实现进场条件，建议业主尽快完成勘察、设计工作及前期相关手续的办理，我司将利用自身优势安排专人积极配合业主进行相关手续的办理和协调，确保工程顺利建设。

16 附　件

16.1　拟投入的主要施工机械设备表

_____工程

序号	机械或设备名称	型号规格	数量	国别产地	制造年份	额定功率（kW）	生产能力	用于施工部位	备注
1	旋挖机	SR280	3	国产	2015			桩基础钻孔	
2	塔机	QTZ63	14	国产	2015	36	1.2t	主体及二次结构	
3	汽车吊	50t	1	国产	2016			钢筋笼吊运	
4	施工升降机	SC200/200C	5	国产	2016		2t	二次结构	
5	混凝土输送泵	HBT-60	6	国产	2015	90		主体结构	
6	圆盘锯	XG500	8	国产	2014	4.5		主体结构	
7	砂浆搅拌机	JZC500	16	国产	2014	7.5	13m³/h	砌体	
8	空压机	W-0.6/20	6	国产	2015	7.5		基础	
9	打夯机	HCD80	5	国产	2014	2.2		基础	
10	振动棒	YZS	20	国产	2015	1.1		基础、主体	
11	钢筋切断机	GQ40	8	国产	2014	3		基础、主体	
12	钢筋弯曲机	GW40	8	国产	2014	3		基础、主体	
13	盘圆调直机	GT4-10	8	国产	2014	7.5		基础、主体	
14	型材切割机	SQ-500	若干	国产	2015			主体、装饰	
15	电弧焊机	ZX7-500	6	国产	2015	28		基础、主体	
16	直螺纹套丝机	GSJ	4	国产	2015	15		基础、主体	

16.2 劳动力计划表

_____工程 单位：人

工种	按工程施工阶段投入劳动力情况						
	基础阶段	地下室阶段	主体结构阶段	装饰装修阶段			
普工	10	30	30	20			
石工	5	15	10	15			
钢筋工	10	80	80	3			
混凝土工	3	10	20	3			
木工	—	160	160	3			
架子工	10	20	60	5			
砖工	5	20	30	40			
抹灰工	—	—	—	30			
焊工	2	5	10	15			
管道工	—	2	6	30			
电工	1	2	4	4			
油漆工	—	—	4	10			
涂料工	—	—	—	15			
防水工	—	5	3	10			
塔吊工	—	5	5	—			
指挥工	—	10	10	—			
试验工	2	3	3	3			
机操工	10						
司机	30						
升降机司机	—	—	6	6			
合计	88	362	441	212			

注：1. 投标人应按所列格式提交包括分包人在内的估计劳动力计划表。
　　2. 本计划表是以每班八小时工作制为基础编制的。

16.3 临时用地表

用 途	面 积（平方米）	位 置	需用时间
展示区	600	业主指定	全项目周期
管理人员办公生活区	1200	业主指定	全项目周期
民工生活区	1500	业主指定	全项目周期
合 计	3300		

16.4 计划开、竣工日期和施工进度图网络图

二维码1 计划开、竣工日期和施工进度图网络图

16.5 项目施工总平面图

二维码 2　项目施工总平面图

参 考 文 献

［1］ 蔡雪峰. 建筑工程施工组织［M］. 北京：高等教育出版社，2002.

［2］ 项建国. 建筑工程项目管理(第三版)［M］. 北京：中国建筑工业出版社，2008.

［3］ 一级建造师执业资格考试用书编写委员会. 建设工程项目管理［M］. 北京：中国建筑工业出版社，2017.

［4］ 中国建设监理协会. 建设工程进度控制［M］. 北京：中国建筑工业出版社，2017.

［5］ 翼彩云. 建筑工程项目管理［M］. 北京：高等教育出版社，2014.